A. Tröltsch

Die Krankheiten des Ohres

ihre Erkenntniss und Behandlung

A. Tröltsch

Die Krankheiten des Ohres
ihre Erkenntniss und Behandlung

ISBN/EAN: 9783743472730

Hergestellt in Europa, USA, Kanada, Australien, Japan

Cover: Foto ©berggeist007 / pixelio.de

Weitere Bücher finden Sie auf **www.hansebooks.com**

DIE

KRANKHEITEN DES OHRES,

IHRE ERKENNTNISS UND BEHANDLUNG.

EIN LEHRBUCH DER OHRENHEILKUNDE

IN FORM AKADEMISCHER VORTRÄGE.

VON

DR. von TRÖLTSCH,

PRAKTISCHER ARZT UND PRIVATDOCENT IN WÜRZBURG.

Mit in den Text eingedruckten Holzschnitten.

WÜRZBURG.

Druck und Verlag der Stahel'schen Buch- und Kunsthandlung.

1862.

Meinen Lehrern

in dankbarer Verehrung

gewidmet.

Vorrede.

Wenn ich es hier unternehme, den Fachgenossen ein kurzes, das ganze Gebiet der Ohrenkrankheiten umfassendes und dabei vorwiegend auf eigener Beobachtung und Forschung beruhendes Lehrbuch vorzulegen, so möchte dies in Anbetracht der immer noch absonderlichen Stellung, welche die Ohrenheilkunde in der Wissenschaft wie in der Praxis einnimmt, und bei der Spärlichkeit der rein praktisch und zugleich streng wissenschaftlich gehaltenen selbstständigen Arbeiten auf diesem Gebiete kaum einer besonderen Rechtfertigung bedürfen.

Da mir eine gewisse Kürze und eine vorwiegende Betonung des bereits mehr Abgerundeten gegenüber den noch in der Schwebe befindlichen Fragen die Brauchbarkeit eines Lehrbuches für den Praktiker wesentlich zu erhöhen scheint, so wählte ich eine diesem Plane entsprechende äussere Form. Darum die Fassung in akademische Vorträge, welche mir zudem erlaubte, historische Betrachtungen und die kritische Abschätzung des bisher Geleisteten weit mehr zu beschränken, als dies in einem andersartigen Lehrbuche ge-

VI

stattet gewesen wäre. Ich denke für Letzteres insbesondere
werden mir meine Leser Dank wissen.

Alle ausführlichen anatomischen Erörterungen liess ich
ebenso weg, indem ich dieselben bereits in meiner angewandten Anatomie des Ohres (Würzburg 1861)*) gegeben,
auf welche ich hiemit bei allen diesen Fragen verweise.
Einzelnes Weniges freilich musste ich wiederholen, weil
sonst die Deutlichkeit der Darstellung allzusehr gelitten hätte.
Ebenso wird es mir wohl bei Niemanden zum Vorwurfe
gereichen, wenn ich meine früheren Arbeiten über einzelne
Abschnitte, so über die Untersuchung und die Krankheiten
des äusseren Ohres, den Katheterismus, die Anbohrung des
Warzenfortsatzes etc. stellenweise selbst wörtlich benützte. —

Einer unserer geistreichsten Köpfe, der Aesthetiker
Vischer, sagt einmal, dass der Weg des Erkennens stets mit
Resignation gewandelt werden müsse und diese Resignation
zweierlei enthalte: einmal die Geduld des langsamen Fort-
schreitens unter der vollen Strenge der Methode und dann
den vorläufigen Verzicht auf das Ganze der Wahrheit.
Nur indem man sich zufrieden gebe, einzelne Punkte der
Peripherie gründlich zu bearbeiten und zu erforschen,
könne man immer mehr in's Centrum schauen und schliesslich vorrückend von immer mehr Punkten in dasselbe eindringen. Die tiefe Weisheit dieses Ausspruches mag sich
vielleicht nirgends deutlicher als bei den Forschungen auf
naturwissenschaftlichem Gebiete erweisen, wo die wahre
Begeisterung für die Sache weit häufiger sich nur in jenem,
dem germanischen Elemente vor Allem eigenen, emsig
hämmernden, Tag für Tag Kleines herbeischaffenden, mühe-
vollen Arbeiten sich äussern darf, als es hier gestattet ist,
im freien Fluge der Phantasie Thatsachen zu ersetzen oder

*) Erscheint eben in einer französischen, von Dr. *A. van Biervliet*, Spitalsarzt
in *Brügge*, bearbeiteten Uebersetzung.

dieselben im freudigen Ueberblicke über das Gewonnene unter einander zu einem Ganzen zu verknüpfen. Wenn aber irgendwo ein solches, resignirt-langsames, von der Peripherie gegen die Mitte unter steter Selbstkritik vorschreitendes und streng methodisches Arbeiten verlangt werden muss, so ist dies bei der Ohrenheilkunde der Fall, zu deren Aufbaue ja eigentlich allenthalben erst brauchbares Material herbeigetragen und solide Grundpfeiler beschaffen werden müssen. Jeder neue, gutbehauene, tragkräftige Stein ist hier von grossem und bleibendem Werthe, indem sich aus ihnen immer mehr eine solide Grundlage für einen allmäligen, stets wohnlicher werdenden Ausbau gewinnen lässt. Schneller geht es freilich, eine Bretterhütte aufzurichten, die buntbemalt, das Auge blendet und deren Farbe und Ausputz auch wohl eine Zeit lang dem Nichtkenner Stein vorlügen kann. Doch die Zeit übt stets gerechte Kritik und bald ist das liederliche Gestell in seiner inwendigen Hohlheit vor Aller Augen dargestellt und fällt haltlos zusammen. —

Sollte ich irgendwo Thatsachen falsch aufgefasst oder irrig gedeutet haben, so werde ich für Belehrung nur dankbar und jeder besseren Erkenntniss mit Freuden zugänglich sein.

Möge es mir gelingen, für die in praktischer und wissenschaftlicher Beziehung gleich dankenswerthe Ohrenheilkunde immer mehr Mitarbeiter zu gewinnen und beizutragen, dass dieser Spezialität die Achtung gegeben wird, welche ihr gebührt!

Würzburg, im Mai 1862.

Anton von Tröltsch.

Inhalt.

Seite

ERSTER VORTRAG.

Einleitung.
Ungemeine Häufigkeit der Ohrenleiden. Ihre grosse Bedeutung für die
Lebensstellung, die Lebensdauer und die geistige Entwicklung des Individuums. Das auf der Ohrenheilkunde lastende Vorurtheil. Nach welchen Richtungen hier zu arbeiten ist. Plan des Ganzen   8

ZWEITER VORTRAG.

Die Untersuchung des Gehörganges und Trommelfelles.
Die Krankheiten der Ohrmuschel. — Bedeutung der Untersuchung des
äusseren Ohres für die Diagnose der Ohrenkrankheiten und für die Wissenschaft überhaupt. Die Ohrtrichter und die Beleuchtung mit dem
Hohlspiegel gegenüber den bisherigen Untersuchungsmethoden. Kniepinzette. Geschichtliches   19

DRITTER VORTRAG.

Die Absonderung des Gehörganges und deren Anomalieen.
Die verminderte Ohrenschmalzabsonderung und ihre rein traditionelle
Bedeutung. — Die Ohrenschmalzpfröpfe. Ihre allmälige Entstehung, und
das scheinbar Plötzliche derselben. Krankengeschichten. Schwindelzufälle und sonstige Erscheinungen. Bau. Folgen. Prognose. Behandlung   29

VIERTER VORTRAG.

Das Ausspritzen des Ohres. — Die fremden Körper im Ohre.
Die Ohrenspritze und ihre Anwendung. — Die Extractionsversuche meist
gefährlicher als die fremden Körper. Zwei Beobachtungen. Behandlung.
Operationsvorschlag für verzweifelte Fälle. — Fremde Körper im Ohre
öfter Ursache eigenthümlicher Reflexerscheinungen. Mehrere Fälle   .   38

FÜNFTER VORTRAG.

Die Furunkel des Gehörganges. — Die Blutentziehungen bei Ohrenleiden.
Erscheinungen, Verlauf und Behandlung der Furunkel. — Ort der Blutentleerung je nach dem Sitze der Entzündung. Einige Vorsichtsmassregeln bei Benützung von Blutegeln   46

Seite

SECHSTER VORTRAG.
Die diffuse Entzündung des Gehörganges, Otitis externa.
Die Periostitis des Gehörganges nur ein fortgeleiteter, kein selbstständiger Prozess. Die verschiedenen Ursachen der Otitis externa. Die acute Form in ihren subjectiven und objectiven Erscheinungen. Die chronische Form 55

SIEBENTER VORTRAG.
Die Otitis externa. (Fortsetzung.) — Die Verengerungen des Gehörgangs.
Folgezustände. Prognose. Behandlung. Vesicantien, Kataplasmen und Oel-Einträufelungen zu meiden. — Die schlitz- und ringförmige Verengerung des knorpeligen Gehörgaugs. Die Exostosen und Hyperostosen   64

ACHTER VORTRAG.
Die Entzündungen und Verletzungen des Trommelfells.
Trommelfell-Erkrankungen sehr häufig, aber selten allein und selbstständig. Die acute und die chronische Myringitis. — Einrisse. Durchstossungen. Mehrere Fälle von Fractur des Hammergriffes   73

NEUNTER VORTRAG.
Der Katheterismus der Eustachischen Ohrtrompete und seine Ausführung.
Geschichtliches. Das Verfahren beim Katheterisiren und die häufigeren Fehler. Zeitweise Abweichungen von der Regel. Methode der Einübung. Mögliche Unfälle: Schlundkrampf, Emphyseme, Blutungen. Die Katheter   83

ZEHNTER VORTRAG.
Der Katheterismus des Ohres und seine Verwendbarkeit für die Praxis.
Sein Werth für die Diagnostik. Auscultation des Ohres. Das Otoskop und die Luftdouche. Die Ersatzmittel für den Katheter. — Sein vielseitiger Nutzen für die Behandlung von Ohrenkrankheiten. Wirkung der Luftdouche. Einwürfe. Der Katheter als Leitungsröhre für Einspritzungen und für Einführung von Dämpfen und soliden Körpern in das Mittelohr. Compressionspumpe. Dampfapparat. Brillenpinzette 100

EILFTER VORTRAG.
Der einfache acute Ohrenkatarrh.
Die verschiedenen Formen der Paukenhöhlen-Katarrhe. — Der acute Katarrh in seinen Erscheinungen und Folgezuständen, Behandlung . . 111

ZWÖLFTER VORTRAG.
Der einfache chronische Ohrkatarrh.
Verlauf und subjective Erscheinungen. Manche eigenthümliche „nervöse" Symptome. — Die Veränderungen des Trommelfells in Farbe und Aussehen. Verdichtungen. Sehnige Stellen. Kalkeinlagerungen 118

DREIZEHNTER VORTRAG.
Der einfache chronische Ohrkatarrh. (Fortsetzung.)
Die adhäsiven Vorgänge. Die Veränderungen am runden und am ovalen Fenster und ihre Bedeutung für die Hörfähigkeit. Die Auscultation des Ohres in ihrem Werthe für die Diagnose des Ohrenkatarrhes . . 126

VIERZEHNTER VORTRAG.

Der chronische Rachenkatarrh als Theilerscheinung beim chronischen Ohrkatarrhe.
Das Abhängigkeitsverhältniss des Ohres vom Rachen ist anatomisch, physiologisch und durch die Beobachtung erwiesen. Die Bedeutung der Tubenmuskeln. Untersuchung des Mund-Rachenraumes und die Veränderungen daselbst. Die Rhinoskopie und die im Nasen-Rachenraume vorkommenden pathologischen Befunde. Ein Fall von massenhaftem rostbraunen Rachenauswurf. Die Symptome des chron. Rachenkatarrhes und der Nervenreichthum des Rachens 140

FÜNFZEHNTER VORTRAG.

Der einfache chronische Ohrkatarrh. (Fortsetzung.)
Der chronische Nasenkatarrh. Die Betheiligung des Warzenfortsatzes und der Ohrtrompete am chronischen Ohrkatarrhe und die Bedeutung derselben für den ganzen Prozess. — Die Prognose der verschiedenen Formen 152

SECHZEHNTER VORTRAG.

Die Behandlung des chronischen Ohrkatarrhes.
Die örtliche Behandlung des Ohres. Luftdouche. Dämpfe. Mechanische Erweiterungsmittel. — Behandlung der Rachenschleimhaut. Aetzungen. Das Gurgeln und seine mechanische Bedeutung. Schlunddouche. Abkappen der Mandeln. — Berücksichtigung des Allgemeinzustandes — . 167

SIEBZEHNTER VORTRAG.

Der acute eiterige Ohrenkatarrh oder die acute Otitis interna.
Die verschiedenen Formen des Ohrkatarrhes überhaupt. — Vorkommen und Erscheinungen des acuten eiterigen Katarrhes. Wird häufig verkannt oder nicht berücksichtigt. Fall von Parazentese des Trommelfells . 174

ACHTZEHNTER VORTRAG.

Der eiterige Ohrkatarrh der Kinder.
Bisher nur anatomische Thatsache. Versuch einer Erklärung und der Verwerthung für die Praxis 187

NEUNZEHNTER VORTRAG.

Der chronische eiterige Ohrkatarrh oder die chronische Otitis interna.
Die objectiven und subjectiven Erscheinungen. Behandlung. — Die Perforation des Trommelfells, ihre Bedeutung für das Individuum u. ihre mögliche Heilung. Das „künstliche Trommelfell" und seine Wirkungsweise 199

ZWANZIGSTER VORTRAG.

Die Ohrpolypen. — Die Eiterungen des Ohres in ihrer vollen Bedeutung.
Der Ursprung und Bau der Ohrpolypen. Ihre Behandlung. — Die Otorrhöen in ihrem Einflusse auf das Gefässsystem (Embolien, septische Infection. Metastasen.) Die Caries des Felsenbeines mit ihren Folgezuständen (Phlebitis, Gehirnabszess, Meningitis purulenta) 213

EINUNDZWANZIGSTER VORTRAG.

Seite

Weitere Folgezustände von Otorrhöen. Ihre Prognose und Behandlung.
Mimische Gesichtslähmung. Die Tuberculose und das Cholesteatom des
Felsenbeins. Die unsichere Prognose bei Otorrhöen. Der Einschnitt
hinter dem Ohre und die Anbohrung des Warzenfortsatzes. Das Vorurtheil gegen die örtliche Medication 224

ZWEIUNDZWANZIGSTER VORTRAG.

Die nervöse Schwerhörigkeit.
Spärlichkeit der exacten anatomischen und klinischen Nachweise der-
selben. Ein Fall von nervöser Taubheit bei einem Artilleristen. Die
Erkrankung der Halbzirkelkanäle mit Gehirnsymptomen nach *Menière* 237

DREIUNDZWANZIGSTER VORTRAG.

**Der nervöse Ohrenschmerz. — Die Taubstummheit. — Die Anwendung der
Elektrizität in der Ohrenheilkunde. — Die Hörmaschinen** 246

VIERUNDZWANZIGSTER VORTRAG.

Die Gehörstörungen und die Hörprüfungen. —
Das Hören der Uhr und das Verstehen der Sprache in ihrem gegenseitigen Verhältnisse. Das Absehen vom Munde. Wie ein Hörmesser beschaffen sein sollte. Die Stimmgabel. Die Kopfknochenleitung. Das
Besserhören bei Geräuschen. Die Feinhörigkeit — 255

FÜNFUNDZWANZIGSTER VORTRAG.

Das Ohrentönen. — Das Krankenexamen. — Schluss 262

Holzschnitte.

Seite

Figur 1. Ohrentrichter 13
„ 2. Knieförmige Hackenpinzette 18
„ 3. Ohrenspritze 31
„ 4. Messerchen mit Löffel zum Aufschneiden der Furunkel . . . 43
„ 5. Ohrkatheter 82
„ 6. Compressionspumpe 96
„ 7. Dampfapparat 98
„ 8. Brillenpinzette 99
„ 9. Aetzschwämmchen 161
„ 10. Röhre zur Schlunddouche 164
„ 11. Künstliches Trommelfell 195
„ 12. Polypen-Schnürer 203
„ 13. Aetzträger 205

ERSTER VORTRAG.

Einleitung.

Ungemeine Häufigkeit der Ohrenleiden. Ihre grosse Bedeutung für die Lebensstellung, die Lebensdauer und die geistige Entwicklung des Individuums. Das
auf der Ohrenheilkunde lastende Vorurtheil. Was hier geschehen muss. Plan des
Ganzen.

Meine Herren! Als Sie den Wunsch aussprachen, ich möchte
Ihnen Vorträge über die Erkrankungen des Gehörorganes halten, er-
suchten Sie mich zugleich, auch nicht die geringsten Vorkenntnisse
in diesem Fache bei Ihnen vorauszusetzen, indem Sie bisher durchaus
noch keine Gelegenheit gehabt hätten, selbst nur das Allergewöhn-
lichste zu sehen oder zu lernen von dem, was am Ohr vorkäme. Es
möchte mich dies billigerweise in Verwunderung setzen, wenn ich bedenke, dass ein Theil von Ihnen bereits die Staatsexamina hinter sich
und als junge Doctoren bald die praktische Laufbahn beginnen werden, während die Uebrigen wenigstens in den letzten Semestern sich
befinden. Zudem haben Sie nicht nur in Würzburg, sondern theilweise auch an anderen unserer bedeutendsten medizinischen Lehran-
stalten ihre Studien gemacht.

Indessen ich weiss nur zu gut aus eigener Erfahrung, wie es hiemit steht. Zur Zeit meiner Lehr- und Wanderjahre (1847—1856) war
an sämmtlichen Universitäten Deutschlands und Oesterreichs, die ich
kennen lernte — und es waren alle bedeutenderen darunter — in diesem
Gebiete absolut gar nichts zu sehen und zu lernen; ich besuchte
grossentheils aus Interesse für dieses Fach die medizinischen Schulen
Grossbritanniens und Frankreichs, fand aber nirgends die Gelegenheit
einer gründlichen, theoretischen und praktischen Unterweisung im Ge-

v. Tröltsch, Ohrenkrankheiten. 1

sammtgebiete der Gehörkrankheiten, wenn ich auch an einigen Orten, so namentlich bei *Wilde* in *Dublin* und *Toynbee* in *London*, manche sehr schätzenswerthe Beobachtungen machen und viele höchst werthvolle Einzelnheiten sammeln konnte.

Dieser Mangel an Lerngelegenheit und an Lehrkräften in einem ganzen Abschnitte des ärztlichen Wissens und Könnens hat etwas ungemein Auffallendes und ruft uns recht lebhaft die Thatsache ins Bewusstsein, wie wenig Männer es überhaupt gibt, welche sich nur einigermassen mit den Krankheiten des Gehörorgans abgeben, hierin etwas arbeiten und leisten. Während die Zahl gebildeter und tüchtiger augenärztlicher Spezialisten in Deutschland bereits anfängt, Legion zu werden und wir fast an jeder Hochschule und in jeder nicht zu kleinen Stadt deren mindestens Einen besitzen, so sind der Ohrenärzte, welche sich in ausgiebiger und nennenswerther Weise literarisch wie praktisch bethätigen, noch ungemein Wenige. Woher kommt nun dieses merkwürdige Missverhältniss? Woher kommt es, dass nur so Wenige sich mit diesem Zweige beschäftigen? woher überhaupt, dass das Interesse an diesen Krankheiten im Allgemeinen so gering und demzufolge die Summe der Kenntnisse über die Ohrenerkrankungen, wie sie unter den Praktikern im Ganzen verbreitet ist, sich als eine so unendlich geringe herausstellt?

Wir können diesen Fragen hier nicht aus dem Wege gehen; sie drängen sich Jedem auch bei der oberflächlichsten Betrachtung der Sachlage auf und halte ich es im Gegentheile für Pflicht, sie hier aufzuwerfen und ihren Inhalt mit Ihnen zu besprechen. Auf diese Weise, glaube ich, können wir uns am raschesten über unsren gegenseitigen Standpunkt verständigen und vielleicht wird es mir hiebei bereits gelingen, manche Irrthümer und Vorurtheile, wie sie gang und gäbe sind, und welchen auch Sie nicht entgangen sein werden, als solche aufzudecken und Ihnen zu erkennen zu geben. Worin liegt es also begründet, dass das Interesse in dieser Richtung unseres Wissens im Allgemeinen ein so spärliches und wenig vertretenes ist?

„Es ist nicht der Mühe werth, dass man sich damit abgibt, denn der Gehörkranken gibt es nur sehr Wenige" erwiedert Ihnen der Eine. Das ist nun ein grosser Irrthum, ein gewaltiger Irrthum. Es gibt erstaunlich viel Ohrenkranke, ja wenn wir genauer zusehen, gibt es vielleicht mehr Ohren- als Augenkranke. Erinnern wir uns nur einmal daran, dass nahezu alle älteren Leute, alle Individuen über 50—60 Jahre, nicht mehr scharf, Viele davon aber bereits mehr oder weniger schlecht hören, eine Thatsache, an welche wir uns so sehr gewöhnt haben, dass sie uns im gesellschaftlichen Leben kaum mehr auffällt und wir fast geneigt sind, diese Erscheinung für physiologisch anzusehen; denken wir ferner daran, dass im kindlichen Alter eiterige Ohrenausflüsse etwas gar nicht Seltenes, Ohrenschmerzen aber bei Kindern so ungemein häufig sind, dass die Mehrzahl von ihnen öfter oder seltener daran leiden. Aber auch im mittleren Lebensalter kommen Ohrenleiden ungemein häufig vor. Vollständig Taube gibt es freilich nicht sehr Viele in diesem Alter, dagegen ist die Zahl derer, deren Hörschärfe merklich und auffallend unter dem Normalen steht, bereits ziemlich beträchtlich und noch weit mehr Menschen bemerken selbst bei genauerer Beobachtung zu dieser Zeit bereits eine deutliche Abnahme der Hörkraft, wenn auch vielleicht nur auf Einer Seite. Sehen Sie sich nur in Ihren eigenen Kreisen um, und beobachten Sie z. B. wie Viele nur mit Einem Ohre auscultiren können, „aus Gewohnheit" wie sie vielleicht selbst glauben, in Wahrheit aber, weil sie, vielleicht ohne dass sie sich's bewusst sind, nur auf Einem Ohre scharf hören. Im gewöhnlichen Leben sind die Anforderungen, welche man an die Hörschärfe stellt, so mässig und so wenig scharf bestimmt, dass deren Abnahme schon eine ziemlich bedeutende sein muss, wenn daraus für den geselligen Verkehr eine auffallende Störung hervorgehen soll. Eine grosse Menge namentlich einseitiger Schwerhörigkeiten entgehen daher nicht nur der Umgebung sondern auch dem Kranken selbst.

Wenn daher das richtige Verhältniss auch schwer zu ermitteln ist, so glaube ich doch eher zu wenig als zu viel zu sagen, wenn ich behaupte, dass selbst in den mittleren Jahren von 20—40 durchschnittlich unter drei Menschen sicherlich Einer an Einem Ohre wenigstens nicht mehr gut und normal hört. Sie werden es selbst in Ihrer Praxis erfahren; am Anfange sehen Sie lange nichts von Ohrenkranken, bis nach irgend einem glücklichen Zufalle die Leute gewahr werden, dass ein Ohrenarzt unter ihnen lebt. Dann plötzlich werden eine Menge Kranker zum Vorschein kommen, theilweise Individuen, die Sie bereits kannten, ohne dass Sie eine Ahnung davon hatten, es mit Ohrenleidenden zu thun zu haben. Dem Augenkranken sieht man meist sein Leiden an, Ohrenleiden aber entgehen unserer Wahrnehmung häufig genug, mit oder ohne Absicht des Kranken, indem dieselben sehr selten nur etwas äusserlich Auffallendes an sich haben und sich daher leicht verbergen lassen. Glauben Sie mir, es gibt unendlich viele Ohrenleidende und wird es deren noch weit mehr geben, wenn mehr Aerzte da sind, die sich ihrer annehmen; denn bis jetzt werden diese Erkrankungen theils am Anfange nicht beachtet, theils sogar absichtlich verhehlt und verborgen. An dem zu geringen

4

Materiale also, m. H. kann es nicht liegen, warum die Aerzte sich so wenig um Ohrenkrankheiten kümmern.

Vielleicht sind Ohrenkrankheiten sehr wenig störend und nehmen desshalb das Interesse der Aerzte weniger in Anspruch. Nun, ich will nicht den alten nach meiner Meinung sehr müssigen Streit aufwärmen, was vorzuziehen, taub oder blind zu sein; gewiss ist aber das, dass eine merkliche Gehörsabnahme nicht nur den freien Lebensgenuss im höchsten Grade schmälert, indem es uns das Menschlichste im Leben, das Leben mit den Menschen verkümmert, sondern durch eine solche auch nicht wenige Menschen in ihrer Berufserfüllung aufgehalten, in ihrer Erwerbsfähigkeit wesentlich beschränkt werden. Denken Sie sich nur in die Lage eines Arztes, eines Offizieres, Lehrers oder Beamten, welcher schwerhörend wird, häufig genug wird ein solcher aus diesem Grunde seine Stellung aufgeben müssen oder wenigstens in einer Verbesserung derselben gehindert sein; aber auch den Kaufmann und Handwerker wird ein merklicher Gehörsmangel bedeutend hindern in der Betreibung oder der Beaufsichtigung seines Geschäftes. — Weit tiefgreifender noch macht sich jede Schwerhörigkeit geltend in der geistigen Entwicklung des Kindes. Ist sie hochgradig, so wird das Kind, das die Sprache nicht hört, gar nicht sprechen lernen oder, wenn es älter ist, die Sprache wieder vollständig verlernen, in beiden Fällen wird es taubstumm. Dass selbst mit den besten Erziehungsmitteln aus einem Taubstummen nie ein vollständig brauchbares Glied der menschlichen Gesellschaft gemacht werden kann, habe ich nicht nöthig, Ihnen weiter auseinander zusetzen. Aber auch niedere Grade von Schwerhörigkeit, wenn in früher Entwicklungszeit entstanden, behalten ihren Einfluss auf die ganze spätere Lebensdauer. Nicht nur, dass solche Kinder sehr schwer gewöhnt werden können, ihre Aufmerksamkeit zu conzentriren, dass sie unachtsam und flatterhaft bleiben; die mangelnde Schärfe der geistigen Anregungen, welche sich zumeist an's Gehör wenden, wird nie ein scharfgegliedertes Denken, ein geschlossenes Zusammenfassen der geistigen wie sinnlichen Wahrnehmungen ermöglichen. Menschen, die von früher Jugend an schwerhörend sind, haben gewöhnlich in ihrem Wesen etwas Verschwommenes und Unklares, sind unbestimmt und schwankend im Handeln, unlogisch und überschwänglich im Denken und Sprechen, breit und vom Wesentlichen abspringend im Antworten. „Nil in intellectu quod non antea fuerit in sensu," sagt *Aristoteles*. Sind die sinnlichen Wahrnehmungen unklar, halb und unbestimmt, so wird auch das ganze geistige Wesen und der Charakter denselben Stempel an sich tragen. Auf welchem Wege wird aber der geistige Bildungsstoff dem Kinde am meisten zugeführt? Unzweifelhaft durch das Ohr. — Aber auch in anderer Beziehung gehören Ohrenleiden zu den Affectionen, welche sich in äusserst störender Weise bemerklich machen. So erinnere ich Sie nur kurz an die bei vielen Ohrenleiden sich findenden subjectiven Geräusche, das Ohrensausen in seinen verschiedenen Formen, welches vielen Kranken lästiger ist, als selbst die Schwerhörigkeit, und auf Manche einen so sinnenverwirrenden, gedankenbetäubenden Eindruck übt, dass sie sich oft in einem an Geisteskrankheit gränzenden Zustande befinden; ich erinnere Sie an die fürchterlichen Schmerzen, welche mit vielen Ohrenentzündungen verbunden sind, und welche selbst die ruhigsten und ertragungsfähigsten Männer manchmal zum lauten Schmerzensschrei bringen. Ja noch mehr, Ohrenleiden, insbesondere die mit Eiterung einhergehenden, enden gar nicht selten tödtlich. Aus vernachlässigten und langedauernden Ohrenleiden entwickeln sich verhältnissmässig häufig Hirnabszesse, Meningitis, Pyämie, wie Jedem von Ihnen wohl schon solche Fälle auf den medizinischen Kliniken vorgekommen sind.

Wir sehen so, Ohrenleiden reihen sich an die Erkrankungsformen, welche in jeder Beziehung den tiefgreifendsten und verderblichsten Einfluss üben; und erstreckt sich ihre Rückwirkung auf geistige Entwicklung und auf die Lebensdauer des Individuums jedenfalls viel weiter, als wir dies von den Augenkrankheiten z. B. nur im Geringsten sagen könnten. In ihrer Harmlosigkeit kann es somit wiederum nicht liegen, warum die Aerzte sich so wenig für sie interessiren.

Allein „es ist nichts zu machen bei Ohrenkranken." Das ist's, was man am häufigsten hören muss. Wollen wir einmal untersuchen, warum hier „nichts zu machen ist." Vielleicht sind die Gewebe des Ohres und somit seine Erkrankungen andere, als wir sonst am menschlichen Organismus kennen und sind sie desshalb unseren ärztlichen Eingriffen vollständig entrückt. Der äussere Gehörgang ist von einer Fortsetzung der äusseren Hautdecke ausgekleidet; das Trommelfell besteht im Wesentlichen aus fibrösem Gewebe, der Ueberzug des mittleren Ohres, der Tuba, der Paukenhöhle und des Warzenfortsatzes, wird von einer Schleimhaut, der Fortsetzung der Rachenschleimhaut gebildet; das innere Ohr endlich, das Labyrinth, besteht in seinen häutigen Theilen theils aus bindegewebigen, theils aus nervösen Gebilden; die Grundlage des ganzen Organes besteht aus Knochen, von theils kompakten theils maschigen Baue. Wir finden somit im Gehörorgane nur die überall vorhandenen Gewebe wieder vertreten und müssen daher auch die an ihnen auftretenden pathologischen Prozesse denen an anderen, ähnlichen Theilen entsprechen. Aber vielleicht liegen die Theile alle so versteckt und verborgen, dass wir diese Krankheiten

nicht erkennen, keine Diagnosen stellen können? Dies ist wiederum
nicht der Fall. Wie wir später genauer sehen werden, liegen äusserer
Gehörgang und Trommelfell der unmittelbaren Betrachtung des Arztes
vollständig offen da. Die Zustände der Ohrtrompete und der Paukenhöhle lassen sich theilweise durch directe sinnliche Wahrnehmungen,
theilweise durch Schlüsse aus dem Verhalten des Trommelfells und
dem Grade der Functionsstörung erkennen. Das Verhalten des inneren Ohres allerdings lässt sich durchaus nicht anders als per exclu-
sionem oder aus Wahrscheinlichkeitsgründen beurtheilen. Indessen ist
dies gar oft bei Nervenkrankheiten der Fall und scheinen allen bisherigen unbefangenen Beobachtungen nach letztere Leiden am Ohre
überhaupt nicht sehr häufig zu sein. Wir können also jetzt bereits
Ohrenleiden jedenfalls eben so gut diagnostiziren, als dies bei vielen
anderen Krankheitsgruppen, sicherlich mehr, als es bei den Erkrankungen
der Nieren, der Leber oder der Milz möglich ist, die doch Keinem
einfallen wird so kurzhin abzuhandeln als Krankheiten, in denen
„nichts zu machen ist." Was für die Diagnostik, gilt auch für die thera-
peutische Zugänglichkeit der Ohrenleiden, wie sich schon hieraus ergibt
und wie wir dies später noch im Einzelnen besprechen werden. Denn
abgesehen, dass uns hier ebenso, wie sonst, die allgemeine Medication
zu Gebote steht, so liegt Gehörgang und Trommelfell-Oberfläche für
eine örtliche Behandlung ganz frei da und sind wir auch vom Schlunde
und von der Ohrtrompete aus im Stande, in den verschiedensten Weisen auf das mittlere Ohr einzuwirken.

Wenn wir so sehen, dass einmal der Ohrenkranken eine sehr
grosse Zahl ist, dass die Folgen der Ohrenkrankheiten in jeder Beziehung sehr beherzigenswerthe und tiefgreifende sind, indem sie nicht
nur das Lebensglück, die gesellschaftliche Stellung des Erwachsenen,
sondern auch die geistige Entwicklung des Kindes, ja selbst das Leben
der davon Befallenen so häufig in Frage stellen, wenn wir ferner keinen Grund finden können, warum hier die Thätigkeit des Arztes nicht
ebenso erfolgreich sein könne, wie in den meisten anderen Erkrankungen, so lässt sich eigentlich schwer einsehen, warum dieser Abschnitt
der ärztlichen Wissenschaft bisher so wenig gepflegt, ja im Allgemeinen fast vollständig vernachlässigt wird. Je genauer wir die Sache
betrachten, desto mehr fehlt jede rechtfertigende und erklärende Antwort auf die oben gestellten Fragen und müssen wir im Allgemeinen die
Geringschätzung und die Interesselosigkeit, mit welcher selbst Viele der
wissenschaftlichsten Aerzte dieses ganze Gebiet betrachten, für höchst
grundlos und auf einem unhaltbaren Vorurtheile beruhend ansehen.
Also in einem ererbten Vorurtheile, in einem vorgefassten von früher

überkommenen falschen Urtheile und in mangelnder Einsicht liegt es,
warum von Ohrenleiden gemeiniglich so wegwerfend und gering-
schätzend gesprochen wird und warum so wenig Aerzte sich mit diesem Zweige beschäftigen; eben darin endlich, warum allerdings die
Ohrenheilkunde in ihrer Ausbildung und Entwicklung noch soweit
hinter anderen Spezialitäten zurückgeblieben ist. Dies kommt nicht
daher, weil in dieser Richtung überhaupt wenig zu leisten ist, sondern
weil noch wenig geleistet wurde und ist bisher kaum der Anfang gemacht worden, die Grundsätze, welche sich ausserdem in der exakten
Medizin allenthalben Bahn gebrochen haben, auch hier zur vollständigen Geltung zu bringen. „Es ist mit den Ohrenkrankheiten nichts
zu machen" damit kann man leicht und rasch absprechen. Sind aber
mit streng wissenschaftlichem Ernste schon hinreichend Versuche gemacht worden, um zu zeigen, ob nicht etwa das Gegentheil richtig
sei? Nein, sage ich Ihnen. Man hat schon viel hin und her gesprochen, worin die eigenthümliche Ausnahmsstellung dieses Faches begründet liege und warum gerade die Ohrenheilkunde in ihrer wissenschaftlichen Ausbildung soweit hinter anderen Disciplinen zurückgeblieben und beim ärztlichen wie beim Laienpublicum in so geringem
Grade Achtung und Vertrauen geniesse. Man hat auch eine Menge
Gründe aufgestellt, warum dies gar nicht anders sein könne und
warum dies ewig und immer so bleiben werde. Meiner Meinung nach
sind alle diese Erörterungen sehr verfrüht und sollte man mit solchen
Urtheilen, welche der ärztlichen Wissenschaft nach einer bestimmten
Richtung hin die Entwicklungsfähigkeit überhaupt absprechen, wenigstens
so lange warten, bis eine grössere Menge tüchtiger und wissenschaftlich
gebildeter Männer das Studium dieses Faches und seine gründliche
Bearbeitung zur ernsten Lebensaufgabe sich gestellt, und bis die Mehrzahl der Aerzte wenigstens mit den nothwendigsten Hülfsmitteln und
Anfangsgründen dieser Spezialität sich vertraut gemacht hat. Nirgends in der Medizin ist noch so wenig Tüchtiges geleistet worden,
als gerade hier, und daran scheint es mir vor Allem zu liegen, warum
wir hier eben noch so wenig fortgeschritten sind. Nach drei Richtungen muss vor Allem gearbeitet werden, wenn die Ohrenheilkunde
sich eine grössere wissenschaftliche Geltung verschaffen soll. Einmal
ist die pathologische Anatomie des Ohres mehr zu bebauen, damit
man die Erkrankungen besser kennt, welche hier überhaupt vorkommen, und welche den Functionsstörungen des Organes zu Grunde liegen.
Wir müssen ferner durch ausgedehnte und kritikhaltige physiologische
Experimente in den Stand gesetzt werden, die Rolle und Bedeutung
der einzelnen Theile des Ohres im normalen, wie im pathologischen

Verhalten genauer würdigen und beurtheilen zu können und schliesslich müssen gute, und durchaus brauchbare Untersuchungsmethoden des Ohres in seinen verschiedenen Abschnitten allgemeiner Platz greifen, damit auch Jeder am Kranken leicht zu einer richtigen Erkenntniss des Leidens gelangen könne. Wie sehr es nach allen diesen Richtungen noch fehlt, werden wir bald genauer sehen und sei es vorläufig genug mit diesen Andeutungen, deren Berechtigung im Einzelnen sich hoffentlich im Verlaufe unserer Betrachtungen bereits für Sie entwickeln wird.

Nach diesen Auseinandersetzungen mehr allgemeiner Art, habe ich Ihnen für heute noch zu sagen, welchen Plan ich verfolgen werde und was Sie von unseren Zusammenkünften zu erwarten haben. Ich werde Ihnen in anatomischer Reihenfolge die verschiedenen Erkrankungsformen vorführen, welche ich an dem Gehörorgane kenne, dieselben in ihren Erscheinungen schildern und Sie mit ihrer Behandlung vertraut machen. Wie ich im Verlaufe dieser Schilderungen Ihnen nach Kräften Belege und Beweise für das Gesagte aus meiner pathologisch-anatomischen Sammlung vorlegen werde, so wird jedem einzelnen Abschnitte eine kurze Betrachtung der normalen Anatomie der betreffenden Theile vorhergehen*), wobei dieselben in geeigneten Präparaten zu unmittelbarer Anschauung kommen sollen. Neben diesem theoretischen Theile werde ich noch in mehr praktischer Weise bestrebt sein, Ihnen selbst die Möglichkeit zu verschaffen, dass Sie sich über die Ihnen einst in der Praxis vorkommenden Ohrenkrankheiten ein massgebendes Urtheil bilden können, indem ich Sie in eigenen Stunden unterweisen und üben werde im Untersuchen des Ohres mittels Ohrspiegel und Katheter. Es würde mich sehr freuen, wenn ich im Stande wäre, Ihnen ein nachhaltiges Interesse einzuflössen an den allgemein verkannten, weil nicht gekannten Krankheiten des Gehörorganes und weiss ich mit sicherer Zuversicht voraus, dass Sie dadurch in Ihrer späteren praktischen Laufbahn Ihren Mitmenschen und sich wesentlich nützen würden.

---

*) Diese anatomischen Betrachtungen fallen hier weg, indem sie bereits in meiner angewandten Anatomie des Ohres (Würzburg 1861) ausführlich gegeben sind.

ZWEITER VORTRAG.

Die Untersuchung des Gehörganges und Trommelfells.

Die Krankheiten der Ohrmuschel. Bedeutung der Untersuchung des äusseren Ohres für die Diagnostik der Ohrenkrankheiten und für die Wissenschaft überhaupt. Die Ohrtrichter und die Beleuchtung mit dem Hohlspiegel gegenüber den bisherigen Untersuchungsmethoden. Kniepinzette. Geschichtliches.

Wir wenden uns heute zu den Krankheiten des äusseren Ohres, unter welchem Namen wir Ohrmuschel, äusseren Gehörgang und Trommelfell zusammenfassen.

Die Krankheiten der Ohrmuschel können wir mit vollem Rechte hier ausser Acht lassen, indem dieselbe nur selten für sich allein erkrankt und, wenn sie an den Affectionen der Umgegend sich betheiligt, die Erscheinungen dabei nichts Besonderes zeigen. Der Ohrenarzt wird daher auch verhältnissmässig selten in ihren Erkrankungen zu Rathe gezogen.

Bevor wir indessen an die Krankheiten der tiefer liegenden Theile gehen, müssen wir uns zuerst die Mittel schaffen, dieselben am Lebenden beurtheilen zu können und haben wir daher die Untersuchung des Gehörganges und des Trommelfells näher in's Auge zu fassen.

Ohne Gehörgang und Trommelfell gut untersuchen zu können, ist keine sichere Diagnose in Ohrenkrankheiten möglich. Denn eine genaue Besichtigung dieser Theile lehrt uns nicht nur deren Zustand allein kennen, sondern gibt uns zugleich Aufschluss über eine Reihe tieferer Erkrankungen. Indem nämlich das Trommelfell die Scheidewand bildet zwischen Gehörgang und Paukenhöhle und an seiner Innenseite einen Ueberzug von der Schleimhaut des Mittelohres erhält, nimmt dasselbe auch Theil an allen Krankheiten dieser Cavität und ihrer Auskleidung. Da nun die pathologischen Veränderungen der

Schleimhautplatte des Trommelfells einen bestimmten Einfluss ausüben auf das Aussehen und die Erscheinung dieser Membran, sind wir in den Stand gesetzt, aus dem Untersuchungsbefunde des Trommelfelles den Zustand der Paukenhöhle und ihrer Mucosa bis zu einem hohen Grade von Sicherheit zu erkennen. Daraus geht hervor, wie die Besichtigung des Gehörganges und namentlich des Trommelfells als das wichtigste unserer diagnostischen Hülfsmittel sich erweisst. Wenn ich Ihnen nun sage, dass erfahrungsgemäss die überwiegende Mehrzahl der Aerzte nicht im Stande ist, nur einigermassen genügend das äussere Ohr zu besichtigen resp. dort zu sehen, was zu sehen ist, ja genauer genommen; dies mit den bisher üblichen Methoden gar nicht recht möglich ist, so werden Sie schon daraus allein vollständig begreifen können, warum die gegenwärtige wissenschaftliche wie moralische Stellung der Ohrenheilkunde eine so wenig befriedigende ist.

Es ist unläugbare Thatsache, dass die überwiegende Mehrzahl der Praktiker das Ohr nahezu gar nicht untersuchen kann, und macht auch kaum Einer ein Hehl daraus. Dieses Factum ist von ungemein tiefgreifender Bedeutung; ja eigentlich lassen sich alle Uebelstände, an welchen die Ohrenheilkunde heutzutage noch leidet, darauf zurückführen. Wer das Ohr nicht untersuchen kann, vermag selbstverständlich keine Diagnose in Ohrenkrankheiten zu stellen; er weiss also nicht, was dem Kranken fehlt. Daraus geht hervor, dass er keinen Begriff von dem hat, was gegen das Leiden zu thun ist, jeder Versuch einer Behandlung daher rein in's Allgemeine gehen muss und in der Regel auch ohne Erfolg bleibt, wenn nicht gerade ein glücklicher Zufall das Gegentheil will. Aber auch die geringe moralische Achtung, welche diese Spezialität bei Aerzten wie bei Laien geniesst, hängt wesentlich von diesem Umstande ab. Es ist eine alte, psychologisch sehr leicht erklärbare Thatsache, dass man das gerne treibt und das hoch hält, was man versteht und worin man sich sicher fühlt, und umgekehrt, was man schlecht macht und worin man sich nicht zu Hause fühlt, das liebt man nicht und dem weicht man möglichst aus. So auch hier. Gerade von den strebsameren Collegen hat mir schon Mancher offen gestanden, dass es ihm stets im Grunde der Seele zuwider sei, wenn ein Ohrenkranker sich an ihn wende, untersuchen könne er ihn nicht und ohne zu wissen, worin das Leiden liege, schäme er sich, etwas zu verordnen. Jeder Arzt fast ist froh, wenn er einen Gehörkranken auf gute Weise wieder vom Halse bekommen kann. Dass die Collegen im Ganzen so wenig von der Ohrenheilkunde halten und dies auch bei jeder Gelegenheit öffentlich aussprechen, stammt grösstentheils daher, weil sie das lästige Gefühl der eigenen Urtheilslosigkeit in solchen Dingen auf diese Weise vor sich selbst und der Welt glauben entkräften und beschönigen zu können. Sehr natürlich ist die gleiche geringschätzende Ansicht über die ärztliche Wirksamkeit bei Ohrenleiden schon längst in das Laienpublicum gedrungen; nirgends wenden sich daher die Kranken so spät an den Arzt, nirgends so häufig dagegen an marktschreierisch angekündigte Bücher und Heilmittel. Die Kranken fühlen sich hülflos von der Seite, wo sie sonst Hülfe finden, darum hat hier die Speculation in ihren verschiedenen Formen offenes Feld. Weil aber die Aerzte so wenig selbständiges Urtheil haben über Ohrenkrankheiten, so können ihnen noch heutzutage windige und oberflächliche Machwerke für wissenschaftliche Leistungen imponiren und vermögen ärztliche Schwätzer und Phantasten noch ungestraft auf diesem Gebiete ihr Wesen zu treiben. Ein recht bezeichnendes Beispiel dieser Art aus der Gegenwart werden wir später kennen lernen. Sie sehen, wir kommen in einem traurigen Zirkelschlusse immer wieder auf das Eine, auf unseren Ausgangspunkt zurück, nämlich auf die Thatsache, dass die Aerzte bisher nicht verstehen, das Ohr zu untersuchen. In diesem Factum müssen wir den wesentlichsten Grund suchen für die im Allgemeinen so unbefriedigende Stellung der Ohrenheilkunde, wie für ihre geringe wissenschaftliche Entwicklung.

Worin liegt nun dieser Missstand begründet? Ist die Untersuchung des Gehörganges und Trommelfells an und für sich so besonders schwierig oder waren vielleicht die bisherigen Methoden derselben nicht gut und allgemein brauchbar? Nach meiner Ueberzeugung liegt es nicht an der Sache selbst, sondern nur an der Methode. Dass die bisher üblichen nicht gut und brauchbar im vollen Sinne des Wortes sind, das beweist bereits die Thatsache, dass eben noch die allerwenigsten Aerzte das Ohr untersuchen können. Eine wahrhaft gute Methode hätte sich schon längst allgemein Bahn gebrochen und die Sachen stünden seit Jahren anders, als sie leider noch stehen. Für das Ungenügende der bisherigen Untersuchungs- und Beleuchtungsmethoden des Trommelfells spricht ferner von vorn herein, dass eine ganze Reihe sehr leicht erkennbarer und äusserst häufiger Veränderungen und Abnormitäten an dieser Membran, über welche wir später noch mehrfach sprechen werden, weitaus den meisten Ohrenärzten bisher entgangen sind, was nur auf die Mangelhaftigkeit der von ihnen angewandten Untersuchungsweise bezogen werden kann.

Wenden wir uns zur Sache selbst. Ohne weitere Vorkehrungen sehen wir vom Gehörgange nur die Oeffnung; drücken wir den Tragus etwas nach vorne, während wir zugleich die Muschel nach hinten

zichen, so erweitern wir den Eingang und können auch den vorder-
sten Theil des Gehörganges überblicken. Weiter in die Tiefe vermögen wir auf diese Weise nicht zu dringen, es müsste denn der
Gehörgang abnorm weit sein, wie dies nur in selteneren Fällen vorkommt. Für gewöhnlich ist der Ohrkanal zu enge, als dass hinreichend Licht auf die tieferen Theile und auf das Trommelfell fallen
könnte, auch verläuft er nicht geradlinig, sondern ist winkelig gekrümmt,
ferner stehen uns die feinen Härchen im Wege, welche von der Wand
des knorpeligen Theiles ausgehend, in das Lumen desselben hineinragen. Wollen wir also das Trommelfell, als den tiefliegendsten Theil,
vollständig und genau sehen, so müssen wir alle diese Hindernisse
ausgleichen und beseitigen, wir müssen einmal den Hintergrund genügend beleuchten, dann den winkeligen Verlauf des Kanales in einen
geraden verwandeln und schliesslich die kleinen Härchen bei Seite
räumen.

Allen diesen Erfordernissen kommen wir am einfachsten und besten nach, wenn wir eine kegelförmige Röhre, „Ohrtrichter" genannt,
in den Gehörgang fügen und durch sie hindurch das Tageslicht mittelst eines Hohlspiegels in die Tiefe werfen.

Diese ungespaltenen „Ohrtrichter" haben einen wesentlichen Vorzug vor den namentlich in Deutschland fast allgemein üblichen erwei-
terungsfähigen *Itard'*schen oder *Kramer'*schen Ohrspiegeln, welche
zangenförmigen Instrumente in ihrer Form viel plumper und schwer-
fälliger, in ihrer Anwendung weniger bequem und weniger zweck-
mässig sind. Soweit überhaupt eine Erweiterung des knorpeligen Gehörganges nöthig ist, wird sie auch von den nach aussen breiter werdenden Ohrtrichtern bewerkstelligt, und hat man hiezu kein Dilatatorium
nöthig, dessen Hälften, wenn tiefer eingeführt, leicht in den knöchernen Gehörgang zu liegen kommen und hier bei einigermassen ergiebi-
ger Entfernung von einander oft Schmerzen hervorrufen. Der Nutzen
eines solchen Instrumentes wird theilweise ferner dadurch aufgehoben,
dass in den zwei durch die Entfernung der Kegelhälften von einander
sich bildenden Zwischenräumen stets Haare und Epidermisschollen von
der Wand des Gehörganges sich eindrängen. Einen solchen zangenförmigen Ohrspiegel muss man schliesslich immer halten, so lange die
Untersuchung dauert, während ein passender Ohrtrichter, wenn gut
eingeführt, meist von selbst an seinem Orte bleibt und nun die Hand
zu den verschiedenen weiteren Verrichtungen frei wird. Der *Kramer'*-
sche Ohrspiegel hat somit gegenüber den weit kleineren und handlicheren
ungespaltenen Ohrtrichtern durchaus keine Vortheile, dagegen ziemlich
beträchtliche Nachtheile.

Fig. 1*)

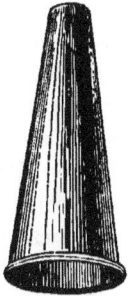

Die von mir angewandten *Wilde*'schen Ohrtrichter bestehen aus silbernen Röhrchen, welche abgestumpften Kegeln gleichen; man gebraucht gewöhnlich drei von verschiedenem Durchmesser, je nach der Weite des zu untersuchenden Gehörganges, welche drei Trichterchen sich in einander stecken und in jeder Westentasche bequem unterbringen lassen. Jeder Trichter ist etwa $3\frac{1}{2}$ Centimeter lang, die grössere mit einem schmalen Reifen umgebene Oeffnung hat 15 Millimeter, die kleinere 4, 5 und 6 Millim. im Durchmesser. Sie sollen sehr dünn und leicht gearbeitet und die kleinere Oeffnung muss gut abgerundet sein, damit sie beim Einführen in den Gehörgang denselben nicht verletzt und wund macht. Ob sie innen glänzend polirt, matt oder leicht geschwärzt sind, hat bei der genannten Beleuchtungsart keinen wesentlichen Einfluss.

Will man dieselben benützen, so ziehe man zuerst die Ohrmuschel etwas nach hinten und oben und nachdem so die Krümmung des Gehörganges ausgeglichen ist, wird mit der andern Hand der Trichter unter leichten Drehbewegungen soweit eingeführt, als dies ohne Gewalt geschehen kann. Ist das Instrument eingebracht, so wird die zweite Hand überflüssig und der Daumen derselben Hand, welcher mit Zeige- und Mittelfinger den oberen Theil der Ohrmuschel zwischen sich fasst, rückt nun unter den unteren Rand der äusseren Trichteröffnung. Auf diese Weise werden Röhrchen und Gehörgang in gleicher Richtung erhalten und kann man nun beide nach verschiedenen Richtungen verschieben und wenden, um das Trommelfell und die verschiedenen Parthien des Ohrkanales nach allen Seiten und Richtungen ins Gesichtsfeld zu bringen. Anfänger überlassen gerne die Ohrmuschel sich selbst, und halten oder bewegen nur noch das Trichterchen allein; auf diese Weise drückt man jedoch die Ränder der Röhre leicht gegen die Haut des Gehörganges, wodurch oft Schmerz erregt wird und ist man auch in der Ausgiebigkeit der Bewegungen behindert. Zieht man das Instrumentchen langsam zurück, so kann man schliesslich jeden einzelnen Theil des Ohrkanales genau in Augenschein nehmen.

Von grösserer Wichtigkeit ist die weitere Frage; wie beleuchtet man Gehörgang und Trommelfell am besten? Die zangenförmigen

---

*) Der stärkste Ohrtrichter mit dem Umfange der kleineren Oeffnung der drei Trichter.

Instrumente sind weniger bequem und weniger praktisch als die Ihnen empfohlenen Ohrtrichter, allein man kann doch mit ihnen ganz gut untersuchen, wenn dies auch etwas erschwert wird. Nicht so verhält sich dies mit den bisherigen Beleuchtungsarten des Ohres, welche sich als durchaus ungenügend erweisen. Bisher liess man in der Regel Sonnenlicht oder helles Tageslicht unmittelbar durch den Ohrtrichter oder Ohrspiegel in den Gehörgang des am Fenster sitzenden Patienten hineinfallen. Diese noch am meisten gebräuchliche Beleuchtungsart leidet nun an sehr grossen Mängeln; vor Allem lässt sie sich nur unter bestimmten Verhältnissen, keineswegs immer anwenden, man sieht damit nicht genügend scharf und deutlich und schliesslich ist sie sehr unbequem.

Was einmal das Sonnenlicht betrifft, so lehrt uns die tägliche Erfahrung, dass dasselbe viel zu grell und zu blendend ist, als dass es zur directen Beleuchtung dort dienen könnte, wo es sich um feinere Formen- und Farbenunterschiede handelt; und ist es auch eine optisch feststehende Thatsache, dass directes Sonnenlicht sich überhaupt weit weniger zur Beleuchtung eignet als das gebrochene, das diffundirte Licht. Mit unmittelbar auffallendem Tageslicht könnten wir allerdings bereits das Ohr besser beleuchten, als mit dem Sonnenlicht, wenn nur nicht eine Reihe von weiteren Missständen mit seiner Benützung verbunden wäre und nicht immer das Zusammentreffen verschiedener günstiger Umstände dazu gehörten, um hiebei einigermassen mehr als nothdürftig untersuchen zu können. Will man das Tageslicht in das Ohr eines Kranken fallen lassen, so muss einmal derselbe an's Fenster gebracht werden können; bettlägerige Patienten lassen sich daher in den wenigsten Fällen einer solchen Untersuchung unterziehen. Das Fenster, an dem eine solche Beleuchtung des Ohres vorgenommen wird, muss hell und möglichst frei gelegen sein. Liegt ihm nicht offener Himmel oder ein sonnenbeschienenes Gebäude gegenüber, so wird die Lichtstärke in der Regel zu gering ausfallen, um die tieferen Theile genügend zu beleuchten. Sehr misslich ist hiebei ferner die Stellung des Arztes. Indem derselbe zwischen Licht resp. Fenster und Kranken zu stehen kommt, macht er sich mit dem Kopfe sehr leicht Schatten und wird sich dies um so mehr ereignen, wenn der Arzt nicht weitsichtig ist. Namentlich bei weniger Geübten vereitelt dieses Schattenmachen mit dem eigenen Kopf ungemein häufig die Möglichkeit einer Besichtigung des Trommelfells. Indem weiter der Kopf des Arztes sich aus genanntem Grunde nie dem zu untersuchenden Ohre allzusehr nähern darf, müssen feinere Veränderungen, besonders am Trommelfelle auch dem Scharfsichtigsten nothwendig ent-

gehen und wird man sich bei dieser Methode immer nur auf gröbere
Wahrnehmungen beschränken müssen. Um kleinere Objecte zu sehen, darf ja die Entfernung des Auges von dem Gegenstande ein ge-
wisses Maass nicht überschreiten. Vor Allem haben wir aber nicht
immer über helles Tageslicht zu gebieten und können somit in den
Wintermonaten, besonders in dem an trüben, nebeligen und regneri-
schen Tagen so reichen Klima von Deutschland und England oft Wochen vergehen, bis ein Tag hell genug ist, um eine genauere Untersuchung des Ohres vornehmen zu können. Letzteres ist natürlich ein
Uebelstand, der ganz allein schon die Einführung einer anderen, vom
Wetter unabhängigen Methode verlangt und zur dringenden Nothwendigkeit macht. Denn wie kann von einer fortlaufenden genauen Beurtheilung und Beaufsichtigung der einzelnen Krankheitsfälle die Rede
sein, wenn wir nicht täglich und zu jeder Stunde die Mittel einer
solchen Ueberwachung in der Hand haben, wenn wir nicht stets die
Untersuchung des Ohres vornehmen können, sondern oft genug unsere
Beobachtungen und die Kranken auf besseres Wetter vertrösten müssen?

Dieser grosse Mangel, die Abhängigkeit der Beleuchtung und
Untersuchung des Ohres vom Wetter, von der Gunst des Himmels
wurde natürlich schon längst gefühlt und man suchte sich durch
Apparate zu helfen mit künstlicher stets zu beschaffender Lichtquelle.

Die erste derartige Vorrichtung wurde um die Mitte des vorigen
Jahrhunderts von einem englischen Militärchirurgen, *Archibald Cleland*, angegeben. Sie bestand in einer mit einem Handgriffe versehe-
nen grossen Convexlinse, deren Mitte gegenüber ein Wachslicht angebracht war, so dass die durch die Sammellinse vereinigten Strahlen
des Lichtes in den Gehörgang geworfen werden konnten. Alle seitdem angegebenen künstlichen Beleuchtungsapparate für die Untersuchung des Ohres sind eigentlich keine wesentlichen Verbesserungen
dieser ursprünglichen, für ihre Zeit jedenfalls sehr genialen *Cleland'*-
schen Erfindung. Statt der Convexlinse setzte man Hohlspiegel, statt
der Wachskerze Gas-, Oel- oder Photadylflammen, umgab das Ganze
auch mit Kästen, setzte verschiedene lange astronomische Fern-
rohre daran u. s. w.*)

Diese Vorrichtungen sind theilweise äusserst schwerfällig und zusammengesetzt, und werden viele davon, welche die neueste Zeit noch

*) Ausführlicheres über diese Vorrichtungen, wie über alle in diesem Abschnitte
berührten Punkte siehe in meiner Brochüre: Die Untersuchung des Gehörgangs und
Trommelfells etc. Berlin 1860. (Separatabdruck aus der „deutschen Klinik" 1860.
Nr. 12—16).

nicht aufgehört hat, zu vermehren, wohl selbst von ihren eigenen Erfindern mehr für gut erdacht, als für praktisch gehalten werden. Die wenigsten davon haben irgend eine Verbreitung gefunden, einige davon, aus einer künstlichen Lichtquelle und einem beigefügten Hohlspiegel bestehend, werden aber allerdings noch von einigen Ohrenärzten in constanten Gebrauch gezogen. Alle diese Nothbehelfe trifft der Vorwurf, dass wir es mit künstlichem, mit farbigem Lichte zu thun haben, welches dem natürlichen Colorite der Theile etwas Fremdartiges beifügt und so deren wahre Beschaffenheit und Färbung nicht zur vollen Geltung kommen lässt. Für die gewöhnlichen Praktiker haben diese künstlichen Beleuchtungsapparate niemals irgend eine Bedeutung gehabt, und sind sie kaum je anders als in den Zimmern von Spezialisten gebraucht worden.

Wir haben indessen kein künstliches Licht und keine zusammengesetzten Vorrichtungen nöthig, um stets über hinreichend starke Beleuchtung gebieten zu können; man nehme einen genügend grossen und starken Hohlspiegel, und werfe damit das gewöhnliche Tageslicht verstärkt in das Ohr, so sieht man die Theile so genau bis in die feinsten Einzelheiten, als dies nur von blossem Auge möglich ist, und fallen mit einer solchen Untersuchungs- und Beleuchtungsweise alle die Uebelstände weg, welche wir soeben kennen gelernt haben. Die hiezu geeigneten Spiegel müssen 5—6″ Brennweite und nicht unter 2³/₄—3″ im Durchmesser haben. Metallspiegel passen weniger als Glasspiegel, und ist es am bequemsten, wenn dieselben in der Mitte durchbohrt oder ihr Beleg daselbst entfernt ist, so dass das Auge unmittelbar hinter dem zentralen Loche beobachten kann. Die als Augenspiegel gebräuchlichen Metallhohlspiegel eignen sich zu unserem Zwecke nicht, indem sie zu klein und ihre Brennweite zu gross ist, daher ihre Lichtstärke hier, wo es sich nicht um Beleuchtung mit Lampen, sondern mit diffusem Tageslicht handelt, eine zu geringe wird. Gröbere Verhältnisse, ob das Trommelfell ganz oder durchlöchert, grau oder roth, ob der Gehörgang frei, verstopft oder geschwollen etc. lassen sich auch mit diesen kleinen Augenspiegeln in der Regel ganz gut erkennen. Um in gewissen Fällen z. B. bei Operationen, oder bei Beobachtung des Trommelfells während der Luftdouche die zum Halten des Spiegels nöthige Hand frei zu bekommen, liess ich einen solchen mittelst Nussgelenk an ein Brillengestell befestigen, ganz so, wie es *Semeleder* für die laryngoskopischen Untersuchungen angegeben hat.

Bei der Benützung eines Reflectors ändert sich natürlich die Stellung des Arztes und Kranken dahin, dass das zu untersuchende Ohr vom Fenster abgewendet und der Kranke zwischen Arzt und

Fenster zu stehen kommt. Erwachsene untersucht man am bequemsten im Stehen, bei Kindern kann man sich setzen oder man stellt den kleinen Patienten auf den Stuhl, um wieder in ziemlich gleiche Höhe mit ihm zu kommen.

Da das Ohr in der Mitte des Kopfes liegt, thut man gut, denselben etwas neigen oder zur Seite wenden zu lassen, damit ein möglichst kleiner Theil des Spiegels von demselben beschattet wird und lernt man sehr bald, dem Kopfe des Kranken, wie dem Spiegel eine solche Stellung zu geben, dass die Untersuchung bequem, die Beleuchtung eine möglichst gute, und die geeignetste Stelle des Horizontes als Lichtquelle benützt wird. Gibt man dem Instrumente leichte Wendungen nach verschiedenen Seiten, so findet man bald die relativ beste Beleuchtung der tieferen Theile heraus. Weisse oder leicht graue Wolken geben hier, wie beim Mikroskopiren, das beste Licht. Sonnenlicht direct in's Ohr geworfen, blendet zu sehr und erregt meist sogleich ein deutliches Hitzegefühl auf dem Trommelfell. Befindet man sich daher zufällig der Sonne gegenüber, so wende man sich etwas seitwärts und benütze die benachbarte hellbeleuchtete Wand als Lichtquelle.

Die Erfahrung lehrt, dass diese Beleuchtungsart allen zu stellenden Anforderungen vollständig entspricht und sind ihre Vortheile gegenüber den bisher üblichen Methoden sehr gross. Die Farbe der Theile wird nicht verändert, wie bei künstlichem Lichte, sondern scharf und wahr wieder gegeben. Die nöthige Vorrichtung, ein Hohlspiegel, ist einfach, nicht kostspielig*) und leicht transportabel. Der wesentlichste Vortheil aber ist der, dass wir auf diese Weise bei jedem Wetter, auch bei trübem Himmel untersuchen können und stets deutlich und genau sehen; sie lässt sich auch auf den Kranken im Bette, (im Nothfalle unter Beihülfe einer Kerze) und überhaupt nicht blos am Fenster anwenden, wenn dieses nur nicht zu weit entfernt oder doch eine beleuchtete Wand in der Nähe ist. Weiter ist das Untersuchen des Ohres auf diese Art sehr leicht und bequem, und da man sich nicht Schatten machen und doch ganz nahe an das Object herankommen kann, so sieht man auf das Deutlichste auch die kleinsten und feinsten Verschiedenheiten in Form und Farbe, welche selbst das schärfste Auge bei nur einiger Entfernung nicht mehr unterscheiden könnte. Ebenso ist das Erlernen dieser Untersuchungsweise keines-

---

*) Ein solcher, silberbelegter Spiegel mit metallener Fassung und abschraubbarem Griffe kostet hier zwei Gulden.

wegs schwierig, und hat sich auch die beschriebene Methode als eine gute und für die Praxis stets brauchbare verschiedenfach bewährt und sich bereits in weiteren Kreisen bei den Aerzten eingebürgert.

Fig. 2.

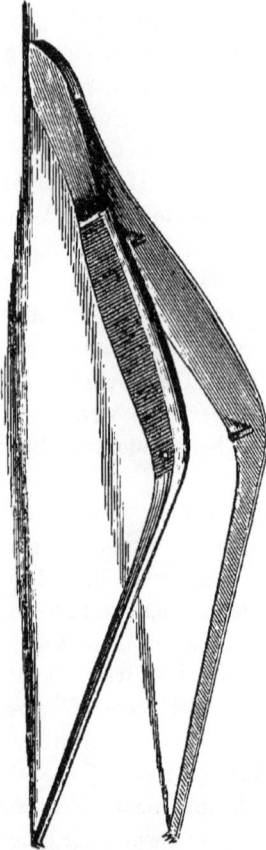

Unumgänglich nothwendig ist bei der Untersuchung des Ohres noch ein Instrument, um Epidermisschollen, Ohrenschmalzklümpchen, Haare und dergleichen kleine Hindernisse wegzuschaffen, die sich beim Einführen oder beim Bewegen des Trichters oft vor seine Oeffnung legen und so die Aussicht in die Tiefe beengen und stören. Man benutze hiezu eine Knopfsonde oder besser eine knieförmig gebogene Hackenpinzette mit dünnen und langen Armen, mit welcher man ohne sich mit der Hand im Lichte zu stehen jene oder andere Körper aus dem Gehörgange herausholen oder nach Umständen an die Wand andrücken kann.*) Da die Gehörgangswände sehr empfindlich sind, hüte man sich vor jeder stärkeren Berührung derselben und mache auch stets den Kranken vorher aufmerksam, dass er jede Bewegung des Kopfes zu unterlassen habe, während man mit der Pinzette im Ohre beschäftigt ist. Selbstverständlich dürfen alle solche Vornahmen nur neben controllirender Beleuchtung der Theile ausgeführt werden. — Ist etwas flüssiges Secret im Gehörgange oder auf dem Trommelfelle, so lässt sich dieses am besten mittelst eines auf die Pinzette aufgesteckten Pinsels wegnehmen, ebenso kann man auf einzelne Theile eine Flüssigkeit auftragen u. dgl.

Was das Geschichtliche betrifft, so benützte Wilde als Muster seiner oben abgebildeten Ohrtrichter ähnliche von Gruber in Wien angegebene Instrumente, welche nur mehr cylindrisch gebaut sind, daher ihre grössere Oeffnung bloss 10 Mm. weit ist. Auch sind diese von Neusilber und dicker im Material gearbeitet. Die Arlt'schen

---

*) Dieselbe Pinzette benütze ich auch, um die Ohrtrichter innen rein zu erhalten.

Ohrtrichter unterscheiden sich von den *Gruber'*schen dadurch, dass
sie oval statt rund geformt sind. Die von *Toynbee* angegebenen bestehen ebenfalls aus ovalen Cylindern, welche aber nach aussen durch
einen trichterförmigen Ansatz sich bedeutend erweitern. Alle diese
soliden Ohrtrichter sind in ihrer Brauchbarkeit nicht wesentlich von
einander verschieden und sind sie sämmtlich den zangenförmigen er-
weiterungsfähigen Ohrspiegeln vorzuziehen. Letztere, bereits im 17.
Jahrhundert von *Fabrizius von Hilden* angegeben, cursiren in sehr
verschiedenen Unterarten, gewöhnlich unter dem Namen *Kramer'*sche
oder *Itard'*sche Ohrspiegel. Am wenigsten brauchbar davon sind diejenigen, welche ganz spitz zulaufen oder deren Trichterhälften sehr
flach gekrümmt sind. An soliden, wie zangenförmigen Instrumenten
findet man nicht selten einen ringförmigen Wulst am inneren Ende
angebracht, dessen Nutzen einzusehen schwer ist, indem man doch
nicht annehmen darf, dass der Arzt sich das an und für sich enge
Operationsfeld noch mehr verengen oder dem Kranken absichtlich
Schmerz verursachen will.

Die geschilderte Beleuchtungsmethode mit dem Hohlspiegel ersann
ich selbständig, ohne von einem Vorgänger etwas zu wissen und zeigte
ich sie zuerst im Dezember 1855 im Vereine deutscher Aerzte zu
Paris vor. Erst später wurde ich gewahr, dass bereits früher ein ähnlicher
Vorschlag gemacht worden war, und zwar hatte im Jahre 1841 ein
westphälischer Arzt, Dr. *Hoffmann* in Burgsteinfurt, einen zentral
durchbohrten Rasirspiegel empfohlen, um mit ihm „Sonnen- oder
Tageslicht" in den Gehörgang zu werfen und so die Theile zu beleuchten. Dieser Vorschlag *Hoffmanns* scheint aber durchaus keinen
tieferen und nachhaltigen Eindruck gemacht zu haben, indem die von
ihm vorgeschlagene Methode von keinem der bekannteren Ohrenärzte
angenommen wurde und fand sie unverdienter Weise selbst so wenig
Beachtung, dass die meisten seitdem erschienenen Bücher über Ohrenheilkunde ihrer gar nicht Erwähnung thun — während ich mit aller
Entschiedenheit diese Beleuchtungsart für die einzige erkläre, welche
immer und unter allen Umständen anwendbar, nach welcher allein
feinere und genauere Beobachtungen gemacht werden können und
mit deren allgemeinen Einführung in die Praxis eine gedeihlichere
Entwicklung der Ohrenheilkunde ermöglicht und angebahnt wäre.

DRITTER VORTRAG.

Die Absonderung des Gehörganges und ihre Anomalien.

Die verminderte Ohrenschmalz-Absonderung und ihre rein traditionelle Bedeutung. Die Ohrenschmalzpfröpfe. Ihr allmäliges Entstehen und das scheinbar Plötzliche desselben. Schwindelzufälle und sonstige Erscheinungen. Bau. Folgen. Prognose. Behandlung.

Indem wir uns nun zu den Krankheiten des äusseren Gehörganges wenden, hätten wir zuerst die Absonderung des Gehörganges und dessen Anomalien zu besprechen.

Wie die das Auge befeuchtende Flüssigkeit, welche man gewöhnlich mit dem Namen Thränen bezeichnet, keineswegs bloss Absonderungsproduct der Thränendrüse ist, sondern sich aus diesem, den Thränen im engeren Sinne, dem Secrete der Schleimhaut und dem der *Meibom*'schen Drüsen zusammensetzt, so ist es auch mit der Absonderung des Gehörganges der Fall, welche man Ohrenschmalz zu nennen pflegt. Dasselbe wird nicht nur von den eigentlichen Ohrenschmalzdrüsen, jenen Glandulae ceruminosae geliefert, welche in ihrem knäuelförmigen Baue am meisten den Schweissdrüsen der übrigen Haut gleichen, sondern von sämmtlichen secretionsfähigen Bestandtheilen der den Gehörgang auskleidenden Haut. Somit betheiligen sich hier namentlich noch die sehr zahlreichen Talgdrüsen und sind dem Ohrenschmalze ferner immer beträchtliche Mengen abgelöster Epidermisplättchen und meist auch abgestossene Haare beigemengt. Da die Auskleidung des äusseren Ohrkanals eine Fortsetzung der allgemeinen Hautdecke ist, welche im äusseren Abschnitte desselben noch alle ihre gröberen und feineren anatomischen Eigenschaften beibehalten hat und erst nach innen zu sich mehr verdünnt und ihre Drüsen verliert, so ergibt es sich schon von vornherein, dass die Absonderung des Gehörganges im einzelnen Falle sich in der Regel ebenso verhält, wie die des äusseren Tegumentes überhaupt.

Diese Zusammengehörigkeit der Haut des Gehörganges mit dem Integumentum commune hat man nun bisher sehr wenig betont, ja sie kaum berücksichtigt, und so kam es, dass man der Secretion desselben, besonders quoad quantitatem, eine sehr selbständige und jedenfalls zu grosse Bedeutung beilegte. Anschliessend an die bisher üblichen Anschauungen werden wir daher auch hier die verminderte und die vermehrte Absonderung des Ohrenschmalz näher in Betracht ziehen.

Was zuerst die verminderte Ohrenschmalz-Secretion betrifft, so finden wir einen trockenen Gehörgang mit wenig Cerumen vorwiegend häufig bei Individuen, deren Haut im Ganzen sehr spröde, trocken und fettarm ist. Ein schottischer Arzt *Thomas Buchanan* schrieb im zweiten Dezennium dieses Jahrhunderts mehrere Bücher, in denen er vorzugsweise auf die grosse Bedeutung des Cerumens aufmerksam macht, von dessen mangelhafter Absonderung nach ihm eine grosse Reihe von Schwerhörigkeiten abzuleiten seien und welches somit eine sehr wichtige und von der übrigen Hautthätigkeit durchaus selbständige Rolle im thierischen Haushalte spielen sollte. Diese Anschauungen fanden in ihrer ursprünglichen Ausdehnung wohl nirgends Anerkennung und Aufnahme, indessen wird immer noch der Trockenheit des Gehörganges bei Laien wie Aerzten eine gewisse Bedeutung für die Hörschärfe beigelegt und pflichtgemäss dagegen Bepinselungen und Einträufelungen von Oelen und Balsamen der verschiedensten Art angewandt, zu welchen in neuerer Zeit noch das Glycerin getreten. Sie werden wohl selten einen Ohrenkranken zu Gesicht bekommen, welcher nicht aus eigener oder ärztlicher Ordination ein solches Mittel schon versucht hat. Aber auch in allen Lehrbüchern der Ohrenheilkunde finden wir bis in die neueste Zeit ohne Ausnahme die mangelnde Ohrenschmalz-Absonderung erwähnt, zwar nicht mehr als für sich bestehende Ursache von Schwerhörigkeit, wohl aber als ein Zeichen und als eine Nebenerscheinung bei tieferen Erkrankungen des Gehörorganes. Am häufigsten wird der abnormen Trockenheit des Gehörganges von den neueren Ohrenärzten eine gewisse semiotische Bedeutung beim Katarrhe der Paukenhöhle und bei der nervösen Schwerhörigkeit beigelegt. A priori lässt sich über solche Sympathieen des äusseren Gehörganges und seiner Absonderung mit den tiefer liegenden Theilen des Organes, über ihr Vorkommen oder ihre Wahrscheinlichkeit durchaus nicht absprechen. Abgesehen davon, dass das Gehörorgan mit seinen verschiedenen Abschnitten überhaupt eine geschlossene physiologische Einheit, ein Ganzes darstellt, dessen einzelne Theile sicherlich in bestimmter Abhängigkeit von einander stehen, so liessen sich solche Sympathieen auch auf eine anatomische Basis zurückführen, indem das Ganglion oticum an die verschiedenen Bezirke des Ohres, so namentlich an die Mucosa der Paukenhöhle wie an die Haut des äusseren Gehörganges Aestchen vertheilt.*) Allein wie verhält sich hier die Erfahrung, die nüchterne unbefangene Beobachtung? Sie allein vermag bei solchen Fragen endgültigen Aufschluss zu geben. Doch bevor Sie sich einen solchen von den einzelnen in der Praxis vorkommenden Fällen erholen wollen, erinnern Sie sich, dass sehr viele Ohrenkranke den Grund ihres Leidens gar gerne im Gehörgange und im Ohrenschmalz suchen, daher Ohrlöffel und sonstige Instrumente oft einzuführen pflegen, auch wohl auf eigene oder ärztliche Veranlassung hin das Ohr fleissig ausspritzen. Auf diese Weise kann eine künstliche Trockenheit, eine vorübergehende Abwesenheit jedes Ohrschmalzes entstehen und müssen Sie sich stets durch Befragen des Kranken unterrichten, ob nicht die Möglichkeit einer solchen vorliege. Sehen wir hievon ab, so zeigt uns die Krankenuntersuchung, dass bei denselben Formen von tieferen Erkrankungen z. B. beim chronischen Katarrhe des Mittelohres ebenso häufig Cerumen vorhanden, ja nicht selten in allzugrosser Menge angehäuft ist, als es wiederum fehlt oder mangelt. Beides steht aber in gar keinem bestimmten constanten oder nur verhältnissmässig häufigen Verhältniss. Was aber den Mangel des Ohrenschmalzes bei der nervösen Schwerhörigkeit betrifft, so werden wir später sehen, auf welch schwachen Füssen diese Diagnose überhaupt noch steht.

Manche Aerzte geben an, dass auch bei acuten Erkrankungen z. B. beim acuten Katarrhe des Mittelohres eine mangelhafte Ohrenschmalz - Absonderung eintrete. Es ist schwer einzusehen, wie man hier zu einem Urtheil kommen soll, indem doch vor der acuten Affection dieses Secret in normaler Weise geliefert wurde und das bereits vorhandene nicht plötzlich nach dem Auftreten der Paukenhöhlen-Entzündung en masse verschwinden kann, so dass wir im Stande wären, die jetzt gerade stattfindende Secretionsthätigkeit nach ihrer Reichlichkeit und Spärlichkeit zu bemessen. Ich halte somit die überall geltende Annahme, dass manche tiefere Erkrankungen des Gehörorganes — von eiternden ist natürlich hier nicht die Rede — regel-

---

*) Siehe meine angewandte Anatomie des Ohres S. 74.

mässig oder nur auffallend häufig mit einer verminderten Ohrenschmalz-
production einhergehen, nach meinen bisherigen Beobachtungen für
rein traditionell und von der nüchternen Beobachtung nicht bestätigt
und kann ich die Quantität der Absonderung des äusseren Gehörganges
nur in Beziehung setzen zur Fettproduction und Drüsenthätigkeit der
Körperhaut überhaupt. Leute, die eine fette, glänzende Haut besitzen
und namentlich im Gesichte und am behaarten Kopfe viel Hautschmeer
produziren, Individuen, deren Schweissdrüsen besonders am Kopfe leicht
in gesteigerte Thätigkeit gerathen, haben in der Regel auch mehr
Ohrenschmalz als Solche, deren Haut im Ganzen mehr trocken, spröde
und fettarm ist — gleichviel ob sie nebenbei noch an chronischem
Katarrhe des Mittelohres leiden oder nicht.

In den meisten Fällen wird wohl nur eine geringe Menge von
Ohrenschmalz geliefert. Dessen oberflächliche Schichte vertrocknet
allmählig und löst sich ab, jedenfalls unter Mitwirkung der Bewegungen, welche dem knorpeligen Gehörgange fortwährend von dem
Gelenkkopfe des Unterkiefers mitgetheilt werden, und fällt wohl auch
Nachts beim Liegen auf dem Ohre in kleinen Stückchen heraus. Hat
Jemand eine lebhaftere Hautproduction im Gehörgange, wird mehr
abgesondert, als unter den gewöhnlichen Verhältnissen oder unter ge-
legentlicher Beihülfe eines Ohrenlöffels nach aussen entleert wird, oder
liegen Verhältnisse vor, welche die Entleerung des in normaler Menge
gelieferten Cerumens nach aussen hindern, wie dies bei manchen Verengerungen des Ohrkanales der Fall ist, so sammelt sich dieses allmälig an und kann im Laufe der Jahre den Gehörgang vollständig verstopfen. Die vermehrte Absonderung des Ohrenschmalzes oder
die Seborrhö des Gehörganges wird von den meisten Autoren auf gewisse
acute entzündliche Zustände in der Bekleidung desselben zurückgeführt.
Kramer spricht von einer „Entzündung der Oberhaut, wodurch die
darunter liegenden Ohrenschmalzdrüsen sympathisch zur vermehrten
Absonderung eines entarteten Ohrenschmalzes angeregt werden." *Rau*
erklärt die Ohrenschmalz-Anhäufungen für eine der Ausgänge der
erythematösen Entzündung des Gehörganges. Dass Hyperämien des
Ohrkanales, entzündliche oder congestive Reizungen seiner häutigen
Auskleidung auch auf die Secretion derselben und die ihrer Drüsen
vermehrend einwirken, liegt in der Natur der Sache, und werden wir
später noch kennen lernen, wie nach Eczemen oder nach Furunkeln
im Gehörgange sehr oft eine abnorm starke Secretion von Epidermis
und von Cerumen beobachtet wird. Solche acute Reizungen müssen
aber nicht als den Anhäufungen von Ohrenschmalz nothwendig vor-
ausgehend angesehen werden, und bin ich der Ansicht, dass die Mehrzahl

der zur Beobachtung kommenden Verstopfungen des Gehörganges durch Ohrenschmalz nicht als Folge irgendwelcher acuter und spezifischer Ernährungsstörungen aufgefasst werden müssen, sondern lediglich als Folge langer, sicher meist Jahre, selbst Jahrzehnte dauernder vermehrter Absonderung oder verminderter Entleerung dieses Productes, welche eben schlüsslich jenes Maass erreicht, dass das Gehörgangslumen ausgefüllt ist. Alle diese Erscheinungen, welche solche Kranken gewöhnlich angeben, heftiges Sausen und Jucken im Ohre, Gefühl von Schwere und Völle, oder die sehr richtige Empfindung „als ob das Ohr verstopft wäre" sind als mechanische Wirkung der Ohrenschmalz-Anhäufung zu betrachten, und nicht als Zeichen des dieselbe bedingenden Krankheitsprozesses, wie dies die Autoren angeben. Diese meine Auffassung ist viel einfacher und natürlicher und entspricht sie auch vollständig einer aufmerksamen und vorurtheilslosen Beobachtung. Sie haben sich bereits selbst im Laufe unserer neulich begonnenen praktischen Uebungen im Untersuchen des Ohres überzeugt, wie verschieden stark sich die Ohrenschmalz-Absonderung zeigt, wenn man eine grössere Reihe von Individuen untersucht und ich machte Sie aufmerksam, wie der Gehörgang mancher unserer Commilitonen nur einen ganz schwachen Ohrenschmalzring besass, bei anderen aber stiessen wir auf eine solche Menge an den Wänden angelagerten Cerumens, dass uns dasselbe sogar in der freien Besichtigung des Trommelfells störte und könnte man in letzteren Fällen auf eine allmälig, wenn auch wohl erst nach Jahren sich ausbildende vollständige Verstopfung des Gehörganges rechnen, wenn die Ansammlung des Secretes mittlerweile nicht behindert würde. Die Einen wie die Anderen erwiesen sich aber ausserdem als ohrengesund und hörten ganz gut, auch die letzteren klagten über keinerlei Beschwerden und waren sich ihres Ohrenschmalz-Reichthums durchaus nicht bewusst. Störungen würden erst dann eingetreten sein, wenn einmal der Abschluss des Gehörganges eine vollständige geworden wäre. Ein solcher ruft einmal auf mechanische Weise Taubheit hervor, dann durch den Druck und den Reiz, welchen der fremde in seiner Ausdehnung behinderte Körper auf die Wände des Gehörganges und auf das Trommelfell ausübt, noch eine Reihe weiterer Erscheinungen. In vielen Fällen treten alle Wirkungen solcher Ohrenschmalzpfröpfe gleichsam plötzlich auf, so dass Jemand, der vor Kurzem glaubte, ein ganz gesundes Ohr zu haben, auf einmal hochgradig schwerhörig wird. Es lässt sich dies so erklären, dass zufällig durch irgend eine Gelegenheitsursache, Erweichung des Propfes durch eingedrungenes Wasser, Lageveränderung desselben nach einer Erschütterung oder dgl. der Verschluss des Gehörganges plötzlich ein vollständiger wurde, wodurch dann in der Regel der abnorme vorher unmerkbare Zustand sich äussert.

Ein interessanter hieher gehörender Fall, welcher zugleich das Verhältniss von Krankengeschichte und von objectiver Untersuchung in ihrem gegenseitigem Werthe für die Diagnose beleuchtet, ist folgender. Ein älterer Mann kommt Nachts aus dem Weinhause, wo er sich noch ganz lebhaft unterhalten hatte; unterwegs stösst er an eine ungeschickt aufgestellte Wagendeichsel und wird von der Gewalt des Stosses zu Boden geworfen, wobei er mit dem Kopfe auf das Pflaster auffällt. Er glaubt etwa eine Viertelstunde bewusstlos so gelegen zu haben; inwieweit das Auffallen des Kopfes oder die unterschiedlichen Schoppen, die er genossen, an der Bewusstlosigkeit Schuld trugen, weiss er nicht abzugränzen, er gibt aber zu, dass er schon vorher „etwas benebelt" gewesen sei. Er steht indessen auf und geht unbehindert nach Hause. Nach einer gut verbrachten Nacht fällt ihm und seiner Umgebung sogleich auf, dass er fast stocktaub geworden. Der herbeigerufene Arzt schüttelt das Haupt, und weiss gleich dem Kranken die plötzlich aufgetretene Taubheit nur auf das Aufschlagen des Kopfes auf das Steinpflaster zu beziehen. Er macht die Familie auf den Ernst der Sache aufmerksam, dass es sich hier mindestens um eine Gehirnerschütterung, vielleicht um einen Blutaustritt im Gehirne u. s. f. handle. Der Kranke, welcher sich ausserdem ganz wohl befindet, wird auf schmale Diät gesetzt, geschröpft und laxirt; nach einigen Tagen wird ihm weiter ein Haarseil gesetzt. Die Taubheit bleibt ganz gleich; der Kranke kommt körperlich und geistig immer mehr herunter. Nach einigen Monaten bekomme ich den Kranken zu sehen. Nachdem ich seine Leidensgeschichte angehört, untersuche ich das Ohr und finde — beide Gehörgänge ganz verstopft mit Cerumen. Ich lasse es etwas erweichen und entferne es durch Ausspritzen. Im Momente hört der Kranke wieder ganz gut und ist nicht nur von seiner Taubheit, sondern von einem tiefen Trübsinne, der ihn seit seiner „Gehirnerschütterung" befallen, geheilt. Hier hatte das Auffallen des Kopfes jedenfalls die schon vorhandenen, aber bisher nicht merkbar störenden Ohrenschmalzpfröpfe in eine Lage gebracht, dass sie den Gehörgang hermetisch versperrten — daher die plötzliche Taubheit. — Erinnern Sie sich dieses Falles m. H., wenn Ihnen Kranke vorkommen, die irgend eine Erscheinung darbieten, welche, wenn auch nur möglicherweise, auf das Ohr selbst zu beziehen wäre, und denken Sie sich in die Lage und Stimmung des von Taubheit, Trübsinn und Haarseil gequälten, so leicht geheilten Kranken und — des sonst sehr tüchtigen Collegen, nachdem Beiden die wahre Natur der Gehirnaffection klar geworden! Noch Eines:

nehmen wir an, einige Tage nach dem Setzen des Haarseiles hätte der Ohrenschmalzpfropf seine hermetisch schliessende Lage durch irgend einen Zufall verlassen, oder der Arzt wäre auf den Gedanken gekommen, das Ohr zu elektrisiren und hätte desshalb öfter warmes Wasser in's Ohr gegossen, oder es wäre durch Einträufeln von Mène-Maurice'schen Gehöröl (soll gefärbtes Mandelöl sein) oder des Demoiselle Cléret'schen Schwefeläthers etwas Cerumen aufgelöst worden — ein neuer Beweis für die Wirkung dieser Mittel, selbst bei cerebraler Taubheit, wäre geliefert gewesen!

Viele an Anhäufung von Cerumen leidende Kranke berichten, dass ihr Zustand nach bestimmten Einflüssen ein sehr wechselnder sei, welche Veränderungen oft unter einem dem Kranken vernehmbaren Geräusche, Krachen u. dgl. vor sich gehen. Manche erzählen, dass sie taub würden, sobald sie sich legen und dabei einen lästigen Druck im Ohre verspürten, der sich verlöre, sobald sie sich aufrichten oder den Kopf schütteln oder am Ohrläppchen zupfen. Andere werden jeden Morgen taub, sobald sie das Ohr waschen, oder sie sich nach Gewohnheit mit dem zusammengedrehten Handtuchzipfel das Ohr reinigen — Alles Zustände, wie sie auf eine veränderliche Lage und Ausdehnung solcher Pröpfe beruhen und uns zeigen, wie solche Ansammlungen meistens erst dann merklich störend werden, wenn sie den Gehörgang vollständig abschliessen und verstopfen.

Ausnahmsweise können auch kleinere Quantitäten Cerumen sehr belästigende Erscheinungen hervorrufen, wenn dasselbe im Verlaufe des Ohrkanales eine wenn auch dünne aber durchaus schliessende Scheidewand bilden, oder noch mehr, wenn durch irgend einen Zufall eine dünne Schichte dicht am Trommelfelle liegt und somit drückend und reizend auf dasselbe einwirkt. So wurde ich einmal von einem Manne consultirt, welcher wegen Taubheit längere Zeit von seinem Arzte mit Einspritzungen behandelt wurde. Hiebei entleerte sich auch eine ziemliche Menge Ohrenschmalz, die Schwerhörigkeit nahm aber trotzdem zu, das Ohrensausen verstärkte sich in einem unleidlichem Grade und gesellten sich heftige Ohrenschmerzen und Schwindelanfälle dazu. Der Arzt, in der Untersuchung des Ohres wenig geübt, konnte sich diese Erscheinungen nicht erklären und schickte den Kranken zu mir. Ich fand den Gehörgang frei, nur eine ganz kleine Schichte dunkeln Cerumens scheibenartig dem Trommelfelle anliegend, das dadurch fast vollständig verdeckt war. Da Einspritzungen hier nicht am Platze, füllte ich den Gehörgang mit warmen Wasser, liess den Kranken mit geneigtem Kopfe einige Minuten auf dem anderen Ohre liegen und konnte dann das erweichte Ohrenschmalz mit einem Pinsel wegnehmen, was im Momente ein sehr starkes Rauschen (durch Berühren des Trommelfells) hervorrief, aber alle Erscheinungen nachhaltig beseitigte.

Ganz eigenthümlich ist der jedenfalls als Druckerscheinung aufzufassende Schwindel, wie er durch Ohrenschmalzpfröpfe gar nicht selten hervorgerufen wird. Diesen Schwindelzufällen werden wir auch bei anderen Ohrenaffectionen wieder begegnen, wenn sie auch dort theilweise wenigstens von anderen Momenten abhängen mögen. Dass Schwindel Folge von Ohrenleiden sein könne, ist den Aerzten bisher nahezu vollständig entgangen, und werden dieses Symptoms wegen viele Schwerhörige als Nervenkranke und Gehirnleidende den verschiedenartigsten und eingreifendsten Allgemeinbehandlungen von Badecuren und Holztränken bis zum Haarseil und der Moxe unterworfen, während derselbe sich nur nach Besichtigung des Ohres in seiner wahren Ursache erkennen und dann meist mit Erfolg behandeln lässt.

Baumwollkugeln, Pfefferkörner und andere Gegenstände bilden manchmal den Kern solcher den Gehörgang verstopfender Bildungen. Nicht selten finden wir das Cerumen auf's innigste mit einer Menge kurzer starker Haare verfilzt, wie sie eben im vorderen Abschnitte des Gehörganges vorkommen und spricht ein solcher Befund wohl deutlich für das langsame, vielleicht oft Jahrzehnte in Anspruch nehmende Wachsen und Entstehen dieser Pfröpfe. Anhäufungen von Cerumen, namentlich solche mit Haaren gemengte Pfröpfe trifft man auffallend häufig bei älteren Personen, und mag dies einmal daher kommen, weil an und für sich, je älter Jemand wird, desto mehr Zeit solchen allmälig wachsenden Ansammlungen zu ihrer Bildung und zu ihrem schliesslichen Einflusse auf das Gehör gegeben ist, dann aber auch weil bei Greisen sehr häufig ein Collapsus der Gehörgangswände, ein schlitzförmiges Aneinanderliegen derselben sich entwickelt, welches den Ohrkanal nach aussen zu mehr oder weniger verengert und der für gewöhnlich stattfindenden Entleerung dieses Secretes ein Hinderniss entgegensetzt. Solche Anhäufungen kommen indessen in jedem Alter, selbst bei ganz kleinen Kindern vor. In letzteren Fällen ist immer sehr viel Epidermis beigemengt und sieht das Ganze gewöhnlich mehr hellgelb aus. Personen, deren Gehörgangsabsonderung sehr entwickelt, die also gewissermassen an einer Seborrhö des Ohrkanales leiden, neigen besonders zu ihrer Bildung und kenne ich einen jungen Mann aus der arbeitenden Klasse, dessen Ohren ich im Verlaufe einiger Jahre zu wiederholten Malen bereits von solchen den Gehörgang verstopfenden Ansammlungen befreien musste. Manchmal bestehen solche Pfröpfe aus schneckenartig aufgerollten Epidermislamellen, welche von

wenig beigemengtem Cerumen nur gelb oder bräunlich gefärbt sind
und möchte man bei solchen offenbaren Abschilferungsproducten am
ehesten an congestive Reizungen der Gehörgangshaut denken. Häufig
lassen sich an dicken Pfröpfen jüngere und ältere Schichten unterscheiden; die ersteren pheripherisch liegend, sind von hellerer Farbe, sind
reichlich mit Epidermis gemengt und zeigen nicht selten an ihrer
perlmutterglänzenden Oberfläche eine Beimischung von Cholestearin-
Kristallen, während die älteren inneren Schichten mehr amorph und
dunkler erscheinen. Vorwiegend häufig finden sich Ohrenschmalz-Anhäufungen auf beiden Seiten, wenn auch oft in verschiedenem Grade der
Ausbildung, so dass z. B. auf dem einen Ohre, wo vollständiger Abschluss stattfindet, der Kranke ganz taub ist, auf dem anderen aber normal zu hören glaubt, während doch nur ein schmaler Spalt noch unausgefüllt und frei geblieben ist.

Die Ohrenschmalzpfröpfe sind keineswegs immer so ganz harm-
loser Natur, sondern können durch grossen Umfang und dadurch ver-
ursachten Druck sehr schädlich auf die Nachbartheile einwirken. So
secirte ich einen Fall *), wo ein solcher den ganzen Gehörgang er-
füllenden, jedenfalls sehr alter Pfropf, eine allseitige Erweiterung des
knöchernen Gehörganges mit Usur seiner Haut und sogar eine Perforation des Trommelfelles zu Stande gebracht hatte, so dass ein Theil
des Pfropfes in die Paukenhöhle hinein ragte. *Toynbee* weist bei verschiedenen Gelegenheiten auf den schädlichen Einfluss hin, den solche
Pfröpfe auf die Nachbartheile ausüben können. Ich selbst sah mehrmals nach der Entfernung solcher Ansammlungen das Trommelfell auffallend nach innen liegend, als ob es längere Zeit in die Paukenhöhle
hineingedrükt gewesen wäre.

Jedenfalls hüte man sich, die *Prognose* sogleich günstig zu stellen,
wenn man bei einem Schwerhörigen eine solche Ansammlung trifft,
indem der Complicationen sehr verschiedene und sehr viele sein können.
So gibt *Toynbee* **) an, dass unter 165 Ohren, aus welchen er solche Pfröpfe
entfernte, nur bei 60 das Hörvermögen ganz wieder hergestellt, bei
43 wesentlich gebessert, bei den übrigen 62 aber gar keine oder nur
eine höchst unbedeutende Besserung eingetreten sei. Aehnlich mag
auch das Ergebniss meiner Beobachtungen sein.

Aus dem Angegebenen erhellt, dass man bei der Entfernung solcher Ansammlungen langsam und schonend verfahren muss, da man nie

---

*) Siehe meine „anatom. Beiträge zur Ohrenheilkunde, Section von 16 Schwer-
hörigen" in *Virchow's* Archiv B. XVII. Section II. S. 10.
**) The Diseases of the Ear. London 1860. p. 48.

weiss, in welchem Zustande die tieferen Theile sich befinden. Sie
werden daher nie vom Anfange an Pinzetten, Ohrlöffel und hebel-
artige Instrumente benützen, durch welche der Pfropf leicht tiefer nach
innen gedrückt und dem Kranken heftige Schmerzen und andere Nachtheile bereitet werden können. Das einzig Passende sind Einspritzungen mit warmen Wasser, mit welchen man indessen nie stürmisch
verfahre. Erweist sich der Pfropf als hart oder der Patient als sehr
empfindlich, so lasse man vorläufig den Gehörgang öfter mit warmen
Wasser füllen und dasselbe längere Zeit auf den Pfropf einwirken,
damit derselbe erweicht und von den nachfolgenden Einspritzungen
leicht aufgelöst oder herausgeschwemmt wird. Versäumen Sie indessen
nie, dem Kranken, den Sie mit dieser Ordination entlassen, zu sagen,
dass durch dieses Einträufeln von Wasser seine Schwerhörigkeit einst-
weilen zunehmen könne, sonst möchte derselbe, wenn er bei Befolgung
Ihres Rathes vielleicht vollständig taub geworden, jedes Zutrauen verlieren und nicht wieder kommen. Oel und Glycerin scheinen das
Ohrenschmalz weniger zu lösen, als einfaches warmes Wasser. In
Folge der Einspritzungen bewegt sich häufig der Pfropf als Ganzes
heraus, und kann man ihn dann, wenn er sich bereits der Ohröffnung
genähert hat, mittelst der Pinzette herausbefördern, wodurch man oft
vollständige Abgüsse des Gehörganges erhält, an welchen die Bildung
der äusseren Trommelfelloberfläche ganz gut zu erkennen ist. Nachdem die
Verstopfung gehoben und alles Cerumen entfernt ist, lasse man das
Ohr für die nächsten Tage vor Kälte und starken Schall durch Wolle
schützen. Solchen, welche ihr gutes Hörvermögen wieder erhalten
haben, nachdem sie längere Zeit jeder schärferen Sinneswahrnehmung
beraubt waren, verbieten sich starke Schalleindrücke von selbst, indem
ihnen nach diesem jähen Wechsel oft schon eine kräftige Stimme unangenehm laut vorkommt. Unmittelbar nach dem Ausspritzen erscheint
das Trommelfell und der angränzende Gehörgang gewöhnlich leichter
oder stärker geröthet, was sich in der Regel in einigen Stunden wieder verloren hat.

VIERTER VORTRAG.

Das Ausspritzen des Ohres. Die fremden Körper im Ohre.

Die Ohrenspritze und ihre Anwendung. — Die Extractionsversuche meist gefährlicher als die fremden Körper. Zwei Beobachtungen. Behandlung. Operationsvorschlag für verzweifelte Fälle. — Fremde Körper im Ohre öfter Ursache eigenthümlicher Reflexerscheinungen. Mehrere Fälle.

Ein Professor an einer berühmten medizinischen Facultät, dem ich mein Vorhaben, mich vorzugsweise mit Ohrenkrankheiten zu beschäftigen mitgetheilt, erwiederte mir einmal — natürlich vor vielen Jahren — unter mitleidigem Lächeln: „Da lässt sich ja nichts thun, als höchstens ausspritzen und Vesicatore setzen." Einen ähnlichen hohen, ja universellen Werth für die Behandlung der Ohrenkrankheiten legen noch sehr viele gelehrte und ungelehrte Praktiker dem Ausspritzen des Ohres bei. Damit allein schon möge es entschuldigt sein, wenn auch ich einige Worte über diese so einfache Vornahme verliere. So einfach die Sache ist, so werden Sie sich doch häufig genug überzeugen, dass selbst Aerzte mit dem Ausspritzen des Ohres nicht recht umgehen können, und dass es manche sehr reiche Krankenanstalten gibt, in deren Sälen Sie umsonst nach einer passenden Vorrichtung zu diesem Zwecke suchen werden. Und doch ist die Sache keineswegs gleichgültig. Nicht nur lässt sich, wie wir bereits gesehen haben, manche Schwerhörigkeit allein durch diese einfache Operation heben, sondern es gibt noch eine grosse Reihe von Ohrenerkrankungen, die Otorrhöen, welche vor Allem ein regelmässiges Entfernen des Secretes erheischen, wenn der Prozess stillestehen oder gebessert werden soll. Als solche Zustände aber, welche ein entsprechendes und geregeltes

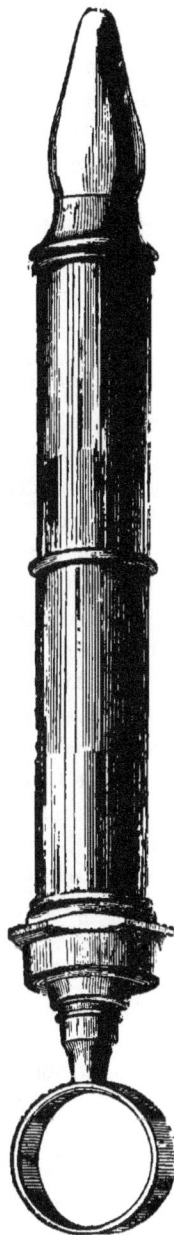

Ausspritzen des Ohres verlangen, werden wir später gerade diejenigen Ohrenaffectionen kennen lernen, welche dem Kranken am allermeisten Schmerzen verursachen, ja ihn nicht selten zum Tode führen. Sie sehen, vom Besitze einer passenden Spritze und von ihrem richtigen Gebrauche kann manchmal sehr viel abhängen und die Sache ist in der That sehr wichtig, wenn auch in einem anderen Sinne, als dem oben angeführten.

Fig. 3.

Was zuerst das Instrument betrifft, so zeige ich Ihnen hiemit die Spritze vor, welche ich selbst benütze, und welche ich auch den Patienten zu ihrem eigenen Gebrauche anrathe. Sie ist von Zinn, besitzt am Kolben einen Ring für den Daumen und hat einen kurzen stumpfkonischen abgerundeten Ansatz von Bein. Der dem Ringe zunächst liegende abschraubbare Theil des Rohres ist etwas breiter und hervorragend gearbeitet, damit die die Spritze haltenden zwei Finger dort einen Widerhalt finden. Zwei Ringe seitwärts anzubringen, wie dies mehrere Ohrenärzte zu diesem Zwecke rathen, scheint mir überflüssig. Diese Spritze enthält nur etwas über eine halbe Unze Wasser; die meisten Ohrenärzte geben viel grössere Spritzen an. Da wir indessen hier selten einen länger anhaltenden Wasserstrom und eine grössere Kraft nöthig haben, im Gegentheile eine solche häufig gerade zu vermeiden ist, so sind kleinere Spritzen entschieden vorzuziehen. Die gleichen Spritzen lasse ich, wie gesagt, die Patienten auch zum eigenen Gebrauche anwenden, in welchem sich meist sehr unpassende Instrumente vorfinden. Zu letzteren rechne ich alle Horn- und Glasspritzen. Am meisten müssen langausgezogene spitzige Ansätze vermieden werden, mit denen sich die Kranken leicht im Gehörgange wehe thun, während die kurzen und dicken Beinspitzen so tief eingeführt werden dürfen, als es nur eben geht.

Beim Gebrauche der Spritze erinnere man sich des gekrümmten Verlaufes des Gehörganges, und dass, wenn man den vorderen knorpeligen Abschnitt desselben nicht nach hinten und oben zieht, in der Regel nur die obere Wand bespült wird, während die tieferen Theile und das Trommelfell wenig oder gar nicht von dem Wasser berührt werden. Man ergreife somit beim Ausspritzen ebenso die Ohrmuschel mit der linken Hand, wie wir dies beim Einführen des Ohrtrichters gesehen haben. Wollen Sie sicher sein, dass der Kranke sich selbst zu Hause ordentlich und genügend einspritze, was mit obiger Vorrichtung ganz gut geht, so lassen Sie sich zeigen, wie er sich hiebei anstellt, und belehren ihn nöthigenfalls. Viele Otorrhöen heilen nur desshalb nicht, weil der Patient oder seine Angehörigen den Eiter nicht gründlich zu entfernen, d. h. nicht recht einzuspritzen verstehen. Das Ausspritzen selbst geschehe langsam und nicht mit Gewalt, welche man am meisten bei Entzündungen der tieferen Theile vermeiden muss, indem an empfindlichen, durch den Eiterungsprozess auch in ihrem Zusammenhange gelockerten Parthieen sonst leicht Schaden angerichtet werden kann. Dass durch sehr kräftigen Strahl aus grosser Spritze leicht ein mürbes Trommelfell durchbrochen, wohl auch bei offenliegender, cariöser Paukenhöhle die Gehörknöchelchen aus ihrer Verbindung gerissen und an angeätzten Knochenwänden weitere Verletzungen geschaffen werden können, lässt sich a priori nicht bezweifeln, und liegen mir Beobachtungen vor, welche ich in diesem Sinne deuten muss. Selbst bei undurchlöchertem Trommelfell und ohne acut entzündliche Zustände, ruft das Ausspritzen des Ohres, wenn auch noch so vorsichtig gemacht, nicht gar selten Ueblichkeit, Schwindel und vorübergehende Ohnmachten hervor, wobei indessen die Kranken stets angeben, dass die Einspritzung nicht den geringsten Schmerz verursacht hätte.

Das Ausspritzen des Ohres kann natürlich nur Einen Zweck haben, nämlich den, Etwas aus dem Ohre zu entfernen, sei es Eiter, Ohrenschmalz oder irgend einen fremden Körper. Wo uns die vorhergehende Untersuchung nicht belehrt hat, dass im vorliegenden Falle Etwas aus dem Ohre zu entfernen ist, dürfen wir daher nicht einspritzen. Sie wundern sich, warum ich Ihnen etwas sage, was sich doch von selbst versteht; Sie werden sich noch mehr wundern, wenn Sie praktiziren und Sie finden, dass fast jedem Ohrenkranken, dessen erster Arzt Sie nicht sind, Einspritzungen ordinirt wurden. Die Kranken, welche Ihnen hievon berichten, versichern oft ganz ernsthaft und treuherzig, es wäre aber „nichts herausgegangen." Sie werden dann einsehen, dass viele Aerzte die Einspritzungen auch als diagnostisches Mittel anwenden d. h. um zu erfahren, ob die Taubheit nicht vielleicht auf Ansammlung von Ohrenschmalz beruhe, manchmal auch, ob das Trommelfell kein Loch habe! —

Nicht selten wird dem Kranken durch solch unmotivirtes Einspritzen, wenn es zu stürmisch oder mit allzuheissem Thee vorgenommen oder zu lange fortgesetzt wird, nicht unerheblicher Schaden zugefügt und habe ich schon Entzündungen des Trommelfells, wie des Gehörganges auf solche Weise entstehen sehen. Dass man nie kaltes, sondern nur lauwarmes Wasser hiezu verwenden soll, versteht sich bei der Empfindlichkeit des Ohres gegen Kälte von selbst. Etwas Anderes als Wasser hat man fast nie nöthig. —

Im Anschlusse an die Ohrenschmalz - Anhäufungen und das Ausspritzen des Ohres wenden wir uns zu den fremden Körpern im Ohre, welches Capitel zu besprechen uns weniger seine wirkliche als die ihm gewöhnlich beigelegte Bedeutung veranlasst. Es sind namentlich Kinder, welche sich manchmal Glasperlen, Kirschkerne, Erbsen u. dgl. im Spiele in's Ohr stecken, ausserdem kriechen zuweilen Insekten in den Gehörgang und beunruhigen die Menschen durch ihre Gegenwart. Gewöhnlich schaden diese in's Ohr gerathenen Gegenstände weit weniger, als die Versuche dieselben wieder zu entfernen, und liesse sich als Motto für diesen Abschnitt das alte Sprüchwort benützen: Blinder Eifer schadet nur. Namentlich muss man sich wundern, wie häufig von Aerzten ebensogut wie von Laien die energischsten Extractionsversuche gemacht werden, bevor man sich nur die Mühe gibt, nachzusehen, ob denn wirklich die Aussagen des Kranken richtig und noch etwas Fremdartiges im Gehörgange sich befindet. Sehr drastische Erzählungen über diesen Gegenstand und die Folgen solcher unnöthiger Eingriffe finden sich in *Wilde*'s Ohrenheilkunde*) und führten solche öfter zu einem tragischen Ausgang. Aus meiner eigenen Praxis sind mir namentlich zwei Fälle gut in Erinnerung. Einmal wurde ich Nachts aus dem Bette gejagt von einem Dienstmädchen, das mit Thränen im Auge und kummervollen Angesichts mir berichtete, es wäre ihr Nachmittags ein „Ohrenhöllerer" — der populäre Name in Franken für den Ohrwurm, Forficula auricularis — in's Ohr gekrochen, es hätten dann einige Leute Strohhalmen in's Ohr eingeführt, um ihn herauszutreiben. Zum Glück wohnte ein junger Mediziner in demselben Hause, welcher auch requirirt wurde und sich mittelst einer Pinzette an der Jagd betheiligte; er habe auch versichert, das Thier wäre entfernt, doch da sie Nachts auf einmal heftige Ohrenschmerzen bekommen, müsse das Insekt sicherlich noch darin sein. Ich beleuchtete das Ohr mittelst Hohlspiegel und Studirlampe, und fand zwar kein Insekt, aber einen stark gerötheten Gehörgang und ein sehr injizirtes Trommelfell — natürlich als Folge der im Ohre angestellten

*) Practical Observations on Aural Surgery. London 1853. Ins Deutsche übertragen von Dr. v. *Haselberg.* Göttingen 1855.

v. Tröltsch, Ohrenkrankheiten. 3

.Jagd. — Ein ernsterer Fall war folgender. Einem jungen Mädchen auf dem Lande wurde im Scherze von ihrem Liebhaber Abends ein Brodkügelchen in's Ohr gesteckt, welches sich nicht mehr entfernen liess. Ein noch in der Nacht zu Rathe gezogener Arzt suchte den fremden Körper mittelst Sonden, Pinzetten und Zangen zu entfernen und machte zeitweise auch Einspritzungen mit kaltem Wasser. Diese längere Zeit wiederholten sehr energischen Versuche, des Brodkügelchens habhaft zu werden, mussten endlich aufgegeben werden, als nach abermaliger Einführung der Pinzette eine heftige Blutung aus dem Ohre eintrat und die bisher sehr standhafte Kranke erklärte, sie könne die heftigen Schmerzen nicht länger ertragen. Zur Abwendung einer Entzündung wurden mehrere Stunden kalte Umschläge aufs Ohr gemacht. Einige Tage nachher sah ich die Kranke und fand eine sehr heftige und ausgebreitete Entzündung des Gehörganges, diesen selbst allenthalben geschwollen und an mehreren Stellen intensiv geschunden und verletzt. Trotz energischer Antiphlogose liess sich die Entzündung nicht beschränken, es bildeten sich mehrere subcutane Abszesse in der Tiefe des Ohrkanales und gestalteten sich die örtlichen wie allgemeinen Erscheinungen so drohend, dass ich einige Tage für das Leben der Kranken ernstlich besorgt war. Indessen verlief die Erkrankung allmälig doch noch günstig und konnte die Kranke nach ungefähr 4 Wochen das Zimmer wieder verlassen. Ich gestehe, für ein Brodkügelchen war dies etwas zu viel. Ein solches würde ich ruhig im Ohre liegen lassen, da ich mir nicht denken könnte, wie es durch seine Gegenwart irgend erheblich zu stören vermöchte und dasselbe sicherlich während der Nacht oder am folgenden Tage von selbst herausgefallen wäre. Kriecht ein Insekt oder anderes Thier in's Ohr, so wird es das Einfachste und Beste sein, den Gehörgang mit Wasser zu füllen. Das Thier wird dann aus Selbsterhaltungstrieb schon freiwillig wieder herauskriechen. Ein geistreicher Chirurg der Neuzeit, *Malgaigne,* macht den Vorschlag, ein in den Gehörgang gekrochenes Thier mit der Leimruthe zu fangen und Verduc, es mit einem angeschnittenem Reinetteapfel zu ködern. *Hyrtl* meint sehr treffend, solche Vorschläge wären doch zu possierlich für das ernste Handwerk des Chirurgen. Man kann indessen kaum glauben, welche komischen und lächerlichen Mittel zur Entfernung von fremden Körpern aus dem Ohre noch in der neueren Zeit angegeben wurden. So ertheilte der bekannte *Itard* den merkwürdigen Rath, lange im Ohre verbliebene Pflanzensaamen, Bohnen und Kirschkerne, nachdem sie Keime getrieben haben, mittelst dieser auszuziehen! *Bermond* (1834) will sogar eine Erbse dadurch entfernt haben, dass er einen Blutegel an dieselbe ansetzte und mit diesem aus-

zog! *Rau* *) dem ich diese letzten Mittheilungen entnehme, meint, dies
erinnere an das Verfahren von *Arculanus* (1493), welcher den einer
lebenden oder frisch‧getödteten Eidechse abgeschnittenen Kopf in den
Gehörgang zu bringen empfiehlt. Nach drei Stunden soll sich der
fremde Körper im Munde der Eidechse befinden.

Auch eine Menge zangen-, bohrer-hebel- und schlingenartige Instrumente, theilweise von sehr verwickelter Construction wurden zur
Entfernung fremder im Gehörgang eingekeilter Körper angegeben und
hört selbst die neueste Zeit noch nicht auf, ihre Zahl zu vermehren.
Es ist richtig, bei der runden Gestalt der Glasperlen und Kirschkerne
und dem ovalen oder ellipsoiden Durchschnitte des Gehörganges kann
zwischen beiden ein unausgefüllter Raum frei bleiben, so lange — die
Wände des Kanales noch nicht geschwollen sind und durch diesen
Zwischenraum liesse sich dann z. B. ein dünner Hebel unter das Cor-
pus delicti einbringen. In solchen Fällen wird aber auch richtig ein-
gespritztes Wasser hinter dem Kirschkern sich ansammeln und denselben entweder ganz heraustreiben oder wenigstens beweglich machen.
Die vollständige Entfernung lässt sich hierauf leicht mit der Kniepinzette oder jedem gekrümmten dünnen Körper, am besten mit einem
feinen breiten Hebel bewerkstelligen, wie er sich gewöhnlich an Einem
Griffe mit dem *Daviel'*schen Löffel befindet. Ist aber kein Zwischenraum zwischen dem fremden Gegenstande und der Gehörgangswand
vorhanden, so wird man mit allen diesen Instrumenten nur Gefahr
laufen, die Wände des Gehörganges zu verletzen oder den Körper
noch tiefer hinein, also gegen das Trommelfell zu zu pressen, wodurch
der Zustand natürlich wesentlich verschlimmert wird. Wo in einem
solchen Falle, wie gewiss in der Regel, keine Gefahr auf Verzug stattfindet, würde ich den Kranken und die Umgebung möglichst beruhigen,
einige Blutegel an die Ohröffnung setzen und nachher kalte Umschläge
machen. Nimmt so die Anschwellung der Gehörgangswände nicht ab
und vermögen auch dann wiederholte mit Kraft ausgeführte Einspritzungen den eingekeilten fremden Körper noch nicht flott zu machen,
so würde ich versuchen, ob die unter Kataplasmen sich entwickelnde
Eiterung nicht noch zum Ziele brächte.

Käme mir ein Fall zur Beobachtung, wo der in den Gehörgang
fest eingekeilte Körper solche Erscheinungen hervorriefe, dass ein energisches Handeln zu seiner Entfernung dringend angezeigt und ein Zuwarten unter obiger Behandlung nicht gestattet wäre, so würde ich
keinen Anstand nehmen, operativ einen Weg zu bahnen, um von

---

*) Lehrbuch der Ohrenheilkunde für Aerzte und Studirende. Berlin 1856. S. 376.

aussen durch die Gehörgangswand hindurch hinter den Gegenstand
zu kommen, ihn von innen zu fassen und so herauszubewegen. *Paul
von Aegina* (1533) und andere ältere Aerzte empfahlen bereits unter
solchen Verhältnissen im Nothfalle einen halbmondförmigen Einschnitt
hinter die Muschel zu machen, um so von aussen in den Gehörgang
dringen zu können und *Hyrtl* nimmt dieses von *Malgaigne, Rau* u. A.
verworfene Verfahren entschieden in Schutz. Im Prinzip vollständig
mit dieser Operation einverstanden, würde ich doch eine andere Stelle
zum Einschneiden wählen und nicht von hinten, sondern von oben in
den Gehörgang eindringen. Dies aus mehrfachen Gründen. Dicht hinter
der Ohrmuschel in dem Winkel, welchen sie mit dem Warzenfortsatz
bildet — also dem Orte des Einschnittes — verläuft die nicht unbedeutende Arteria auricularis posterior. Ihre Verletzung wäre nach
obigem Verfahren nicht zu vermeiden. Ferner ist man beim Losprä-
pariren der Concha und des knorpeligen Gehörganges vom Knochen
hinten durch die Wölbung des Zitzenfortsatzes wesentlich behindert,
kann desshalb auch mit einem gekrümmten Instrumente nicht soweit
in die Tiefe dringen, während Versuche an der Leiche mir gezeigt
haben, dass man von oben den Gehörgang sehr leicht von der Schuppe
des Schläfenbeines mit dem Messer lostrennen und hierauf z. B. mit
einer gebogenen Aneurysma-Nadel bis dicht an das Tromelfell herankommen kann. Doppelt leicht ist diese Operation bei Kindern auszuführen, wo kaum ein knöcherner Gehörgang besteht und die Einsenkung des Schläfenbeines, aus welcher sich allmälig dessen obere
Wand ausbildet, eine stark geneigte schiefe Ebene darstellt, so dass
sie zum Trommelfell in einem sehr weit offenen stumpfen Winkel verläuft. Bei Kindern, wo solche Unfälle weit aus am häufigsten sich ereignen und die fremden Körper öfter durch Lehrer und andere unbe-
rufene Operateure noch tiefer hinein gedrückt werden, kann man daher
von oben durch die Weichtheile hindurch sehr leicht bis dicht an's
Trommelfell herankommen und wäre diese Operation jedenfalls weniger
eingreifend und weit sicherer in ihren Wirkungen zu berechnen, als
die üblichen mit den obengenannten und anderen Instrumenten vorgenommenen Extractionsversuche.

Es versteht sich von selbst, dass ein solches Verfahren nur für
gewisse dringende Nothfälle aufgespart werden muss. Noch einmal,
m. H. vergessen Sie nie, in allen solchen Fällen, sich zu vergewissern,
ob die Aussagen des Kranken richtig, ob der Gehörgang nicht vielleicht schon frei und die vorhandenen Erscheinungen nicht von vor-
hergegangenen Extractionsversuchen herrühren. Ferner legen Sie fremden Körpern im Ohre nicht mehr Bedeutung bei, als ihnen zukommen

und sehen Sie zu, ob Sie nicht durch einfache kräftige Wasserein-
spritzungen mit oder ohne vorausgangene Antiphlogose zum Ziele gelangen. Unser alter Landsmann, der tüchtige Nürnberger Stadtphysi-
kus *Heister* sagt: „Chirurgus mente prius et oculo agat, quam manu
armata," auf deutsch: Der Arzt muss zuerst überlegen und untersuchen,
bevor er operirt. —

Wenn wir so gesehen haben, dass fremden Körpern im Ohre
häufig in praxi eine weit grössere Wichtigkeit beigelegt wird, als sie
verdienen, so möchte ich Ihnen nun eine Reihe von Thatsachen vorführen, welche im Gegensatze hiezu Sie auffordern sollen, die Erklärung mancher anderweitigen Störungen im Ohre zu suchen, indem
auf den Gehörgang einwirkende Reize, namentlich wie sie von daselbst
länger verweilenden fremden Körpern ausgehen, sich öfter auf andere
Nervenbahnen fortpflanzen, ja andauernde allgemeine Erregungszu-
stände krankhafter Natur zu unterhalten vermögen. Sie sämmtlich
kennen die bekannte Thatsache, dass bei Berührung des Gehörganges
häufig ein Kitzeln im Halse verspürt wird, und dass manche Menschen
bei dem Einführen des Ohrtrichters husten müssen. Sie wissen, dass
dieses Reflex-Phänomen auf die Betheiligung des Nervus Pneumo-
gastricus an der Versorgung der Gehörgangshaut bezogen werden muss.
Wir haben ferner gesehen, dass manche Menschen auf Einspritzungen
in's Ohr durch Schwindel und Ueblichkeit reagiren, sowie dass Ohrenschmalzpfröpfe, welche auf das Trommelfell drücken, neben dem Gefühl von Schwere und Druck im Kopfe auch Schwindelanfälle hervorrufen können, so dass solche Kranke oft für gehirnleidend gelten.
Pechlin hat ferner einen Mann beobachtet, bei welchem die Berührung
des äusseren Gehörganges heftiges Brechen erregte und *Arnold* erwähnt eines Falles von einem Mädchen, welches längere Zeit an starkem Husten und Auswurf litt, sich öfters erbrach und dabei zusehends
abmagerte. Bei näherer Prüfung ergab sich endlich, dass in jedem
Ohre eine Bohne steckte, die vor geraumer Zeit beim Spielen in den
Gehörgang gerathen war. Das Ausziehen war von heftigem Husten,
starkem Erbrechen und öfterem Niessen begleitet. Die Zufälle hörten
sofort auf und das Kind genas völlig. *) In einem von *Toynbee* **)
beobachtetem Falle litt ein Patient an heftigem Husten, welcher unter
keiner Behandlung nachliess, aber augenblicklich aufhörte, sobald ein
nekrotisches Knochenstück aus dem Gehörgange entfernt wurde.

---

* Letztere beiden Beobachtungen aus *Romberg*'s Lehrbuch der Nervenkrankheiten.
Berlin 1851. II. S. 130.
**) S. p. 39. l. c.

Aber noch mehr. *Boyer* erwähnt einen Fall aus der Praxis des *Fabrizius* von *Hilden,* *) wo ein an Epilepsie, Atrophie eines Armes und Anästhesie der ganzen Körperhälfte leidendes Mädchen von all diesen Zuständen durch Entfernung einer Glaskugel aus dem Ohre geheilt wurde, welche seit 8 Jahren unbeachtet daselbst gesteckt hatte. *Wilde* führt ebenso **) einen Fall von Epilepsie und Taubheit an, welche nach des Beobachters Ansicht von der Existenz eines fremden Körpers im Ohre verursacht und durch dessen Entfernung beseitigt wurden. Es ist bekannt, dass epileptische Zustände und andere Neurosen oft als Reflexkrämpfe auftreten und von pathologischer Reizung peripherischer Gefässnerven ebensogut ausgehen können, wie von krankhafter Erregung der Centralapparate selbst. Wenn wir diese Thatsache und den Reichthum des Ohres an sensiblen Fasern des Trigeminus und des Vagus bedenken, so möchten die oben angeführten Beobachtungen doppelt dazu angethan sein, bei einer ausgedehnten Reihe von Krankheitserscheinungen, deren ätiologische Momente sich nicht leicht im einzelnen Falle feststellen lassen, uns an die Möglichkeit eines Ausganges vom Ohre zu erinnern. Wir werden im Verlaufe unserer Betrachtungen noch öfter auf Allgemeinstörungen zu sprechen kommen, welche mehr oder wenig deutlich mit Ohrenaffectionen zusammenhängen, und halte ich es daher nicht für Vermessenheit, wenn ich für eine spätere, weiter fortgeschrittene Zeit es in Aussicht stelle, dass wissenschaftliche Aerzte bei einer ziemlichen Anzahl von Krankheitsformen nicht blos die Pupille, sondern auch das Ohr zu den stets zu untersuchenden Theilen zählen.

---

*) *Boyer*, chirurgische Krankheiten übersetzt von *Textor*. (Würzburg 1821) 6. Band. S. 10.

**) P. 326 seiner Aural Surgery. S. 377 der deutschen Uebersetzung.

FÜNFTER VORTRAG.

Die Furunkel des Gehörganges. — Die Blutentziehungen bei Ohrenleiden.

Erscheinungen, Verlauf und Behandlung der Furunkel. — Ort der Blutentleerung je nach dem Sitze des Leidens. Einige Vorsichtsmassregeln bei Benützung von Blutegeln.

Indem wir uns heute zu den Entzündungen des Gehörganges wenden, haben wir zuerst die Follicularabszesse oder Furunkel desselben zu betrachten.

Die Furunkel des Gehörganges entsprechen in ihrem Wesen durchaus den Furunkeln, wie sie auch an den übrigen Körpertheilen so häufig vorkommen. Bekanntlich unterscheidet sich diese Form von Abszessen von anderen geschlossenen Eiterherden dadurch, dass der Furunkel in seiner Mitte einen festen Pfropf enthält, welcher aus abgestorbenem Bindegewebe und meist auch einem nekrotisirtem Haarbalg besteht. Gewöhnlich beginnt die Entzündung im Haarbalge und geht in Folge der reichlichen Eiterbildung dieser mit dem umgebenden Bindegewebe compressiv zu Grunde. Um diesen Pfropf herum entwickelt sich dann eine sogenannte demarcirende Entzündung, welche noch weiteren Eiter liefert. Indem sich hierauf der Gewebspfropf vollständig ablöst, so entsteht ein dem Abszess ganz nahe liegender Zustand.

Diese beschränkten Abszesse des Gehörganges stellen sich als verschieden grosse, flach-rundliche, pralle Anschwellungen dar, welche mit breiter Basis und ohne scharfe Gränze von der Haut des Ohrkanales ausgehen und von dieser überzogen sind. Die Farbe derselben

ist oft kaum verändert, selten mehr als blassroth, ihre Berührung stets
sehr schmerzhaft und die Umgegend mehr oder weniger geschwollen,
so dass dadurch selbst ein vollständiger Verschluss des Gehörganges
und damit eine zeitweilige Schwerhörigkeit oder Taubheit der leidenden Seite bedingt ist. Manchmal zeigt sich die Schwellung der Gehörgangshaut so wenig abgegränzt oder die Ohröffnung so sehr schlitz-
förmig verengert, dass man den eigentlichen Sitz der Abszedirung
nur schwer auffinden und bestimmen kann. Nicht gar selten entwickeln sich zu gleicher Zeit mehrere Furunkel neben einander, wodurch natürlich sämmtliche Erscheinungen wesentlich gesteigert werden. Die durch einen solchen folliculären Abszess hervorgerufenen
subjectiven Störungen gestalten sich ebenso verschieden, wie dies auch
sonst bei Furunkeln stattfindet je nach der Oertlichkeit und dem Umfange der Entzündung. Bald fühlt der Kranke wenig mehr als eine
lästige Völle, einen Druck im Ohre, das ihm etwas wärmer und „wie
zugestopft" vorkommt; bald verläuft der Prozess unter den heftigsten
Schmerzen, welche vom Ohre ausgehend sich über die ganze Umgegend verbreiten, sich namentlich beim Kauen, Sprechen und anderen
Bewegungen des Unterkiefers und stets in der Nacht steigern; der
Kranke klagt über eine höchst lästige Spannung im Ohre, über ein
fortwährendes Klopfen und Hämmern im Kopfe und ist nicht im
Stande sich auf die leidende Seite zu legen, weil jede Berührung des
Ohres und der Umgegend unerträgliche Schmerzen verursacht. In
solchen Fällen entwickelt sich die Unruhe und die Aufregung am
Abende leicht zu ausgesprochenem Fieber und wurde ich schon zu
Kranken gerufen, deren Aussehen und Bericht mich eher eine heftige
Paukenhöhlen-Entzündung als einen einfachen Furunkel im Gehör-
gange hätte vermuthen lassen.

Selbst bei gleicher Ausdehnung des entzündlichen Prozesses sind
die Erscheinungen ungemein verschieden und liegt dies zumeist in dem
eigenthümlichen Baue des knorpeligen Gehörganges, welcher, wie
Sie sich erinnern, einigermassen dem der Luftröhre gleicht, indem der
Knorpel des Gehörganges einmal mehrere nur von fibrösem Gewebe
geschlossene, längliche Lücken besitzt, die Incisurae Santorini und
dann nach einer Richtung, nach hinten oben, ganz offen und blos von
häutiger Zwischenmasse ausgefüllt ist. Ferner erstreckt sich an der
oberen Wand ein zwickelförmiges Stück Cutis in den knöchernen
Gehörgang hinein, welches ebenso starkes Unterhautzellgewebe, ebenso
Drüsen und starke Haare besitzt, wie sonst nur die Haut des knorpeligen Abschnittes. Treten nun die Furunkel an solchen Stellen auf,
wo das entzündlich geschwellte Gewebe sich nicht ausdehnen kann

und bald auf eine feste, unnachgiebige Unterlage trifft, so werden die von der Einschnürung und der Spannung des Gewebes abhängigen Symptome natürlicherweise viel heftiger sein, während ein solcher folliculärer Abszess sich umgekehrt nur wenig bemerklich macht, wenn er seinen Sitz am Eingange des Ohrkanales hat oder an einer anderen, ähnlich begünstigten Stelle.

Furunkel des Gehörganges kommen in jedem Alter und bei den verschiedensten Constitutionen vor. Nicht selten treten sie als Complicationen auf bei Eiterungen in der Tiefe, sowohl wenn häufig Einspritzungen gebraucht, als auch, wenn die Affection ganz sich selbst überlassen blieb. Auch Ohrenwässer aus Alaunlösungen scheinen solche gerne zu veranlassen. Ein junger College, den ich an einer sehr hartnäckigen Form von chronischer Trommelfell-Entzündung mit Eiterung behandelte und dem ich rieth, das verordnete Adstringens zur Verstärkung der Wirkung die ganze Nacht im Ohre zu lassen, indem er dasselbe verstopfte und auf der anderen Seite schlief, bekam regelmässig, so oft er dies versuchte, einen kleinen Abszess im Gehörgange, während er dieselben Ohrenwässer, wenn kurz im Ohre bleibend, Monate lang vertrug.

Was den Verlauf dieser Affection betrifft, so tritt manchmal allerdings Zertheilung ein, ohne dass es zur Eiterung kommt, häufiger aber bildet sich allmälig ein verdünnter gelblicher Punkt und erfolgt hier am 3—6. Tage nach Beginn des Leidens der Aufbruch. Damit ändert sich sogleich die Szene und verschwinden wie mit Einem Schlage alle störenden Erscheinungen — wenn nicht bereits ein neuer Furunkel in der Bildung begriffen ist. Der Inhalt besteht gewöhnlich aus einigen Tropfen dicklichen Eiters und einer fetzigen oder flockigen Masse, welche man häufig erst durch Druck auf die Abszesswandungen herausbefördern kann. Die nach einer solchen Ohrenentzündung auftretende Eiterung ist selbstverständlich nur eine ganz vorübergehende. Häufig findet man auch eine solche Anschwellung schon vor ihrem Aufbruche mit etwas schmieriger Feuchtigkeit bedeckt.

Die Prognose muss als eine durchaus günstige erklärt werden, abgesehen davon, dass mindestens ebenso häufig mehrere solcher Furunkel nach einander in kürzerer oder längerer Zeit auftreten, als es bei Einem bleibt, worauf man gut thut den Kranken gleich Anfangs aufmerksam zu machen. Durch die häufige Wiederkehr solcher Abszesse, selbst durch einen längeren Zeitraum hindurch, kann dieses an und für sich unbedeutende und ohne Folgen vorübergehende Leiden zu einem höchst störenden und zu einer wahren Qual für den Kranken werden. So behandelte ich einen Mann, welcher bereits 12 Jahre lang mit Unterbrechungen von 2 Wochen bis höchstens 2 Monaten fortwährend von solchen Abszessen bald auf dem einen bald auf dem anderen Ohre heimgesucht wurde und bei welchem sich stets febrile Allgemeinstörungen neben den örtlichen Schmerzen einstellten, so dass er jedesmal einige Tage zu Bette liegen musste und er durch dieses Leiden in seinem Erwerbe und im Betriebe seines Geschäftes — er war Viehhändler — wesentlich beeinträchtigt wurde. Fast alle Individuen, welche über häufige, seit Jahren sich wiederholende Furunkel im Gehörgange klagten, waren ausserdem durchaus gesund erscheinende, theilweise sogar auffallend blühende und kräftige Naturen in den besten Jahren, bisher mehr Frauen als Männer. Ob es ein Zufall ist, dass die Mehrzahl solcher Fälle, welche ich beobachtete, Juden betraf, kann ich nicht sagen; übrigens kommen auch Hordeola und die Blepharoadenitis, also ähnliche Zustände an den Lidern, bei Israeliten auffallend häufig vor.

Behandlung. Als Abortivmittel rühmt *Wilde* in *Dublin* kräftige örtliche Anwendung des Höllensteinstiftes, so dass die Haut schwarz wird. Wenn die Entzündung erst begonnen, glaubt er so den Prozess öfter abgeschnitten und die Eiterung verhütet zu haben. Eigene Erfahrungen über dieses Mittel besitze ich nicht; doch möchte dasselbe in manchen Fällen immerhin des Versuches werth sein, obwohl wir uns nicht verhehlen dürfen, dass es auch ohne jede Behandlung manchmal zur Zertheilung ohne Eiterung kommt. Feuchte Wärme wirkt hier, wie auch sonst bei Furunkeln am wohlthätigsten, indem sie die Spannung mindert und den Schmelzungsprozess befördert. Man lasse den Gehörgang recht oft mit warmem Wasser füllen, wenn überhaupt noch welches hineingeschüttet werden kann, lege kleine Kataplasmen auf's Ohr oder lasse warme Dämpfe aus einem Topf mit heissem Wasser gegen die leidende Stelle strömen. Gegen etwaige Allgemeinstörungen geben Sie ein salinisches Abführmittel. Blutegel hatte ich nie nöthig anzuwenden, sie mögen aber in manchen Fällen ganz am Platze sein; man setze sie an die Ohröffnung, am besten vor den Tragus. Ich pflege sobald als nur möglich, den Furunkel zu spalten und warte damit keineswegs, bis schon Eiterbildung angenommen werden kann. Je früher man mit dem Messer kommt, desto besser. Hat sich bereits ein förmlicher Abszess gebildet, so entleert sich der Eiter und alle Schmerzen hören damit auf. War es aber noch nicht soweit, so ist in der Regel der Prozess abgeschnitten, oder sind wenigstens alle heftigeren Schmerzen dem Kranken ferner erspart. Der Einschnitt sei tief und nicht zu kurz. Die Haut des knorpeligen Gehörganges ist sehr derb und ziemlich dick,

das Messer muss daher mit einiger Kraft gezogen werden. Als sehr
brauchbar zu diesen wie ähnlichen Einschnitten erweist sich mir ein
schlankes spitzzulaufendes Bistouri mit langem Stiele, dessen Griff am
andern Ende einen *Daviel*'schen Löffel trägt, mit welchem man, wenn
es nöthig ist, die Entleerung des Eiters durch Druck auf   Fig. 4.
die Abszesswände oder durch Eingehen in die Höhle befördern kann*). Dieses Löffelchen lässt sich auch statt
der Sonde vorher zum Ermitteln des Sitzes der Abszc-
dirung verwenden, welcher, wie schon erwähnt, sich
nicht immer mit dem Gesichte so sicher bestimmen lässt.
Hat man die schmerzhafteste Stelle als solche gefunden,
wo einzuschneiden ist, so dreht man das Instrument um,
um unverzüglich seine andere, schneidende Seite wirken
zu lassen, auf welche Weise dem Kranken meist die
höchst peinliche Vorahnung des Operirtwerdens erspart
werden kann — ein Vortheil, welcher vom humanen
Standpunkte aus nicht hoch genug angeschlagen werden
kann. Das Schneiden thut nicht halb so weh, als das
Bewusstsein, demnächst geschnitten zu werden, und bei
allen ängstlichen, that- und messerscheuen Individuen
werden Sie nie zum Handeln kommen, wenn Sie sich
auf's Unterhandeln einlassen. Wir werden auf diese
für die Ohrenpraxis insbesondere wichtige Sache noch
einmal zurückkommen, wenn wir vom Katheterisiren
sprechen. Stets folgt unmittelbar auf den richtig locali-
sirten Einschnitt eine bedeutende Erleichterung, selbst
wenn keine Eiterentleerung dadurch erzielt wird, einmal
durch die eintretende Entspannung der Theile, dann
durch die Blutung, welche manchmal nicht ganz unbedeutend ist. Um diese etwas zu unterhalten und um
Blut und Eiter wegzuspülen, spritze man unmittelbar
nach dem Eröffnen des Abszesses das Ohr einigemal
mit warmen Wasser aus, lasse auch nachher noch feuchte
Wärme eine Zeit lang anwenden, damit die Anschwellung vollständig zurückgeht. Es versteht sich von selbst,
dass Sie einen solchen Einschnitt, welcher immer heftig
schmerzt, nicht machen werden, wenn der Kranke durch

*) Dasselbe Instrumentchen finde ich auch sehr bequem beim Eröffnen von
Abszessen der *Meibom*'schen Drüsen, wo das Auslöffeln des Secrets einmal wegen
seiner Zähigkeit, dann wegen der Unelasticität der knorpeligen Wandungen meist
nothwendig wird.

den Furunkel kaum belästigt wird und sich nach dessen Sitze voraussetzen lässt, dass derselbe nicht erheblich stören wird. Stets ermahnen Sie solche Kranke, einige Wochen später sich wieder untersuchen zu lassen oder sich selbst auszuspritzen, indem in der Regel nach einem Furunkel, noch mehr nach wiederholten, eine vermehrte Absonderung von Epidermis und Cerumen stattfindet, wodurch allmählig eine Verstopfung des Gehörganges sich ausbilden könnte. Auch wäre gedenkbar, dass diese Seborrhö des Gehörganges manchmal den Anlass gäbe zu den wiederholten Abszessen, vielleicht durch Reizung der Haarbälge oder Verstopfung der Ausführungsgänge der Talgdrüsen. Sehr unpassend ist aber sicher ein ohne Grund fortgesetztes tägliches Ausspritzen des Ohres, wie es manche lange mit wiederholten Furunkeln heimgesuchte Individuen zu thun pflegen und stellten sich in mehreren Fällen diese Abszesse nicht mehr ein, nachdem ich den Kranken gerathen, längere Zeit gar nichts an ihrem Ohre vorzunehmen. Oefter schon versuchte ich Badekuren und andere Allgemeinbehandlungen gegen die stete Wiederkehr solcher Abszesse, ohne dass ich bisher irgend entscheidende Ergebnisse damit erzielt hätte. —

Wir werden bei den nächstfolgenden Abschnitten noch öfter von den Blutentleerungen und der Anwendung von Blutegeln bei Ohrenaffectionen zu sprechen haben, daher ich Ihnen heute hierüber noch Einiges mittheile. Oertliche Blutentleerungen sind, gerade bei gewissen Ohrenentzündungen ein ungemein wichtiges Mittel und kenne ich kaum einen Zustand, wo sie von gleich auffallender und unmittelbarer Wirkung sind als hier, doch müssen dieselben richtig und mit bestimmten Vorsichtsmassregeln angewandt werden, sonst nützen sie nichts, ja können sie selbst schaden.

Was zuerst den Ort betrifft, an welchen die Blutegel angesetzt werden, so wird in praxi gewöhnlich bei allen Formen von entzündlichen Ohrenleiden ohne Unterschied die Gegend hinter dem Ohre, der Warzenfortsatz gewählt. *Wilde* machte zuerst darauf aufmerksam, dass bei den am meisten schmerzhaften Ohrenaffectionen — und dies sind gerade die Entzündungen des äusseren Gehörganges und des Trommelfells — einige wenige Hirudines an die Ohröffnung und insbesondere vor dieselbe angelegt, grösseren Nutzen gewährten, als eine weit stärkere Anzahl, hinter das Ohr applizirt. Die neueren namentlich von mir gelieferten Nachweise über den Verlauf und die Herkunft der äusseren Trommelfellgefässe gibt uns die anatomische Erklärung für diese Beobachtungsthatsache. Wir wissen seitdem, dass der äussere Gehörgang und das Trommelfell den grössten Theil ihrer Blutzufuhr gemeinschaftlich aus Aesten des Art. auricularis profunda beziehen, welche hinter dem Gelenkfortsatze des Unterkiefers, also vor der Ohröffnung abgeht und zuerst den Tragus und den vorderen Abschnitt des Gehörganges versorgt. Vor der Ohröffnung liegt auch die Vena auricularis profunda, die Hauptvene des äusseren Ohres und wenn wir daher bei Affectionen des Gehörganges und des Trommelfells Blutentleerungen an einer Stelle machen wollen, welche unter gleichem Ernährungsbezug mit dem erkrankten Organe steht, so eignet sich hiezu nicht der Processus mastoideus, sondern die Ohröffnung, insbesondere der Tragus und die Gegend unmittelbar vor demselben. So bei Leiden des äusseren Ohres. Anders gestalten sich die Verhältnisse, wenn es sich um Ernährungsstörungen in der Tiefe, in der Paukenhöhle und im anliegenden Knochen handelt. In solchen Fällen, wo man mit Blutentziehungen häufig freilich bedenkliche Ausgänge nicht mehr zu verhüten im Stande ist, können nach dem, was uns die Anatomie und die Erfahrung lehrt, die Blutentleerungen theils am Zitzenfortsatz, theils unter der Ohröffnung, am Griffelwarzenloch, aber auch vor dem Ohre gemacht werden, indem die Paukenhöhle und der benachbarte Knochen seine Blutzufuhr von verschiedenen Seiten bekommt, einmal von der Art. tympanica, welche durch die *Glaser*'sche Spalte, also am Kiefergelenk, dann von der Stylomastoidea, welche unter der Ohröffnung in den Fallopischen Kanal eindringt. Der Warzenfortsatz endlich und der angränzende Knochen erhalten ihre Ernährungszufuhr von den Arterien der Dura mater, wie von denen des Pericranium, von innen und von aussen, ferner wird derselbe von einer Reihe von Gefässen durchbohrt, welche die Verbindung der äusseren Venen der weichen Schädeldecken mit den Sinussen und Venen innerhalb des Schädels theils mittelbar (Venae diploïcae temporales posteriores) theils unmittelbar (Venae emissariae mastoideae) besorgen.*) Durch Blutentziehungen am Warzenfortsatze, wie wir dieselbe in raschem und reichlichem Strome insbesondere durch künstliche *(Heurteloup*'sche) Blutegel bewerkstelligen können, vermögen wir daher nicht nur auf die Blutmenge in den äusseren Weichtheilen und im Knochen, sondern auch auf die Blutfüllung der Venen und Sinusse innerhalb des Schädels einzuwirken. Soweit über den Ort der Blutentleerung je nach dem einzelnen Falle. Noch muss ich eine Reihe Vorsichtsmassregeln beifügen, die Sie namentlich dann zu berücksichtigen haben, wenn Blutegel an oder vor die Ohröffnung angewendet worden sollen. Vor

---

*) Eine sehr ausführliche und lichtvolle Beschreibung des Gefässapparates der Schädelknochen gibt *Bruns* in seinem Handbuche der prakt. Chirurgie. I. S. 205, 581, 583 und ff.

Allem versäumen Sie nie, die Applicationsstelle vorher mit Tinte zu bezeichnen, wenn Sie sicher sein wollen, dass der richtige Ort auch eingehalten wird. Verstopft man den Gehörgang nicht mit Baumwolle, so wird Blut hineinlaufen, welches daselbst gerinnen und die Beschwerden des Kranken leicht vermehren würde, auch könnte ein Blutegel sich in denselben verirren. So erzählte mir ein College, als er sich selbst einmal Blutegel an die Ohröffnung gesetzt habe, sei ein solcher in's Ohr hineingekrochen und nach dem Schmerze in der Tiefe, den ihm derselbe bereitet, müsse er sicherlich am Trommelfelle selbst angebissen haben und habe er so eine äusserst qualvolle Stunde verlebt. Ich denke in einem solchen Falle könnte man sich durch Eingiessen einer Salzlösung helfen, am besten ist's aber, man verhütet einen solchen immerhin möglichen Unfall durch Verstopfen des Gehörganges. Ferner wird es gut sein, wenn Sie in manchen Fällen die Leute auf die Mittel zur Blutstillung aufmerksam machen, indem Blutegelstiche in der Schläfen- und Vorderohr-Gegend zuweilen unerwünscht lange nachbluten. Ich kenne einen Fall, in welchem ein einziger an die Schläfe gesetzter Blutegel mittelbar den Tod eines zweijährigen Kindes verursachte, indem die Umgebung der starken Blutung sehr lange nicht Herr werden konnte. Das Kind starb an Entkräftung in Folge des für sein Alter sehr starken Blutverlustes. Schliesslich unterlassen Sie nie, die Blutegelbisse mit englischem Pflaster u. dgl. bedecken zu lassen, auch wenn die Blutung längst vorüber ist. An und für sich gibt es Individuen, welche auf jeden Blutegelbiss, namentlich am Kopfe mit erysipelatöser Schwellung der Umgegend reagiren; wo eine Verunreinigung der Wunde leicht stattfindet, wie dies z. B. bei Otorrhöen fast unausbleiblich, könnte ein Erysipel um so leichter sich einstellen. Es ist noch nicht lange her, so sah ich bei einem Kranken dem ich Blutegel vor die Ohröffnung setzen liess, von den eiternden Stichen aus ein über das ganze Gesicht sich verbreitendes Erysipelas entwickeln, das bereits anfing, bedenkliche Allgemeinerscheinungen zu erzeugen und das ich nur durch energisches Umschreiben der ganzen ergriffenen Parthie mit Lapis im Vorwärtsschreiten auf den behaarten Kopf aufhalten konnte. In diesem Falle hatte ich allen Grund zur Annahme, dass die Besudelung durch das aus dem Ohre reichlich ausfliessende Secret die Eiterung der Wunden und so den Rothlauf verursacht habe. „Kleine Ursachen, grosse Wirkungen,“ das ist ein Satz, dessen volle Bedeutung Sie erst in der Praxis noch hinreichend würdigen werden. Achten Sie auch kleine Dinge nicht für zu gering, so werden Sie oft grosses Unheil verhüten.

SECHSTER VORTRAG.

Die diffuse Entzündung des Gehörganges, Otitis externa.

Die Periostitis des Gehörganges kein selbständiger Prozess. Die verschiedenen Ursachen der Otitis externa. Die acute Form in ihren subjectiven und objectiven Erscheinungen. Die chronische Form.

Nachdem wir neulich die circumscripten Entzündungen des Gehörganges, die Follicularabszesse oder Furunkel, betrachtet haben, wenden wir uns heute zur **diffusen Entzündung des Gehörganges**, oder der **Otitis externa**.

Wenn ich die sehr verschiedenen Formen, unter welchen sich die ausgebreitete Entzündung des Gehörganges darstellt, unter Einem und zwar dem sehr allgemein klingenden Namen Otitis externa *) zusammenfasse, so glaube ich am allermeisten einer praktischen und objectiven Auffassung der klinischen Thatsachen, sowie einer streng anatomischen Grundlage gemäss zu handeln. Mehrere Autoren, unter ihnen *W. Kramer* und *Rau*, unterscheiden die Entzündungen des Gehörganges in solche der Cutis und solche des Periostes. Bestimmte Beobachtungen über eine primäre, isolirte Entzündung der Knochenhaut des Gehörganges liegen indessen nirgends vor; die Fälle, welche unter diesem

---

*) Zur rascheren Verständigung möge die Bemerkung dienen, dass ich unter „Otitis interna" den eiterigen Katarrh des Mittelohres verstehe, den einfachen oder schleimigen Katarrh der Paukenhöhle dagegen kurzweg „Ohrkatarrh" nenne. Unter „Otitis" fasse ich jene Formen zusammen, wo eine Beschränkung des entzündlichen Prozesses auf den einen oder anderen Abschnitt des Gehörorganes nicht mehr stattfindet.

Namen mitgetheilt sind, ergeben sich als langbestehende Affectionen, bei welchen durchaus nicht nachgewiesen werden kann, dass das Knochenleiden das Primäre war. Dagegen kann man nicht selten beobachten, wie aus Entzündungen der Auskleidung des Gehörganges sich Affectionen des darunter liegenden Knochens entwickeln, und scheint es mir nach meinen bisherigen Erfahrungen viel wahrscheinlicher, dass die Periostitis des Gehörganges immer nur Folge heftigerer oder vernachlässigter Entzündungen des übrigen Tegumentes, der Cutis, also ein fortgeleiteter, secundärer Prozess ist. Für eine solche Anschauung, wie sie die klinische Beobachtung ergibt, sprechen ferner die anatomischen Verhältnisse. Lederhaut und Knochenhaut hängen im knöchernen Abschnitte des Gehörganges so innig mit einander zusammen, dass die letztere sich kaum isolirt darstellen und sich jedenfalls leichter vom Knochen als von der Cutis trennen lässt. Gemäss der Zusammengehörigkeit dieser beiden Schichten muss jede intensivere Ernährungsstörung in der Cutis des Gehörganges auf den darunterliegenden Knochen zurückwirken und kann daselbst entzündliche oder cariöse Zustände hervorrufen. —

Mehrere Schriftsteller, unter ihnen auch *Toynbee*, sprechen von einer katarrhalischen Entzündung des Gehörganges, welche Bezeichnung man auch ausserdem sehr häufig liest und hört. Die Auskleidung des knöchernen Gehörganges wird allerdings immer dünner und zarter, je mehr sie sich dem Trommelfelle nähert, sie ist aber desshalb keine Schleimhaut, sondern stellt nur eine Art Zwischenstufe zwischen Schleimhaut und äusserer Decke vor, wie wir sie überall sehen, wo diese beiden Gewebe in einander übergehen. Da nun der Ausdruck „Katarrh" nach der üblichen Sprachweise nur für Erkrankungen von Schleimhäuten angewendet wird, so ist seine Benützung für Affectionen des Gehörganges eine unpassende und sollte der Name „Ohrenkatarrh" nur für das mittlere Ohr aufbewahrt werden, welches wirklich mit einer Mucosa ausgekleidet ist. — *Itard* stellte eine Otite externe catarrhale und eine Otite ext. purulente auf, welche Unterscheidung sich ebensowenig festhalten lässt.

Wir können daher beobachtungsgemäss nur eine acute und eine chronische Form der verbreiteten Gehörgangs-Entzündung je nach ihrem Verlaufe und ihrem Auftreten unterscheiden, welche indessen vollständig getrennt abzuhandeln zu vielen Wiederholungen Veranlassung geben würde.

Die Otitis externa ist eine ungemein verschieden sich darstellende, eine äusserst polymorphe Erkrankungsform. Bald tritt sie ganz un-

merklich auf, verläuft ohne wesentlichen Einfluss auf örtliches und all-
gemeines Befinden und verliert sich wieder ohne jede Behandlung;
ebenso häufig entwickelt sie sich plötzlich und unter sehr störenden
und beunruhigenden Erscheinungen, welche sich nicht nur örtlich kundgeben, sondern den ganzen Organismus in fieberhafte Aufregung versetzen, oft lange anhalten, dann häufig sich wiederholend immer tiefere
Veränderungen zurücklassen und so durch heftige Schmerzen, einen
reichlichen übelriechenden Ohrenausfluss und eine bedeutende Schwerhörigkeit dem Kranken das Leben zu einer wahren Pein machen, ja
dasselbe nicht selten in die ernstesten Gefahren bringen. Da jede
Entzündung des Gehörganges sich zu einer solchen gefahrdrohenden
Höhe entwickeln kann, ist es jedenfalls ein grosses Unrecht, solche
Affectionen wegen ihrer vermeintlichen Unbedeutendheit mit Geringschätzung zu betrachten, wie dies ungemein häufig, namentlich im Beginne, geschieht und sollte man dies schon desshalb nicht thun, weil
neben einer verschiedengradigen Schwerhörigkeit fast immer ein lange-
dauerndes höchst widerliches Leiden, ein eiteriger Ohrenausfluss, davon zurückbleibt.

Die Otitis externa ist ein äusserst häufiges Leiden, welches zwar
in jedem Alter auftreten kann, weitaus am öftesten aber in den Kinderjahren, und zwar nicht selten in den ersten Lebensjahren bereits
sich entwickelt. *Rau* macht darauf aufmerksam, dass bei manchen Kindern der jedesmalige Durchbruch der Zähne von einer leichten, rasch
in schleimige Secretion übergehenden Reizung der Auskleidung des
Gehörganges begleitet ist. — Die Ursachen derselben sind höchst
verschieden. Sie kann auftreten in Folge von acuten oder chronischen
Exanthemen, welche von der Gesichtshaut auf die Auskleidung des
Gehörganges sich fortsetzen; so ergreifen Masern, Scharlach und Blattern das Ohr nicht nur von innen, von der Schleimhaut aus, sondern
auch von aussen. Die so häufigen eczematösen Hautausschläge des
Gesichtes und der Ohrgegend pflanzen sich nicht selten auf den Ohrkanal fort, können hier indessen auch selbstständig und primär auftreten.
Mehrmals beobachtete ich bei constitutionell-syphilitischen Personen breite
nässende Condylome an der Ohröffnung, nach deren Auftreten allmälig
eine gelinde Form von Entzündung und Eiterung des ganzen Gehörganges, jedenfalls in Folge des eingedrungenen reizenden Secretes
entstand. An einer Pemphiguskranken fand ich bei der Section die
Beschaffenheit der ganzen Hautoberfläche sich auch im Gehörgange
und an der Aussenseite des Trommelfelles wiederholen, also Pemphigus
im äusseren Ohre. Ebenso häufig entsteht eine Otitis externa in Folge
von äusseren direct auf's Ohr einwirkenden Reizen und Schädlichkeiten.

Damen pflegen oft Eau de Cologne in's Ohr zu träufeln als Mittel gegen Zahnschmerzen — von *Malgaigne* sehr empfohlen — und erzeugen so nicht selten furunculöse oder auch diffuse Entzündungen des Gehörganges. Einigemale sah ich eine solche äussere Ohrenentzündung in Fällen auftreten, wo wegen sonst bestehender Taubheit häufige und langefortgesetzte Einspritzungen von warmem Kamillenthee verordnet und wohl in allzu pünktlicher Weise ausgeführt wurden. Ferner entstehen solche Affectionen und zwar oft die heftigsten Formen nach dem Einbringen von fremden Körpern in den Gehörgang, namentlich wenn zu ihrer Entfernung eine unnöthig grosse Energie angewandt wurde, wie wir dies früher bereits besprochen haben. Ebenso kann Einwirkung von Kälte auf das Ohr diese Otitisform hervorbringen, sei es, dass der Kopf und das Ohr einem kalten Luftzuge besonders ausgesetzt war, wie z. B. beim Arbeiten neben einem zerbrochenen Fenster, oder dass kaltes Wasser in dasselbe eindrang. Kälte wird im Allgemeinen vom Ohre nicht gut vertragen und sollte man dasselbe häufiger vor derselben bewahren, als dies gewöhnlich geschieht. Alle in den Gehörgang einzuträufelnden und einzuspritzenden Flüssigkeiten müssen vorher erwärmt werden, wenn sie nicht unangenehm, selbst schädlich einwirken sollen. — Sehr häufig aber, wenn eine diffuse Gehörgangs-Entzündung zur Beobachtung kommt, lässt sich keine bestimmt anzuklagende oder direct einwirkende Schädlichkeit auffinden; eine solche, wenn wir wollen, spontane Otitis externa treffen wir namentlich häufig wiederum bei Kindern, bei ganz gesunden ebensowohl, als bei solchen, die man wegen vorhandener Drüsenanschwellungen am Halse, wegen ihrer Neigung zu Hautausschlägen, zu Schnupfen und zu anderen Katarrhen als scrophulös zu bezeichnen pflegt. Meine Herren, ich kann Sie nicht genug warnen vor der allzu freigebigen Benützung der Diagnose „Scrophulose," wie sie fast allenthalben bei den Praktikern üblich und wie sie leider bei sehr vielen ein bequemes Auskunftsmittel ist, um über eine örtliche Untersuchung des leidenden Theiles und über eine langwierige und langweilige Localbehandlung hinwegzukommen. Namentlich bei Ohrenleiden spielt die Diagnose „das Kind ist eben scrophulös" eine grosse und sehr fatale Rolle und doch sind die Hauptbegründer dieses Ausspruches, die vergrösserten Halsdrüsen häufig genug nur Folge der alten vernachlässigten und nur mit inneren Mitteln behandelten Ohrenflüsse. Heilt man die letzteren durch consequente örtliche Behandlung, so vermindert sich damit auch in der Regel der Umfang jener Geschwülste. Neben keiner Form von Otitis externa finden wir so häufig als Complication einen Paukenhöhlenkatarrh, bei dieser im kindlichen Alter zu beobachtenden, wie ja

überhaupt bei Kindern Affectionen der äusseren Haut, Hautausschläge, und Schleimhautleiden ungemein oft mit und nebeneinander auftreten.

Der Ursachen, welche dieses Leiden herbeiführen, sind somit unendlich viele, so dass Freunde von Classificationen und Unterabtheilungen deren eine grosse Reihe aufführen könnten. So liessen sich nach dem Grade der Erkrankung und der Stärke der schädlichen Einwirkung eine erythematöse, erysipelatöse und phlegmonöse, nach dem bestimmenden Allgemeinleiden eine morbillöse, scarlatinöse und variolöse, wohl auch syphilitische und scrophulöse, nach dem direct hervorrufenden Momente schliesslich noch eine rheumatische, traumatische und noch einige Formen weiter der Otitis externa aufstellen. Alle diese verschiedenen Formen und Unterarten kommen allerdings vor und soll gar nicht geläugnet werden, dass im einzelnen Falle die Ursache der Erkrankung auch den Verlauf sehr wesentlich bedingt und auf die Erscheinungen nicht selten modifizirend einwirkt. Allein für praktische Zwecke nützen uns solche Unterabtheilungen gar nichts und würden sie auch gar nie zu erschöpfen sein.

Was nun die Erscheinungen und den Verlauf der Otitis externa betrifft, so ersehen Sie bereits aus dem Angegebenen, dass sie sich sehr verschieden gestalten werden, je nach der einwirkenden Ursache, ihrer Art und ihrer Intensität; daher es seine grosse Schwierigkeit hat, ein irgendwie ausreichendes Bild dieses vielgestaltigen Leidens in Kürze zu geben.

Bei der acuten Form der verbreiteten Gehörgangs-Entzündung klagen die Kranken im Anfang gewöhnlich über Jucken mit einem Gefühle von Hitze und von Trockenheit im Ohre, welcher Kitzel bei Manchen so stark wird, dass sie sich kaum enthalten können, mit irgend einem Instrument, Ohrlöffel, Stricknadel u. dgl. in den Gehörgang zu langen. Die Befriedigung dieses Bedürfnisses wird indessen bald schmerzhaft; auch ohne einen solchen Eingriff, steigert sich die krankhafte Empfindlichkeit bald zu einem dumpfen Wehthun und allmälig zu heftigen, bohrenden und reissenden Schmerzen, welche bis tief in's Ohr sich erstrecken, fast constant in der Nacht zunehmen, und so zu Schlaflosigkeit, fieberhafter Unruhe, ja selbst leichten Delirien führen. Diese zumeist in der Tiefe des Ohres sich kundgebenden Schmerzen breiten sich bei heftigeren Fällen auf die Umgegend des Ohres oder selbst auf die ganze Kopfhälfte aus. Sie werden vermehrt durch jede Erschütterung, oft schon des Körpers, noch mehr des Kopfes, wie Niessen oder Husten, ferner bei jeder stärkeren Bewegung des Unterkiefers, namentlich beim Kauen und Gähnen.

4 *

Letzteres tritt um so mehr hervor, je mehr die vordere Ohrgegend geschwollen oder je mehr der knorpelige Gehörgang an der Entzündung betheiligt ist. In einfachen Fällen zeigt sich die Gegend vor dem Ohre selten stärker geschwollen, häufig aber sehr empfindlich gegen Druck; immer erregt eine kräftigere Berührung des Gehörganges, namentlich das Ziehen an demselben Schmerz, wie auch das Einführen des Ohrtrichters stets sehr langsam und mit Vorsicht geschehen muss, wenn aus der Untersuchung für den Kranken nicht starker Schmerz entstehen soll. Das Gehör der leidenden Seite ist dabei um so mehr beeinträchtigt, ja stärkeren Antheil an der Entzündung die äussere Oberfläche des Trommelfells nimmt, welche bei der Otitis externa immer mehr oder weniger mitergriffen ist.

Untersucht man in diesem Anfangsstadium den Gehörgang, so findet man seine häutige Auskleidung, wie die Oberfläche des Trommelfells in der Regel stark injizirt und geschwellt, wobei wir absehen von den Veränderungen, welche in einzelnen Fällen des Exanthem oder die Verletzung an sich hervorbringt. Die Injection und Hyperämie zeigt sich am Trommelfell und in dessen nächster Nähe in der Regel am deutlichsten, indem in den übrigen Theilen des Ohrkanales die Schwellung der dickeren Epidermisschichte, ihre beginnende Durchtränkung und Erweichung den abnormen Blutreichthum der darunterliegenden Cutis mehr verdeckt.

Nachdem dieses congestive Stadium einige, selten mehr als 2—3 Tage gedauert hat, tritt Exsudation ein in Form eines Anfangs meist hellen wässerigen, später mehr schleimartigen, schliesslich gelblich-eiterigen Ohrenflusses. Gleichzeitig mit dem Eintritte dieser anfangs meist spärlichen, bald aber sich steigernden Otorrhö fühlt der Kranke bedeutende Erleichterung, und lassen die Schmerzen allmälig nach. In manchen Fällen kommt es weniger zu freier Zellenbildung, als zu einer sehr reichlichen Desquamation, so dass zuweilen binnen Kurzem der ganze Gehörgang mit weisslichen, durchfeuchteten und gleichsam mazerirten Lamellen erfüllt ist, welchen Abschilferungsprozess ich manchmal am Trommelfell selbst am stärksten ausgesprochen fand. Man konnte durch Einspritzungen oder mittelst der Pinzette eine Anzahl weisslicher Scheiben entfernen, von der Grösse und Form des Trommelfells, daher jedenfalls von dessen äusserer Fläche geliefert, welche Scheiben theilweise mit röhrenförmigen Fortsetzungen, entsprechend den Wänden des Gehörganges versehen waren. Solche zusammenhängende Abschuppungsmassen beobachtete ich mehrmals in Fällen, wo gerade der Schmerz ein sehr intensiver und verbreiteter war, wie überhaupt die Schmerzhaftigkeit und die Bedeutung der Affection zunimmt, je mehr das Trommelfell und die tieferen Theile des Gehörganges von der Entzündung ergriffen sind.

Untersucht man in dieser späteren Zeit, während des exsudativen Stadiums, so muss immer vorher der Gehörgang durch Spritze oder Pinsel gereinigt werden, welche Vornahme stets mit Schonung und Behutsamkeit auszuführen ist. Wäre die Spritze z. B. sehr gross und die Gewalt des Wasserstromes eine sehr starke, so könnte in manchen Fällen leicht eine Perforation des entzündeten und dadurch leichter zerreisslichen Trommelfells geschaffen werden. Indessen auch nach einer solchen Secretentfernung lässt sich nicht immer augenblicklich eine genügende Anschauung aller einzelnen, insbesondere der tiefer gelegenen Theile herstellen, indem dieselben häufig zu sehr geschwellt und durch ungleichmässige Infiltration in ihrem Aussehen und in ihrer gegenseitigen Anordnung verändert sind. Oft ist zudem der Einblick in die Tiefe erschwert durch das reichliche den Wänden anhaftende Secret und durch durchtränkte Epidermisschollen, welche in das Lumen hereinragen und bei der Empfindlichkeit der Theile sich erst allmälig entfernen lassen. Sehen wir von solchen Hindernissen einer freien und vollständigen Besichtigung ob, so zeigt sich die Wand des Gehörganges und die Aussenseite des Trommelfells in ihrem Epidermisüberzuge stark aufgelockert, durchtränkt und geschwellt, mehr oder weniger desselben sogar beraubt; wo letzteres bereits der Fall ist, liegt eine gleichmässig rothe gewulstete Oberfläche vor uns, an der man keine einzelnen Gefässe mehr unterscheiden kann, und welche einer granulirenden Wundfläche oder einer blennorrhoischen Conjunctiva gleicht. Häufig sind diese Stellen, an denen der Abstossungsprozess eingetreten, noch von einzelnen inselartigen Epidermisklümpchen oder von einer dünnen Eiterschichte bedeckt, welche, wenn wir sie entfernen, oft fast unter unseren Augen sich wieder ersetzt.

Nachdem einmal der eiterige Ausfluss eingetreten, welches Stadium des Schmerzensnachlasses wegen meist vom Arzte und dem Kranken gleichmässig ersehnt wird, dauert dieser stets eine Zeit lang, kann aber unter günstigen Verhältnissen auch ohne Behandlung allmälig nachlassen und selbst ganz aufhören. Viel häufiger aber wird derselbe chronisch, wenn nicht dagegen eingeschritten wird, dauert Jahre lang, ja oft in wechselnder Menge und Stärke und höchstens mit zeitweisen Unterbrechungen das ganze Leben hindurch fort. Eine grosse Menge der zur Behandlung kommenden Otorrhöen lassen sich auf eine solche acute Gehörgangs-Entzündung als den Ausgangspunkt zurückführen.

Oft können aber auch die Kranken, welche mit einer Eiterung des äusseren Ohres (Otorrhoea externa) zum Arzte kommen, nichts von einem solchen schmerzensreichen acuten Anfange ihres Leidens berichten; dasselbe hatte von jeher einen weniger auffallenden, mehr schleichenden Charakter. Solche Formen von primärer chronischer Otitis externa sind fast eben so häufig, als diejenigen, welche sich aus der ebengeschilderten acuten Form herausentwickeln, wenn dieselbe sich selbst überlassen oder nicht sogleich passend behandelt wurde. Am häufigsten kommt sie wiederum bei Kindern vor oder hat sie wenigstens in den Kinderjahren ihren ersten Anfang genommen. Die subjectiven Symptome gestalten sich hier häufig so gering, dass erst das Nässen des Ohres auf das Leiden aufmerksam macht; indessen nicht selten stellen sich schmerzhafte subacute Schübe ein, selbst wenn das Leiden schon längere Zeit ohne jede weitere Störung, abgesehen vom Ohren-flusse und einer gewissen Schwerhörigkeit, bestanden hat. Nicht selten versiegen solche Ohrenflüsse zeitweise, namentlich im Sommer, um nach irgend einer Gelegenheits-Ursache oder bei feuchtem kalten Wetter wiederzukehren. Wir finden bei dieser Form den Gehörgang in der Regel nur wenig geschwellt, seine Auskleidung erweicht, ober-flächlich wie mazerirt, dabei leicht blutend und theilweise mit eiterigem Secret bedeckt, an den Wänden, namentlich oben, häufig bräunliche, missfärbige, übelriechende Krusten nicht selten in beträchtlicher Menge, aus vertrocknetem Secrete bestehend. Eine irgend erhebliche Röthe ist in der Regel nur in den tieferen Theilen zu erblicken und gehört sie häufig der Oberfläche des Trommelfells an. Dieses erscheint dabei abgeflacht, seine Cutisschichte verdickt, und da dieselbe gerade über dem Hammergriffe am reichlichsten ist, so ist dieser weniger sichtbar. Die Menge des Secretes ist ungemein verschieden, häufig wechselnd je nach den Jahreszeiten und nach anderen Einflüssen; bald ist die Ohröffnung nur leicht feucht, bald handelt es sich um ein wirkliches fortwährendes Fliessen und Abträufeln einer dünnen, höchst eckelhaft riechenden, gelblichen Flüssigkeit, welche die Haut um das Ohr und namentlich gegen den Hals zu fortdauernd in einen erweichten und excoriirten Zustand versetzt, und ebenso die Kleidung beschmutzt. Das Quantum der sich entleerenden Absonderung konnte ich in kei-nem Falle bestimmter messen, allein ich habe schon Individuen ge-sehen, bei denen ich dasselbe auf mindestens 3—4 Unzen des Tages schätzen möchte. Solche massenhafte Secretion findet man vorzugs-weise bei Kindern vom Lande, welche unreinlich gehalten werden oder deren Eltern ein alter Bader rieth, doch ja nicht den Ausfluss zu stören, solche Uebel müssten „von innen heraus" curirt werden, sonst träten in Folge der „Unterdrückung" gefährliche innere Krankheiten ein. Solche Kinder, bis auf die eckelhaft aussehende Ohrgegend oft Prachtexemplare von Frische und Gesundheit, werden Monate, ja Jahre lang mit Jodquecksilber, Plummer'schen Pulvern, Laxirpillen, Leberthran und anderen Dingen gefüttert, alle sauren und fetten Speisen, ja sogar alles frische Obst wird ihnen verboten, ist die Ohrgegend noch nicht eckelhaft genug, wird sie es durch Pustelsalben und Vesicantien gemacht — kurz alle erdenkbaren Mittel werden zur Heilung des Ohrenflusses aufgeboten, nur an das erste chirurgische wie erste häusliche Gesetz, das der Reinlichkeit, wird nicht gedacht.

SIEBENTER VORTRAG.

Die Otitis externa (Fortsetzung). — Die Verengerungen des Gehörganges.

Folgezustände. Prognose. Behandlung. Vesicantien, Kataplasmen und Oeleinträu-
felungen zu meiden. — Die schlitz- und ringförmige Verengerung. Exostosen und
Hyperostosen.

Was die Folgezustände der Otitis externa betrifft, deren Betrachtung wir neulich begonnen, so hätten wir einmal zu erwähnen,
dass im Verlaufe länger bestehenden Otorrhöen nicht selten polypöse
Wucherungen sich bilden, welche ihrerseits wieder zur Vermehrung
des Secrets beitragen und demselben oft Blut beimengen. Eine Reihe
weiterer pathologischer Vorgänge entwickeln sich ferner dadurch, dass
der im Gehörgange verweilende Eiter sich zersetzt, auf das umliegende
Gewebe als reizende Schädlichkeit einwirkt und dasselbe ebenfalls in
den entzündlichen Zustand hineinzieht. Am häufigsten ulzerirt das
Trommelfell und setzt sich auf diese Weise der bisher äusserliche
Prozess auf die Paukenhöhle und die inneren Theile fort. Der grossen
Bedeutung wegen, welche den eiterigen Ohrenflüssen in pathologischer
und in praktischer Beziehung zukömmt, werden wir dieselben später
einer besonderen zusammenfassenden Betrachtung unterziehen; hier
möchte ich Sie nur aufmerksam machen, dass nicht nur eiterige Prozesse des mittleren und inneren Ohres, sondern auch solche, welche
ausschliesslich im äusseren Ohre ihren Sitz haben, zu den Ihnen aus
der medizinischen Klinik bekannten deletären Folgezuständen der
Otorrhöen führen können. Ich habe Sie nur auf die enge nach-
barliche und nutritive Beziehung zwischen Cutis und Periost des

Gehörganges hinzuweisen, von der wir bereits gesprochen haben, und
Ihnen zugleich die genauere Lage dieses Kanales in Erinnerung zu
bringen.*) Wie Sie wissen, bildet die obere Wand des knöchernen
Gehörganges zugleich einen Theil des Bodens der mittleren Schädel-
grube und ist die das Gehirn von dem Ohrkanale trennende Knochenschichte stets wenig mächtig und von Hohlräumen erfüllt. Manchmal
ist gerade die obere Wand des knöchernen Gehörganges bis zur
Durchscheinendheit verdünnt, so dass zwischen ihrer häutigen Auskleidung und der Dura mater nur einiges spärliche, weitmaschige
Knochengewebe liegt. Nach hinten ist der Gehörgang von der Fossa
sigmoidea, in welcher der grösste Bluteiter der harten Hirnhaut, der
Sinus transversus liegt, durch eine selbst beim Erwachsenen nur einige
Linien dicke Knochenschichte geschieden, welche an ihren beiden
Gränzen einen schmalen Saum compacten Gewebes besitzt, sonst von
grossmaschigen Zellenräumen ausgefüllt ist, welche zum Zellensystem
der Processus mastoideus gehören. Es ist selbsverständlich, dass die
Nachbarschaft solcher diplöetischer Räume, des Sinus transversus und
des Gehirnes von weittragender Bedeutung auf den Verlauf von ent-
zündlichen und eiterigen Prozessen im Gehörgange werden kann und
solche Affectionen somit auch ohne Theilnahme der Paukenhöhle, ohne
Perforation des Trommelfelles, sowie ohne offen zu Tage liegende
Caries einen lebensgefährlichen Ausgang zu nehmen vermögen.

Einen solchen Fall von Entzündung des äusseren Gehörganges,
welcher ohne Perforation des Trommelfelles und ohne oberflächliche
Ulzeration des Knochens zu Meningitis purulenta führte, berichtet
Toynbee in allen seinen Einzelheiten, sowohl was Krankengeschichte
als Sectionsbefund betrifft.**) In zwei von mir sezirten Fällen***)
verliefen, allerdings neben anderen Veränderungen in den tieferen
Theilen des Gehörorganes, Fistelgänge von der hinteren Wand des
Gehörganges durch den Warzenfortsatz zur Fossa sigmoidea und begann in dem einen Falle, wo ausgedehnte Thrombose im Querblutleiter statt hatte, der Zerfall des Trombus eben dort, wo diese Kno-
chenfistel mündete.

Doppelt beachtenswerth sind diese anatomischen Verhältnisse
bei Kindern, wo die den knöchernen Gehörgang vom Gehirne und
vom Querblutleiter trennenden Knochenschichten ungemein dünn, sehr

*) Siehe Fig. I. in meiner angewandten Anatomie des Ohres, einen senkrechten
Durchschnitt des knöchernen Gehörganges darstellend.
**) L. c. p. 63.
***) Siehe *Virchow's* Archiv B. XVII., Section V. und IX.

porös sind und reichliche Oeffnungen besitzen für Blutgefässe, welche in die Knochensubstanz sich verlieren und mit den von der Dura mater kommenden Aesten kommuniziren. Eiterungen des Gehörganges sind nun im kindlichen Alter gerade, wie wir gesehen haben, ungemein häufig und werden insbesondere bei ganz kleinen Kindern von den Aerzten wie von den Laien gewöhnlich wenig beachtet und sich selbst überlassen, wenn nicht besondere Erscheinungen die Aufmerksamkeit auf das Ohr lenken. Ebenso wenig werden bei der Leichenuntersuchung diese Theile, die diplöetischen Räume wie die Gehirnblutleiter in der Nähe des Ohres, einer constanten Würdigung unterworfen und mag daher nicht selten der wahre Ausgangspunkt eines Zustandes übersehen werden, welcher unter dem Bilde einer Meningitis, einer Pleuropneumonie, eines typhoiden oder pyämischen Zustandes zum Tode führte. Wollen Sie namentlich in der Kinderpraxis, wo die Deutung der Symptome so ungemein oft unsicher und zweifelhaft, nie unterlassen, am Krankenbette wie am Sectionstische die Möglichkeit eines Ausganges vom Ohre zu erwägen und zu prüfen. Wir werden später noch Gelegenheit haben, auf dieses Thema weiteren Nachdruck zu legen.

Wenden wir uns nun zur Prognose bei der Otitis externa, so richtet sie sich bei der acuten Form sehr wesentlich nach der hervorrufenden Ursache. Eine idiopathische oder eine durch nicht besonders schwere Einwirkungen verursachte einfache Entzündung des Gehörganges lässt eine durchaus günstige Vorhersage zu, wenn sie anders richtig erkannt und passend behandelt wird. Die secundäre Form bei acuten Exanthemen verläuft namentlich desshalb oft so ungünstig und führt zu umfangreichen Zerstörungen, weil bei der dem Leben überhaupt drohenden Gefahr die Ohrenentzündung von den Angehörigen wie vom Arzte gewöhnlich ganz übersehen oder doch nicht genügend beachtet wird. Namentlich sind die Complicationen hier zu berücksichtigen. Je mehr das Trommelfell mit ergriffen oder, wie bei acuten Exanthemen nicht selten der Fall, ein acuter Paukenhöhlen-Prozess gleichzeitig vorhanden ist, desto weniger leicht wird sich eine Perforation des Trommelfelles vermeiden lassen. Indessen ist damit bei sonst günstigen Verhältnissen keineswegs so viel verloren und kann das Ganze immer noch zum Guten gewendet werden. — Viel unsicherer ist die Prognose bei der chronischen Form, wenn die Affection schon längere Zeit bestanden und bereits erhebliche Veränderungen sich ausgebildet haben. Wie schon aus dem oben Angegebenen erhellt, ist jede Otorrhö ein Zustand, welchen man nicht gleichgültig nehmen sollte, einmal weil er dem Gehöre sichere Gefahren bringt,

dann weil man nie mit Bestimmtheit voraussagen kann, inwieweit nicht
wichtige naheliegende Theile, insbesondere der Knochen an dem Prozesse Theil nehmen werden oder schon von demselben krankhaft verändert sind. Muss so die Prognose für jede länger bestehende Otorrhö
zweifelhaft und unsicher gestellt werden, so lassen sich doch gerade
die Formen, welche auf den äusseren Gehörgang beschränkt geblieben
sind, meist heilen resp. kann der Ausfluss allmälig zum Aufhören gebracht werden, und sehr oft lässt sich selbst das Hörvermögen noch
bis zu einem gewissen Grade bessern.

Die Behandlung der Otitis externa muss beim Beginn der
acuten Form, sowie bei jedem subacuten Schub der chronischen Form
eine entschieden antiphlogistische sein. Der Kranke bleibt zu Hause,
wird auf einfache Kost gesetzt und bekommt ein salinisches Abführmittel. Blutegel sind hier selten zu entbehren und müssen dieselben,
wie aus unseren früheren Betrachtungen erhellt, vor und an die Ohröffnung gesetzt werden; 2—4 Stück genügen in der Regel, doch
muss zuweilen ihre Anwendung wiederholt werden, wenn der Nachlass der Schmerzen und der sonstigen entzündlichen Erscheinungen
von Dauer sein soll. Neben Blutegeln wirkt nichts so schmerzstillend
als öfteres Füllen des Gehörganges mit lauwarmen Wasser, das man
bei geneigtem Kopf jedesmal 5—10 Minuten im Ohre verweilen lässt.
Ist Eiterung eingetreten, so sorge man vor Allem für öfteres Entfernen des Secretes und lasse das Ohr täglich 2—4 mal mit lauem
Wasser ausspritzen, welche Vornahme von den Kranken in der Regel
äusserst angenehm und wohlthätig empfunden wird, wenn anders das
Wasser richtig temperirt ist und das Ausspritzen langsam und vorsichtig geschieht. In der Zwischenzeit lasse man den Kranken möglichst
viel auf der leidenden Seite liegen, damit der Eiter seinen freien Abfluss nehme und führe in das Ohr lange dünne Charpiewicken oder
zu Haarseilen ausgezupfte Leinwandstreifen ein. Indem dieselben den
Eiter aufsaugen und so oft als nöthig erneuert werden können, ohne
im geringsten zu reizen, sind sie bei allen Eiterungen des Ohres
ein höchst passendes Mittel, um den Gehörgang möglichst frei und
rein zu halten. Ausserdem gebrauche man zur Beschränkung der
Secretion adstringirende Ohrenwässer, schwache Lösungen von essig-
saurem Blei, von Alaun, von schwefelsaurem Kupfer oder Zink, mit
welchen man den Gehörgang anfüllt, nachdem er gereinigt wurde.
Dieselben Lösungen, nur allmälig stärker, gebraucht man bei der
chronischen Form und lasse sie hiebei möglichst lange im Ohre ver ·
weilen. Dass dieselben nicht kalt, sondern stets gewärmt eingeträu-

felt werden, versteht sich von selbst.*) Bei geringer Absonderung
kann man den Kranken sein Ohr auch zeitweise mit einem Pinsel
reinigen lassen.

Gehen wir zu dem über, was ich nicht brauche und was ich
Ihnen nicht rathe, so sind hieher vor Allem die üblichen Zugpfla-
ster und Pustelsalben zu rechnen, welche fast jedem Ohrenkranken allerwärts auf den Warzenfortsatz applizirt werden. Bei acuten
Entzündungen vermehren sie den Schmerz und die Reizung, rufen
zudem bei Kindern und Individuen mit zarter Haut leicht noch zu
dem Uebrigen ein Eczem der Ohrgegend hinzu. In chronischen
Fällen werden sie seltener schaden — abgesehen von der letzteren
Wirkung —, nützen aber sicherlich gar nichts. Da fast alle Kranken, welche zum Ohrenarzte kommen, kürzere oder längere Zeit sogenannte Ableitungen hinter dem Ohre getragen haben, so erhält man
reichlich Gelegenheit, über ihre Nutzlosigkeit, ja selbst über ihren
Schaden Erfahrungen zu sammeln. Dass aber ein in längerer Eiterung erhaltenes Vesicans hinter dem Ohre eine rechte Quälerei und
eine chronische Unsauberkeit ist, wer wollte dies läugnen? —

Trockene Wärme in Form von warmen Tüchern oder ge-
wärmter Watte, wie sie hier zu Lande wenigstens häufig als schmerz-
stillendes Mittel gebraucht wird, mindert den Schmerz allerdings
auch bei Ohrenentzündungen in der Regel, allein er kehrt constant
in erhöhtem Maasse zurück, sobald man sie nur weglässt und verschlimmert sich der entzündliche Zustand entschieden unter diesem
Verfahren. — Häufiger als trockene Wärme wird die feuchte
Wärme in Form von Breiumschlägen und Kataplasmen bei Ohren-
Entzündungen angewendet und gehört sie unter die von Spezialisten
wie den sonstigen Praktikern allgemein empfohlenen und benutzten
Mittel. Auch ich zog sie früher bei den verschiedensten Formen der
Otitis in Anwendung, bin aber grossentheils davon zurückgekommen,
indem ich nur noch bei den Furunkeln oder bei ganz oberflächlicher
diffuser Gehörgangsentzündung kataplasmiren lasse. Nichts stillt die
heftigsten Ohrenschmerzen so rasch und erregt ein so angenehm be-
ruhigendes Gefühl, kein Mittel kürzt das schmerzhafte congestive Stadium der verschiedenen Otitisformen so sehr ab, indem es bald Exsudation, Ohrenfluss und mit ihm Nachlass der Schmerzen und der

---

*) Damit der Kranke seine jedesmalige Portion über jedem Lichte erwärmen
kann, lasse ich die hiesigen Apotheker zu den Ohrenwässern kleine cylindrische
Reagensgläschen abgeben.

Spannung hervorruft, als Kataplasmen — darüber kann nur Eine Meinung herrschen. Trotzdem warne ich bei allen tieferen Entzündungsvorgängen des Ohres entschieden vor ihrem Gebrauche, indem nichts so geeignet ist, profuse und langwierige Eiterungen, ferner umfangreiche Erweichungszustände im Ohre hervorzurufen als Kataplasmen. Wenn ich die Ergebnisse meiner jetzigen Behandlung mit denen meiner früheren vergleiche, wo ich ebenfalls allgemein kataplasmiren liess, so fällt mir ein sehr merklicher Unterschied auf, wie verhältnissmässig selten, selbst bei sehr intensiven Otitisformen, jetzt Durchbruch des Trommelfells entsteht und wie viel weniger hartnäckig die folgenden Eiterungen sich zeigen. Es ist dies eine sehr beachtenswerthe Thatsache, deren man bei allen Entzündungen gedenken sollte, wo das Trommelfell irgendwie in den Prozess hineingezogen ist und bin ich der Ansicht, dass jene grosse Menge von chronischen Otorrhöen und Felsenbein-Affectionen, welche so häufig ein schlimmes Ende nehmen, wesentlich vermindert würden, wenn man nicht allgemein alle Ohrenentzündungen ohne Unterschied mit lange fortgesetztem Kataplasmiren behandelte. Bereits das öftere Füllen des Ohres mit warmen Wasser — also ein rein örtliches und unterbrochenes Kataplasmiren — führt eine bedeutende Erleichterung der Schmerzen herbei, wenn sie auch nicht so bedeutend ist, als wenn die Muschel und die ganze Ohrgegend mit einem feuchtwarmen Breiumschlage bedeckt wird. Dagegen habe ich auch nie jene ausgedehnten Schmelzungsprozesse darauf folgen sehen, wie sie nach der üblichen Behandlung sehr oft vorkommen. Gehen wir zur richtigen Würdigung dieser praktisch wichtigen Frage auf analoge Verhältnisse der Behandlung der Augenkrankheiten zurück, so nehmen Conjunctival-Blennorrhöen unter warmen Umschlägen bekanntlich sehr rasch einen zerstörenden Charakter an, und können wir weiter durch Auflegen von Kataplasmen auf das Auge intensive Formen von Blennorrhö künstlich erzeugen, daher in Fällen von veraltetem Pannus feucht-warme Umschläge fast die gleiche Wirkung ausüben, wie die mehrfach empfohlenen Einimpfungen von blennorrhoischem Secret.

Was schliesslich noch die E i n t r ä u f e l u n g e n v o n w a r m e n O e l anbelangt, welche häufig geübt und auch von mehreren Ohrenärzten empfohlen werden, so besitzen sie gar keinen Vortheil vor dem Einträufeln von warmen Wasser, dagegen den wesentlichen Nachtheil, dass Oel eine fremdartige, sich zersetzende Substanz ist, welche mit einer an und für sich gereizten, theilweise der schützenden Epidermis entbehrenden, wunden Fläche in Berührung zu bringen, gewiss nicht passend ist. Glycerin wäre noch vorzuziehen, indem es sich nicht so leicht zersetzt, weniger reizt und in Wasser lösslich ist, somit durch das Ausspritzen wieder entfernt wird. Indessen leistet einfaches Wasser jedenfalls die gleichen Dienste. —

Bevor wir den äusseren Ohrkanal verlassen, haben wir noch eine Reihe von Zuständen zu betrachten, welche sämmtlich verschiedengradige und verschiedenartige **Verengerungen des Gehörganges** veranlassen. Die häufigste ist die schlitzförmige Verengerung des knorpeligen Abschnitts; hier liegen, vorzugsweise am Eingange des Kanales, die vordere und die hintere Wand mehr oder weniger dicht aneinander, so dass das sonst ovale Lumen in einen länglichen Schlitz verwandelt oder selbst vollständig aufgehoben ist. Ich habe diese Form bisher nur bei älteren Individuen beobachtet. In einem sehr ausgesprochenen Falle der Art, der mir zu Lebzeiten bereits auffiel, und welchen ich später anatomisch untersuchen konnte, zeigte sich das sonst straffe faserige Gewebe, welches den hinteren oberen Theil des Gehörganges, der bekanntlich nur häutig ist, an die Schläfenbeinschuppe befestigt, im Zustande grosser Schlaffheit und war dadurch diese membranöse Masse wie die ganze hintere Wand des knorpeligen Kanals nicht mehr nach hinten gespannt, sondern gegen die vordere Wand hereingesunken. Es scheint mir, als ob ein solcher erschlaffter Zustand des fibrösen Befestigungsapparates die häufigste Ursache dieses Zusammenfallens des Gehörganges ist. So häufig die schlitzförmige Verengerung des Gehörganges ist, so steigert sie sich doch nur selten zu einem gänzlichen Verschlusse des Kanales, in welchem Grade sie auch allein einen wesentlichen Einfluss auf die Hörschärfe ausübt. Nothwendigerweise wird aber durch diesen Zustand die normale Entleerung des Cerumens beeinträchtigt und führt er leicht zu Anhäufungen desselben, die theilweise wohl darum bei älteren Leuten besonders häufig vorkommen. Individuen, deren Schwerhörigkeit auf einem solchen Verschlusse des Gehörganges beruht, werden besser hören, sobald sie die Ohrmuschel nach hinten ziehen, oder wenn man den Ohrtrichter eingeführt hat. Das Tragen einer ähnlich nur mehr zylindrisch geformten und kürzeren Röhre von Silber, welche die Kranken sich selbst einfügen, würde das Gehör auf die Dauer verbessern. Für solche Fälle von Collapsus des Gehörganges allein nützen auch jene bei Schwerhörenden ziemlich oft zu findenden „Abrahams", kleine silberne oder goldene Röhrchen mit trichterförmiger Erweiterung, welche für alle Formen von Taubheit empfohlen und von den Patienten wegen ihrer Kleinheit und Unsichtbarkeit mit Vorliebe gekauft werden. Solche Formen von

seniler Schwerhörigkeit, wenigstens höheren Grades, sind indessen sehr
selten und habe ich bisher erst zwei ausgesprochene Fälle der Art
gesehen. Natürlich können noch andere Ursachen, welche die vordere
Knorpelwand nach hinten, oder die hintere nach vorne drücken, eine
gleiche Wirkung hervorbringen. Dass das Ausfallen der Backenzähne
und die dadurch veränderte Stellung des Unterkiefer-Gelenkkopfes
den knorpeligen Gehörgang zusammen zu drücken und zu verschliessen
vermag, eine Ansicht, die *Larrey* der Vater zuerst aufstellte, ist sicherlich unrichtig. Eher könnte das Capitulum mandibulae und seine
Stellung allmälig einen Einfluss auf den knöchernen Gehörgang ausüben; nach den bisherigen Untersuchungen lässt sich aber auch ein
solcher nicht genügend constatiren.

Eine allseitige **ringförmige Verengerung** des knorpeligen
Gehörganges kömmt manchmal durch eine Verdickung der Haut mit
oder ohne Otorrhö vor; in einem Falle schien sie die Folge öfterer
vorausgegangener Furunkel zu sein, welche stets nur an diesem einen
Ohre aufgetreten waren. Am häufigsten findet man sie durch chro-
nisches Eczem (Eczema rubrum) hervorgebracht, welches in Folge
der Verdickung der Haut die Ohrmuschel zu einem unförmlichen Gebilde umändert und den Ohrkanal mehr oder weniger verengert, ja
ihn manchmal vollständig verschliesst. Dieser Zustand lässt sich gewöhnlich heben unter der bekannten Behandlung des Eczem mit adstringirenden Wässern oder besser noch mit Salben von Zink oder
rothem Praecipitat, welche man auf die verdickte Haut einpinseln lässt.
Rezidive sind indessen nicht selten. In einem Falle, in welchem die
Verdickung der Weichtheile so entwickelt war, dass man durch den
fast geschlossenen Gehörgang kaum mit einer ganz dünnen Sonde in
die Tiefe kommen konnte, gelang es mir, durch tägliches Einlegen
von Pressschwamm den Kanal allmälig so bedeutend zu erweitern,
dass später die tieferen Theile mittelst Ohrtrichter untersucht und die
chronische Otorrhöa interna nun von aussen behandelt werden konnte.

Auf den **knöchernen Abschnitt** beschränkt kommen dreierlei
Formen an Verengerungen vor. Die eine häufigste, aber nie hochgradige besteht in einem abnormen **Einwärtsliegen der vorderen Wand**, dicht am Trommelfell. Sie findet sich in jedem Alter
und ist keineswegs auf zahnlose Individuen beschränkt. Bei dieser
Form des Gehörganges kann man in der Regel selbst bei noch so
starkem Rückwärtsrichten der Muschel und des Ohrtrichters, die vor-
derste unterste Parthie des Trommelfells und somit den peripherischen
Theil des Lichtkegels nicht sehen, welche Behinderung der vollständigen Besichtigung des Trommelfells, soviel ich weiss, auch der

einzige Einfluss ist, den eine solche Abweichung von der Norm
äussert.

Weit seltener sind die Exostosen des Gehörganges, rundliche,
harte Geschwülste, welche verschieden gross und entweder mit dünner
weisser oder mit verdickter und gerötheter Haut überkleidet, in das
Lumen hineinragen. Ich fand sie stets beiderseits, in der Regel mehrere in Einem Gehörgange, selten an der vorderen Wand, oder in
nächster Nähe des Trommelfells; doch beobachtete ich noch keinen
Fall, wo solche Knochenhöckerchen einen für das Lumen des Kanales
sehr störenden Umfang hatten. *Toynbee* beschreibt mehrere solche,
welche an der vorderen Wand sassen, sowie in einigen Fällen durch
das Begegnen mehrerer Exostosen eine beträchtliche Verengerung
des Kanals verursacht war. Er hält sie für Ergebniss einer rheumatischen oder gichtischen Diathesis. In allen meinen Beobachtungen
handelte es sich um Männer, die gerne gut assen und gut tranken,
ohne dass aber arthritische Erscheinungen sich nachweisen liessen und
sah ich diese kleinen Erhebungen am Anfangstheile des knöchernen
Gehörganges bisher nur als zufälligen Befund bei ausgesprochenem
chronischem Katarrhe der Paukenhöhle. Bei Berührung mit der Sonde
zeigten sie sich sehr empfindlich, wie es indessen der Anfangstheil
des knöchernen Gehörganges in der Regel ist. *Wilde* beobachtete
einen fast vollständigen Verschluss des Gehörganges durch eine harte,
glatte Exostose, welche von der hinteren Wand ausging. Auch im
anderen Gehörgange desselben Individuums fanden sich zwei kleine
Exostosen; da Zeichen von fortschreitender entzündlicher Thätigkeit
vorhanden waren, liess er Blutegel an den Gehörgang ansetzen und
gab innerlich kleine Gaben von Sublimat, auf welche Behandlung hin
diese Hervorragungen sich beträchtlich minderten und das Gehör sich
merklich besserte. *Toynbee* hat in einem Falle durch Bestreichen der
Geschwulst mit einer Höllensteinlösung eine Verkleinerung derselben
beobachtet und empfiehlt ausserdem Jod, innerlich und örtlich, als sehr
wirksam in solchen Fällen. —

Aehnlich diesen Exostosen sind in ihrer Erscheinung die Hyperostosen des Gehörganges, wie sie nicht selten bei chronischen Otorrhöen
sich bilden oder nach solchen zurückbleiben. Doch handelt es sich
hier meist um eine mehr durch den ganzen Verlauf des Kanales sich
hinziehende allseitige Verengerung desselben, welche allerdings manchmal wieder kleine Unebenheiten zeigt. In der Regel findet sich die
Haut des verengerten Gehörganges hiebei mehr oder weniger stark
geröthet.

ACHTER VORTRAG.

Die Entzündungen und Verletzungen des Trommelfells.

Trommelfell-Erkrankungen sehr häufig, aber selten allein und selbständig. — Die acute und die chronische Myringitis. — Einrisse, Durchstossungen. Mehrere Fälle von Fractur des Hammergriffes.

Erkrankungen des Trommelfelles kommen ungemein häufig vor. Dies ergibt uns schon von vornherein seine Lage und seine anatomische Zusammensetzung. Dasselbe bildet einmal die Scheidewand zwischen dem Gehörgange und der Paukenhöhle, kann desshalb eigentlich zu beiden Cavitäten gerechnet werden und muss unter den Erkrankungen beider Theile schon dieser seiner Lage wegen mitleiden. Ausserdem setzen sich von den beiden Richtungen Gewebsbestandtheile auf dasselbe fort und erhält das Trommelfell an seiner äusseren Oberfläche von der Haut des Gehörganges einen aus Epidermis und Cutis bestehenden Ueberzug und in ähnlicher Weise an seiner inneren Seite eine Fortsetzung der Schleimhaut der Paukenhöhle. In diesen zwei Schichten, welche von den angränzenden Räumen auf die Membrana Tympani sich fortsetzen, verlaufen nun gerade die Gefässe und Nerven der ganzen Membran, während die mittlere, fibröse Schichte weder Gefässe noch Nerven besitzt, und liegt in diesem Verhältnisse ein weiterer Grund, warum das Trommelfell fast constant Theil nimmt an den Erkrankungen der Paukenhöhle ebenso wie an denen des tieferen Theiles des Gehörganges. Erinnern wir uns schliesslich noch, dass drei der wichtigsten Gewebesysteme des thierischen Organismus in dieser Membran sich vertreten finden, nämlich äussere Hautdecke und Mucosa in ihren oberflächlichen Schichten und fibröses Gewebe in ihrer mitt-

v. Tröltsch, Ohrenkraukheiten.   5 leren Platte, der Lamina propria s. fibrosa, so wird es uns um so erklärlicher werden, warum pathologische Zustände dieses Gebildes so ungemein häufig zur Beobachtung kommen.

Ebenso häufig aber, als Erkrankungen des Trommelfells überhaupt sind, ebenso selten finden sie sich bei genauer und unbefangener Beobachtung allein, selbständig und ohne Complicationen. Diese Beobachtungsthatsache begreift sich wiederum aus den angedeuteten anatomischen Verhältnissen. Das Trommelfell ist eben keine in sich abgeschlossene Ernährungs-Einheit, sondern erweist sich seine nutritive Selbständigkeit als eine sehr beschränkte, indem es durch diejenigen Schichten, welche in Bezug auf Blutzufuhr und Nervenversorgung die allein massgebenden sind, allenthalben mit der Paukenhöhle und dem Gehörgange zusammenhängt, und somit von beiden anstossenden Abschnitten des Ohres gewissermassen nur einen Theil ausmacht. Wie daher das Trommelfell bei den Erkrankungen seiner Umgebung fast constant in Mitleidenschaft versetzt wird, so werden auch seine selbstständigen Entzündungen, wenn sie hochgradig sind oder länger bestehen, nothwendig rückwirken auf die Nachbarschaft und diese um so mehr in einen krankhaften Zustand versetzen, wenn, wie dies sehr häufig der Fall, die Affection mit Eiterbildung einhergeht, welches Secret schon der Enge des Raumes wegen einen reizenden und verändernden Einfluss auf die Nachbartheile ausüben muss. Gilt dieses gegenseitige Abhängigkeitsverhältniss zwischen Trommelfell und seiner Nachbarschaft bereits für acute Fälle, so ist man bei länger bestehenden eiterigen Krankheits-Prozessen häufig um so weniger im Stande, mit nur einiger Sicherheit anzugeben, ob das Trommelfell das primär erkrankte Organ war oder ob die daneben bestehende Entzündung des Gehörganges oder der Paukenhöhle diese Membran erst später in Mitleidenschaft versetzt hat.

Mit dieser Anschauung, dass genuine und nicht complizirte Trommelfell-Entzündungen verhältnissmässig selten sind, trete ich in Widerspruch mit der gewöhnlichen Annahme und mit den Angaben der Autoren. Ich stütze mich indessen auf eine möglichst unbefangene und ziemlich umfangreiche Beobachtung am Kranken; zudem sprechen nicht nur die geschilderten anatomischen Verhältnisse für diese meine Auffassung, sondern auch die Mehrzahl der in den Lehrbüchern unter „Entzündungen des Trommelfells" verzeichneten Krankengeschichten. Liest man dieselben mit kritischer Aufmerksamkeit durch, so ergeben uns die Erscheinungen und der Befund meistentheils eine diffuse Entzündung des Gehörganges, einen acuten oder eiterigen Katarrh der Paukenhöhle, bei welchen Affectionen auch das Trommelfell wesentlich in den Prozess hineingezogen ward. In der Regel kann man aber den Schilderungen keineswegs entnehmen, dass das Trommelfell in der That zuerst und selbständig erkrankte. —

Die reine Entzündung des Trommelfells — Myringitis *) von *Linke* und *Wilde* genannt — zerfällt beobachtungsgemäss in eine acute und in eine chronische Form.

Die acute Trommelfell-Entzündung begann in den von mir beobachteten Fällen stets plötzlich und Nachts, meist nach einer bestimmt nachweisbaren Verkältung, häufig nach einem kalten Bade und zwar mit heftigen reissenden Schmerzen in der Tiefe des Ohres. Diese Schmerzen, welche gewöhnlich zunahmen, wenn der Kranke sich auf die leidende Seite in die Kissen legte, waren verbunden mit einem Gefühle von Völle, Dumpfheit und Schwere im Ohre und constant mit sehr heftigem Sausen. Sie dauerten mit geringen Unterbrechungen 12 Stunden bis 3 Tage und hörten auf, sobald der Gehörgang feucht wurde und ein sich allmälig entwickelnder Ohrenfluss eintrat. In einem Falle hörten die Schmerzen unter dem plötzlichen Eintritte einer Ohrblutung auf, welche nach der Kranken Angabe etwa einen Esslöffel Blut ergeben haben mag.

Was den objectiven Befund betrifft, so lässt sich am Anfange eine beträchtliche Hyperämie an der äusseren Trommelfell-Oberfläche beobachten, so dass dasselbe wie künstlich injizirt aussieht. Nicht nur ziehen sich einige stärkere Gefässe längs des Hammergriffes von oben gegen den Umbo herab, um von dort in einen zentrifugalen Gefässkranz auszustrahlen, sondern finden sich an der Peripherie weitere, radiär gegen die Mitte zu verlaufende Reiserchen, welche allseitig mit den Gefässen des Gehörganges in Verbindung stehen. In Folge der Durchfeuchtung der Epidermis leidet zugleich der Glanz des Trommelfells und sieht sich seine Oberfläche matt, wie behauchtes Glas an. Der Hammergriff, welcher sich sonst als gelblich-weisser Streifen in der Mitte der Membran herabzieht, wird weniger deutlich oder ist gar nicht mehr zu sehen, zugleich erscheint das Trommelfell mehr gleichmässig flach und ist seine Krümmung und Wölbung mehr oder weniger ausgeglichen. Im späteren Stadium zeigt sich die Epidermis theilweise oder ganz in Klümpchen oder Lamellen abgehoben und das darunter befindliche Corium liegt roth, geschwellt und aufgelockert, meist mit dünner Absonderung bedeckt, zu Tage. Der Gehörgang, Anfangs durchaus normal, nimmt in der nächsten Nähe des Trommelfelles an der Injection und an der Schwellung sehr bald Antheil. In

---

*) Von Myrinx die Membran, das Trommelfell.

mehreren Fällen kam es zu Ulzeration und Perforation der Membran, in einem zu einer mässigen subcutanen Ekchymose, ein andersmal beobachtete ich am hinteren oberen Rande des Trommelfells eine hanfkorngrosse, gelbliche, teigig anzufühlende Geschwulst, deren Berührung mit der Sonde sehr heftige Schmerzen erregte. Die kleine in den Gehörgang hereinragende Erhebung, die ich für einen zwischen den Lamellen der Membran gebildeten Abszess halten musste, verkleinerte sich allmälig mit dem Rückgehen des Prozesses *). — Unter günstigen Verhältnissen lässt die meist sehr geringe Eiterung aus dem Ohre allmälig nach, die Röthe und Infiltration der Membran nimmt ab und sie bedeckt sich wieder mit einem Epidermisüberzuge. Immer aber bleibt sie noch längere Zeit matt, glanzlos und flach; insbesondere tritt der Hammergriff wegen Verdickung der Cutislage, welche über und neben ihm am mächtigsten entwickelt ist, nicht so frei und deutlich hervor, wie am normalen Trommelfell, so dass man eine stattgehabte Entzündung dieser Membran gewöhnlich noch nach längerer Zeit erkennen kann. — Bisher beobachtete ich diese Affection immer nur einseitig.

Häufiger als die acute ist die chronische Trommelfell-Entzündung, welche indessen nur in wenig intensiven Formen und bei sehr spärlicher Eiterung als solche allein zur Beobachtung kommt, indem heftigere Entzündungen entweder den Gehörgang derart in Mitleidenschaft versetzen, dass wir das Bild einer chronischen Otitis externa vor uns haben, oder aber es breitet sich unter Ulzeration und Durchbruch der Membran die Eiterung auf die Paukenhöhle aus und handelt es sich dann um eine chroniche Otitis interna. — Die einfache, nicht complizirte chronische Entzündung des Trommelfells entwickelt sich in der Regel unter so geringen subjectiven Erscheinungen, dass die Kranken meist erst durch eine merkbare Gehörsabnahme und ein Feuchtsein des Ohres oder des Kopfkissens auf ihr Leiden aufmerksam gemacht werden. Schmerzen stellen sich meist nur vorübergehend nach einzelnen schädlichen Einwirkungen ein und stört diese Erkrankung somit häufig so wenig, — zumal sie, wie die acute Form überwiegend häufig nur einseitig auftritt, — dass sie oft Dezennien besteht, bevor gelegentlich ein Arzt zu Rathe gezogen wird. Bei der Untersuchung findet man im Gehörgange keine Veränderung, abgesehen

---

*) *Wilde* beobachtete zweimal solche kleine umschriebene Eiterablagerungen zwischen den Trommelfellschichten. In dem einen Falle sickerte ein Tropfen Eiter heraus, als er den Abszess mit der Staarnadel aufstach.

von einer theilweisen Erweichung seines Epithelial-Ueberzuges in der
nächsten Nähe des Trommelfells und an der unteren Wand in Folge
der Berührung mit dem krankhaften Secrete. Dieses, in der Regel
sehr spärlich, ziemlich consistent und höchst widerwärtig riechend, bedeckt das Trommelfell und findet sich auch zu Krusten verdickt in
dessen Umgebung. Die äussere Trommelfell-Oberfläche erscheint constant, auch wo sie nicht freies Secret absondert, matt, flach, glanzlos,
ohne dass man vom Hammergriffe und dessen Processus brevis mehr
als etwa eine schwache Andeutung sehen kann; dabei ist sie oft nur
an einzelnen Stellen, am häufigsten hinten und oben, ihrer Epidermis
entblösst, roth und gewulstet. Das Uebrige zeigt sich verschieden
gelb oder grau, meist mit einzelnen, manchmal variküsen Gefässen
durchzogen, welche vorwiegend als radiär verlaufend an der Peripherie
zu finden sind. Aus den partiellen Wulstungen können sich polypöse
Excreszenzen in verschiedener Grösse entwickeln und wird von solchen, auch wenn sie noch so klein sind, manchmal allein die Eiterung
unterhalten.

Die Prognose ist bei der acuten Form durchaus günstig, wenn
der Kranke in passende Behandlung kömmt oder sich geeignet verhält.
Die Eiterung lässt dann bald nach, und die Schmerzen kehren nicht
wieder. Frische Perforationen heilen an und für sich ziemlich rasch
und leicht, wenn nicht ein eiteriger Paukenhöhlenkatarrh damit ver-
knüpft ist. Auch die Verdickung des Trommelfells nimmt allmälig ab
und bessert sich damit das Hörvermögen zusehends. Unter günstigen
Verhältnissen bleibt so kaum irgend ein Nachtheil zurück. Wird dagegen die Affection vernachlässigt, mit Kataplasmen oder gar mit reizenden Einträufelungen u. dgl. behandelt, so bleibt das Trommelfell
perforirt, die Otorrhö wird leicht chronisch, die purulente Entzündung
breitet sich immer mehr auf den übrigen Gehörgang und die Paukenhöhle aus und können sich aus einer einfachen Myringitis acuta
alle Folgen einer chronischen Otitis heraus entwickeln, wie ich sie Ihnen
bereits angedeutet und wir sie später noch ausführlicher und in ihrer
vollen Bedeutung für die Gesundheit und das Leben der Kranken
kennen lernen werden. — Bei der chronischen Form stellt sich die
Prognose schon insoferne weit ungünstiger, als man meist nur durch
sehr lange, manchmal Jahre lang fortgesetzte Behandlung die Eiterung
vollständig beseitigen kann und selbst dann häufig eine gewisse Neigung zu Recidiven zurückbleibt. Ferner sind die Veränderungen, insbesondere die Verdickung des Trommelfells in der Regel zu bedeutend, als dass sich für Besserung des Hörvermögens viel erzielen liesse.

Ueber die Behandlung habe ich nur wenig zu sagen, indem sie im Wesentlichen mit dem geschilderten Verfahren bei der Otitis externa zusammentrifft. Nur werden Sie, bei der acuten Myringitis, um die Gefahr des Trommelfelldurchbruches zu verhüten, mit den allgemeinen Massregeln strenger sein und neben örtlichen Blutentziehungen noch Calomel mit oder ohne Jalappa als ableitendes Mittel geben. Kataplasmen sind aus den angeführten Gründen insbesondere hier zu verwerfen und werden Sie sich begnügen, den Gehörgang häufig mit lauem Wasser füllen zu lassen. Ist einmal Exsudation eingetreten, so ist das Secret täglich mehrmals durch Ausspülen oder vorsichtiges Ausspritzen mit lauem Wasser zu entfernen und träufle man nachher ein schwaches Adstringens ein, unter welchen ich dem essigsauren Blei, als Bleiessig oder als Bleizucker, den Vorzug gebe. Bei der langen Behandlung, welche die chronische Form erheischt, muss man mit den Mitteln öfter wechseln. Vegetabilische Adstringentien scheinen im Ganzen weniger wirksam zu sein, als mineralische. Unter dieser Behandlung wird die Eiterung aufhören und auch eine etwa vorhandene Perforation sich schliessen. Gegen die zurückbleibende Verdickung der Cutisschichte des Trommelfelles empfiehlt sich Jod als Tinktur oder in Salbenform hinter und um das Ohr herum angewendet. Ist die Eiterung schon längere Zeit beseitigt und hat man den Kranken unter steter Aufsicht, so kann man zu reizenden Bepinselungen und Einträufelungen übergehen. Von stärkeren Sublimatlösungen (gr. i—jv auf ʒj Wasser), von Bepinselungen des Trommelfells mit Essigsäure und mit Jodtinktur, die man Anfangs stark verdünnt aber in manchen Fällen selbst rein anwenden kann, habe ich mehrmals recht gute Erfolge gesehen bei Oberflächen-Verdickung der Membran. Die Schmerzhaftigkeit solcher Applicationen ist manchmal sehr erheblich und nicht immer kurz, auch darf man bei stärkeren Mitteln sich in Acht nehmen, dass sich kein Flüssigkeitstropfen unten und vorn am Trommelfell ansammle, wodurch dort eine allzustarke Einwirkung, selbst eine Durchätzung desselben, stattfinden könnte; überhaupt dürfen Sie eine solche Behandlung nie versuchen, wenn Sie den Kranken nicht stets unter den Augen haben. Einzelne stärker geschwellte Stellen ätze man mit einem feinen Lapisstift oder entferne sie mittelst der *Wilde'*-schen Polypen-Schlinge, welche wir später noch kennen lernen werden.

Da wir hier die secundären Veränderungen des Trommelfells, wie sie namentlich im Gefolge von Paukenhöhlenprozessen so häufig sich entwickeln, ausser Acht lassen, hätten wir sogleich von den Verletzungen des Trommelfelles zu sprechen. Dieselben sind gar nicht

selten, was sich einmal aus der Zartheit, dann aus der äusseren Einwirkungen ziemlich ausgesetzten Lage dieser Membran erklärt. Am
häufigsten kommen Einrisse derselben zur Beobachtung und zwar in
Folge zu starken Luftdruckes, welcher von aussen diese Membran trifft,
sei es in Folge von Ohrfeigen oder von in der Nähe stattfindenden
Explosionen. Schon mehrfach sah ich frische und ältere Einrisse des
Trommelfells, letztere öfters mit Otorrhöen, welche ihre Entstehung
einer in der Schule oder sonstwo empfangenen Ohrfeige verdankten.
Erst vor Kurzem kam ein Student zu mir, der zwei Tage vorher
einen Schlag auf's Ohr erhalten hatte — wie er meinte, halb im
Scherze — und seitdem leichten Schmerz in demselben fühlte. Ausfluss war keiner eingetreten. Das Trommelfell zeigte seiner ganzen
Länge nach einen Einriss, welcher hinter dem Hammergriffe und parallel mit demselben verlief. Die Ränder der Wunde stark roth und
mit Blut verklebt. Die hintere Hälfte der Membran sehr injizirt, die
vordere normal. Hörfähigkeit bedeutend vermindert.

Dass das Tromelfell durch eine in der Nähe stattfindende Ex-
plosion z. B. durch einen Kanonenschuss zerrissen werden kann, wurde
mit Unrecht geläugnet. Ich beobachtete einmal einen frischen Fall
und mehrere ältere, welche unzweifelhaft hieher gehören und wo
lineäre Einrisse oder Narben zu sehen waren. Dieselben verlaufen
nach dem, was ich bis jetzt gesehen und auch nach den Angaben
anderer Beobachter, fast stets hinter dem Griffe und parallel mit ihm
von oben nach unten, also etwa dort, wo hinter dem oberen Theile
der Membran der lange Fortsatz des Ambosses herabsteigt. Solche
Narben erscheinen als weissgraue, manchmal leicht zackige schmale
Streifen.

Unter den Artilleristen, namentlich den länger dienenden, kommen ungemein viele Schwerhörigkeiten verschiedenen Grades vor, und
schreiben die Meisten dieselbe einem solchen Momente zu, wo sie eben
neben einer feuernden Kanone stehend, plötzlich einen heftigen Schlag
und Schmerz in dem der Mündung zugewandten Ohre fühlten, aus
dem dann häufig etwas Blut geflossen sein soll. In manchen Fällen
fand ich die einem solchen Unfalle zugeschriebene Taubheit so hochgradig, dass jedenfalls noch weitere wichtigere Veränderungen in der
Tiefe anzunehmen waren. Dass bei Schädelgrund-Brüchen auch das
Trommelfell öfter einreisst, ist bekannt. *Wilde* berichtet von zwei
Fällen, wo das Trommelfell in Folge von Selbstmord durch Erhängen
einriss. Dass dies nicht stets bei dieser Todesart stattfindet, beweisst
ein solcher Fall, den ich sezirte, und bei welchem das Trommelfell
sich unverletzt zeigte.

Durchstossungen des Trommelfells ereignen sich manchmal durch spitze Gegenstände, welche in's Ohr gebracht werden, um sich darin zu jucken und zu kratzen. Zu diesem Zwecke pflegen die Frauen nicht selten ihre Stricknadeln zu verwenden und beobachtete ich bereits zweimal Perforationen des Trommelfells, auf diese Weise hervorgebracht. Ein unvorsichtiges Sondiren des Ohres von Seite untersuchender Aerzte kann dieselben Wirkungen hervorrufen. Es versteht sich von selbst, dass Sie eine Sonde nur dann tiefer in den Gehörgang einbringen werden, wenn Sie dabei die Theile gut beleuchten und so das Auge zum Leiter und Führer der Hand erheben. Ohne eine solche Beaufsichtigung wird nicht selten viel Unheil mit Sondiren des Ohres verursacht, das die Aerzte häufig statt der Ocular-Inspection verwenden, um sich von dem Dasein des Trommelfells oder einer Perforation oder von Caries zu überzeugen.

Eine Durchstossung des Trommelfells mittelst eines Strohhalmes beobachtete ich an einem Landschullehrer, den ich wegen eines alten anderweitigen Gehörleidens öfter sah. Derselbe stieg in seinen Kornspeicher auf einer Leiter hinauf und stiess sich hiebei, neben aufgeschichteten Strohbündeln vorbeikommend, einen Strohhalm in's Ohr. Er empfand hiebei einen so fürchterlichen Schmerz, dass er fast ohnmächtig zusammensank und sich nur mit Mühe auf der Leiter erhalten konnte. Er litt noch einen halben Tag lang an heftigen Schmerzen im Ohre, welche dann ganz vergingen. Die an und für sich sehr beträchtliche Taubheit ward durch diesen Unfall nicht vermehrt, dagegen behauptete er, dass das unerträgliche Zischen im Ohre, das ihn seit Jahren gequält, seitdem etwas geringer geworden sei. Etwa 14 Tage nachher fand ich in seinem Trommelfell hinten und unten eine etwa dreieckige kleine schwarze Stelle, welche wie eine mit geronnenem Blute verlöthete Perforation aussah.

Eine besondere Behandlung wird in frischen und einfachen Fällen solcher Verletzungen des Trommelfells kaum nöthig sein, indem dieselben von selbst leicht heilen, überhaupt die Regenerationskraft dieser Membran eine sehr grosse ist. Man halte alle Schädlichkeiten ab und lasse das Ohr zustopfen. Müssen bei explosiven Erschütterungen, wie sie z. B. bei Artilleristen öfter vorkommen, weitere Veränderungen, Blutungen und Zerreissungen in tieferen Theilen angenommen werden, so erfordern diese natürlich eine entsprechende Berücksichtigung nach allgemeinen therapeutischen Grundsätzen. Wir werden bei der nervösen Taubheit wieder auf diesen Gegenstand zurückkommen.

Hieher gehören die wenigen Beobachtungen von Fractur des Hammergriffes, welche bis jetzt bekannt sind. *Menière**) berichtet von einer solchen bei einem Gärtner, dem bei einem Falle zufällig der Zweig von einem Birnbaum in's Ohr gedrungen war. Es fand sich eine sehr ausgedehnte Zerreissung des Trommelfells und konnte man die einzelnen Theile des Knöchelchens mit den Resten des Trommelfells, an denen sie hingen, deutlich sich bewegen sehen. Die Heilung dieser merkwürdigen Verletzung trat von selbst, ohne besondere Kunsthülfe ein. — Einen Fall von geheilter Fractur des Manubrium mallei sah ich selbst. Ein Weinhändler juckte sich beim Gehen über seinen Hof mit dem Stahlfederhalter im rechten Ohre, als er unversehens mit dem Ellenbogen an eine offenstehende Thüre anstiess und sich den Federhalter tiefer in's Ohr rannte. Er stürzte unter heftigem Schmerzensschrei ohnmächtig zusammen und erholte sich erst nach einigen Minuten. Da ihm sogleich kaltes Wasser in's Ohr gegossen wurde, kann er nicht angeben, ob etwas Blut aus dem Ohre geflossen. Seitdem hört er auf dem rechten Ohre schlecht und leidet an einem fortwährenden Sausen daselbst, namentlich wenn er sich auf die rechte Seite legt. Als ich das Ohr ein Jahr später sah, fiel mir die eigenthümlich schiefe Lage des Hammergriffes auf, welcher an einer Stelle dicht unter dem Processus brevis ungewöhnlich dick und aufgetrieben, und von hier aus gleichsam um seine Axe gedreht erschien; kurz der Befund machte mir durchaus den Eindruck, als ob es sich nur um eine geheilte Fractur des Hammergriffes handeln könne. Eine solche geheilte Fractur beschreibt nun in neuester Zeit auch *Hyrtl* **), der sie an dem Ohre eines Prairiehundes (Arctomys ludovicianus) unter einem ganz ähnlichen Bilde und auch dicht unter dem Hammerhalse fand. Er erwähnt, dass eine solche Verletzung nichts Auffallendes habe, da dieses Thier, ein Verwandter unseres Murmelthieres, hauptsächlich in Löchern unter der Erde lebe und sein Trommelfell bei der Kürze des Gehörganges sehr oberflächlich liege.

---

*) Gazette médicale de Paris 1856. Nr. 50.
**) Wiener medizinische Wochenschrift 1862. Nr. 11.

NEUNTER VORTRAG.

Der Katheterismus der Eustachischen Ohrtrompete und seine Ausführung.

Geschichtliches. Das Verfahren beim Katheterisiren und die häufigeren Fehler. Zeitweise Abweichungen von der Regel. Methode der Einübung. Mögliche Unfälle. Schlundkrampf, Emphyseme, Blutungen. Die Katheter.

M. H. Nachdem wir neulich die Betrachtungen der Krankheiten des äusseren Ohres mit denen des Trommelfells geschlossen, wenden wir uns heute zu den Erkrankungen des mittleren Ohres, das bekanntlich die Eustachische Trompete, die Paukenhöhle und den Warzenfortsatz begreift. Um bei der tiefen und versteckten Lage dieser Theile unmittelbar auf sie einwirken zu können, müssen wir ihren Angriffspunkt nach aussen verlegen resp. die Eustachische Trompete nach vorne verlängern; sonst sind wir nicht im Stande die abnormen Zustände dieses Abschnittes des Ohres vollständig zu erkennen und zu beurtheilen, noch weniger aber können wir ohne dieses Hülfsmittel dieselben direct und local behandeln. Wir führen zu diesem Zwecke in die Rachenöffnung der Tuba eine Röhre ein, welche man den Ohrkatheter nennt, und haben wir uns heute und wohl auch in unseren nächsten Zusammenkünften mit der Ausführung dieser Operation, ferner mit der Bedeutung des Katheterismus des Ohres und mit all den Vorrichtungen und Instrumenten zu beschäftigen, welche zu seiner Verwerthung und Nutzbarmachung gehören.

Was zuerst das Geschichtliche betrifft, so dauerte es sehr lange, über ein und ein halbes Jahrhundert, bis der röhrenförmigen Verbindung des Ohres mit dem Schlunde, welche *Bartholomeo Eustachio* entdeckte und 1563 zuerst beschrieb, irgend eine Bedeutung für die Praxis beigelegt wurde. Bekanntlich war es zuerst ein Laie, der Postmeister *Guyot* in *Versailles,* welcher 1725 der Pariser Akademie die Idee vorlegte, in die Eustachische Trompete Einspritzungen zu machen mittelst einer gekrümmten Zinn - Röhre, die er durch den Mund eingeführt wissen wollte. Er selbst soll sich auf diese Weise von einer längerdauernden Taubheit befreit haben. Der englische Militärchirurg *Archibald Cleland* machte später (1741), wie scheint ohne etwas von *Guyot* zu wissen, den Vorschlag, eine solche Röhre durch die Nase einzubringen, welche Methode auch die einzig brauchbare und allein noch übliche ist.

Wer Ohrenkrankheiten beurtheilen und behandeln will, muss mit dem Ohrkatheter umgehen können, indem wir ihn fortwährend nothwendig haben und er auf keine Weise zu ersetzen ist. Sie werden unter den Aerzten allgemein die Ansicht verbreitet finden, der Katheterismus der Tuba sei sowohl eine sehr schwierige als eine sehr schmerzhafte Operation. Sie selbst haben sich bereits bei unseren praktischen Uebungen überzeugen können, wie wenig im Allgemeinen diese Anschauung richtig ist und dass sie nur für Ausnahmsfälle gilt. Im Gegentheil erweist sich diese Operation in weitaus den meisten Fällen als eine durchaus leichte und schmerzlose, wenn man sich nur einmal gründlich mit den in Betracht kommenden anatomischen Verhältnissen und der dadurch bedingten Operationstechnik vertraut gemacht hat, und werden Sie auch bald durch eine grössere Uebung lernen, etwaige, allerdings vorkommende Schwierigkeiten und Hindernisse durch zweckentsprechende Abänderungen des Verfahrens zu überwinden.

Ich bediene mich silberner Katheter, welche am Ende des Schnabels eine leicht birnförmige Anschwellung und an ihrem trichterförmigen Ansatze seitlich einen Ring besitzen. Letzterer, entsprechend der Richtung des Schnabels angebracht, gibt uns stets Kunde von dessen Lage, wenn dieser bereits eingeführt und somit unsichtbar ist. An diesem Ringe muss auch während der ganzen Operation eine Fingerspitze anliegen, damit wir stets über die Richtung des Schnabels klar sind und denselben leicht lenken und drehen können. Ein Einölen des Instrumentes vor seiner Einführung, wie es von mehreren Seiten angerathen wird, erscheint meist überflüssig, dagegen thut man in manchen Fällen gut, den Kranken sich unmittelbar vorher schneutzen zu lassen, wodurch einmal manches Hinderniss weggeräumt und zugleich der Weg etwas befeuchtet wird.

Vergegenwärtigen wir uns noch einmal in allen einzelnen Momenten das Verfahren, das ich Ihnen bereits an Köpfen, welche im Sagittaldurchmesser halbirt waren, und an Ihnen selbst demonstrirte. Man führt den Schnabel des Katheters mit nach unten gerichteter Spitze in den unteren Nasengang ein, hebt dann rasch das ganze Instrument und dringt nun langsam, es gleichmässig horizontal haltend und den Ring gerade nach unten gerichtet, immer weiter ein, bis man an die hintere Schlundwand, die vordere Fläche der Wirbelsäule (Atlas und Basilartheil des Hinterhauptsbeines) anstösst. Hierauf zieht man den Katheter wieder um $1/2$—$1''$ gegen sich, hebt dabei das äussere Ende um etwas und gibt nun endlich dem bisher gerade nach unten gerichteten Schnabel eine Dreiachtelsdrehung nach aussen und oben, so dass der Ring gegen das äussere Ohr zugewendet ist. In einzelnen seltenen Fällen kann der Katheter nur soweit gedreht werden, dass der Ring horizontal gerade nach aussen oder selbst etwas nach abwärts steht. Während des ganzen Vorganges thut man gut, den Hinterkopf des Kranken mit der einen Hand zu umgreifen und sich so einer ruhigen Haltung desselben zu versichern. Am bequemsten ist es für den Arzt, wenn beide Theile stehen.

Die Ihnen eben geschilderte Methode ist die *Kramer*'sche; sie ist unstreitig die beste. Mehrfach wurde gerathen, nicht bis zur Schlundwand zurückzugehen, sondern die Drehung in die Mündung der Tuba hinein vorzunehmen, sobald man mit der Spitze des Schnabels den Boden der Nasenhöhle verlässt. Diese Methode sieht kürzer und bequemer aus, indem man allerdings denselben Weg nicht zweimal machen muss, allein sie erweist sich als weit unsicherer, weil man sich sehr häufig des Momentes nicht bewusst wird, in welchem das Instrument den unteren Nasengang verlässt und in den Schlund gelangt. Man dreht dann, ohne zu wissen, wo der Schnabel sich eigentlich befindet. Viel leichter orientirt man sich, wenn, wie oben angegeben, das Instrument zuerst bis zur hinteren Schlundwand geführt und dann einen Theil des Weges wieder zurückgezogen wird.

Der am häufigsten vorkommende Fehler beim Katheterisiren ist der, dass man, an der Schlundwand angelangt, nicht weit genug nach vorn zurückgeht und das Instrument zu bald dreht, wodurch sein Schnabel in die *Rosenmüller*'sche Grube geräth, jene ziemlich tiefe und sehr drüsenreiche Vertiefung hinter dem Tubenknorpel. Ebendahin kommt man manchmal durch ein halb unbewusstes Zurückschieben des Katheters während der Drehung. Dieser Fehler macht sich häufig um so weniger bemerkbar, als man beim Anziehen und leichtem Bewegen des dort festsitzenden Katheters fast dasselbe Gefühl von elastischen

Widerstand hat, wie wenn das Instrument in der Tubenmündung selbst
steckt. Blässt man alsdann in den Katheter, so fühlt der Kranke die
Luft nicht im Ohre, sondern im Halse, und entsteht häufig ein eigenthümliches stark flatterndes Geräusch, weil dort angehäufter Schleim
durch den Luftstrom in Bewegung gesetzt wird. *Benjamin Bell*, der
berühmte Edinburger Chirurge, behauptete, wenn die Ohrenärzte sich
einbildeten, je in die Tubenmündung gekommen zu sein, so wäre dies
ein Irrthum, der Katheter würde stets in die *Rosenmüller*'sche Grube
geführt. Dieser Ausspruch beweist natürlich nichts, als dass grosse
Männer manchmal auch grossen Irrthümern verfallen. Wahr ist, dass
der genannte Fehler beim Katheterisiren, namentlich von weniger
Geübten, jedenfalls sehr häufig begangen wird. Dies erklärt sich
theilweise aus dem Umstande, dass sich kein bestimmtes und für alle
Fälle geltendes Maass angeben lässt, wieweit man den Katheter von
der hinteren Schlundwand aus wieder gegen sich heranziehen muss,
indem die Entfernung des Ostium pharyngeum tubae von der Wirbelsäule, entsprechend der individuell sehr wechselnden Tiefe des
Schlundkopfes überhaupt, sich als eine sehr verschieden grosse herausstellt.*) Nach einiger Uebung wird man indessen auch hier immer
sicherer; Anfänger drehen den Schnabel seltener zu spät als zu früh.
Verhältnissmässig am schwierigsten ist das Einbringen des Katheters
in die Rachenmündung der Tuba bei Kindern, zumal wenn, wie bei
ihnen so häufig, die Rachenschleimhaut bedeutend geschwollen und
gewulstet ist. Beim Kinde tritt nämlich an und für sich das Ostium
pharyngeum tubae weit weniger in den Schlund hervor, als beim Erwachsenen, so dass dasselbe für den Katheter nur schwach fühlbar
ist, und liegen die schmalen wenig entwickelten Lippen der noch
spaltförmigen Oeffnung gewöhnlich so aufeinander, dass man selbst
an der kindlichen Leiche oft Mühe hat, dieselben in der gewulsteten

*) *Tourtual* in seinen „Untersuchungen über den Bau des menschlichen Schlund-
und Kehlkopfes" (Leipzig 1846) gibt, fussend auf eine grosse Reihe von Messungen
an Menschen- und Thierschädeln an, dass beim ausgebildeten Individuum ein bestimmtes Verhältniss stattfindet zwischen der Tiefe des Schlundkopfes und der Höhe
der halbkreisförmigen Seitenflächen des Schädels resp. der Ursprungsstelle und Entwicklung der Schläfenmuskeln. Es wäre leicht gedenkbar, dass sich diesem Gesetze
bestimmte Anhaltspunkte abgewinnen liessen, um am Lebenden schon von aussen
die Entfernung der Tubenmündung von der hinteren Schlundwand abschätzen zu
können. Der Mensch zeichnet sich vor den übrigen Säugethieren durch die kleinste
Schlundtiefe und die geringste Entwicklung der Schläfenmuskeln aus. Thierisch
organisirte Menschen mit sehr entwickelten Kau- und Schlingwerkzeugen besitzen
auch eine grössere Schlundtiefe.

Rachenschleimhaut zu entdecken. Ferner vermeide man beim Einbringen des Katheters länger an der Nasenöffnung zu verweilen und dort
herumzusuchen, indem dieser Theil gerade sehr empfindlich und kitz-
lich ist. In vielen Fällen thut man gut, mit den Fingern der zweiten
Hand die Oberlippe des Kranken etwas herabzuziehen und sich so
den Naseneingang zugänglicher zu machen. Sobald man eingedrungen ist, muss der Katheter unverzüglich aus der geneigten Stellung
in die wagrechte erhoben werden, indem man sonst Gefahr läuft, in
den mittleren Nasengang zu kommen, durch welchen das Instrument
nach hinten zu führen in der Regel schwierig und schmerzhaft, und
von dem aus den Schnabel im Schlunde gegen die Tubenmündung
zu drehen, sehr oft geradezu unmöglich ist. Der untere Nasengang
und der Boden der Nasenhöhle sind weit weniger empfindlich als der
mittlere Gang und eignet sich letzterer allein zum Durchführen des
Katheters. Nur in seltenen Fällen läuft man Gefahr, auch wenn der
Katheter bereits in den unteren Gang eingedrungen ist, später noch
während des Durchführens von dem unteren in den mittleren Nasengang sich zu verirren. Geringe Entwicklung der unteren Muschel
und grosse Enge des unteren Ganges führen zeitweise hiezu; indessen
lässt sich dies Abirren vom rechten Wege stets vermeiden, wenn man
den Katheter, nöthigenfalls durch einen gelinden Druck nach unten,
in der wagrechten Richtung auf dem Boden der Nasenhöhle erhält.
Wird der Katheter durch den unteren Nasengang geführt, so steht er
zur Angesichtsfläche nahezu im rechten Winkel; hat er sich dagegen
in den mittleren Gang verirrt, — ein Fehler, der gar nicht selten
gemacht wird — so steht er nach unten geneigt und bildet daselbst
einen spitzen Winkel.

Als Regel muss gelten, dass die Spitze des Schnabels beim Durchführen durch die Nase gerade nach unten gerichtet ist. Findet man
jedoch ein Hinderniss in dieser Haltung, so versuche man, ob dasselbe
nicht durch Seitenbewegungen überwunden und umgangen werden
kann. Dieselben müssen zuerst und fast immer mit der Spitze nach
aussen zu gemacht werden und ist dabei das Ende des Katheters mit
fein fühlender, aber fester Hand zwischen den Fingerspitzen zu halten,
um möglicst schonend und doch bestimmt zu verfahren. Es sind mir
schon Fälle vorgekommen, wo ich gezwungen war, um eine im Na-
senkanale oder namentlich an den Choanen liegende Unregelmässigkeit
zu überwinden, den Katheter vollständig um seine Axe zu drehen,
ähnlich wie man es beim Katheterisiren der Harnröhre manchmal
machen muss, le tour du maître dort genannt. Kommt man trotz
solcher ausweichenden Seitenbewegungen nicht zum Ziele, oder machen

diese Schmerz, so nehme man einen anderen Katheter, einen anders gekrümmten oder auch einen dünneren. Solche Hindernisse und Erschwerungen im Katheterisiren beobachtete ich häufiger links als rechts, so dass ich Ihnen rathen möchte, bei der Untersuchung neuer unbekannter Kranken stets mit der rechten Tuba zu beginnen. Ich glaubte, durch diese Beobachtung in der Praxis darauf schliessen zu können, dass das Pflugscharbein häufiger abnorm nach links geneigt stünde; bei einer zu diesem Zwecke vorgenommenen Durchmusterung der mazerirten Schädel der hiesigen anatomischen Sammlung fand ich den Vomer wohl sehr häufig schiefstehend, die untere Muschel ebenso sehr verschiedenartig und unregelmässig gebildet, indessen Beides nicht auffallend zum Nachtheil der linken Nasenhälfte. Sollten chronische Schwellungen der Schleimhaut, wie sie namentlich das eigenthümliche cavernöse Gewebe an den Choanen und an der unteren Muschel sehr vielfach zeigt, auf der linken Seite häufiger vorkommen und desshalb der Durchgang dort öfter erschwert sein? Uebrigens ist auch die äussere Nase bei den meisten Menschen etwas schief nach links geneigt.

Manchmal, wenn auch bei zunehmender Uebung immer seltener, kommen Fälle vor, wo die eine Seite der Nase durchaus undurchgängig ist. Abgesehen von Nasenpolypen und leicht blutenden Wucherungen an der unteren Muschel kann dies von einer abnormen Enge des unteren Ganges oder der hinteren Nasenöffnung, der Choane, herrühren, sowie auch von einer Verbildung oder einer besonders schiefen Stellung der Nasenscheidewand. So fand ich bei einem jungen Mädchen dicht am Naseneingange die knorpelige Scheidewand blasenartig derartig nach links getrieben, dass man kaum mit einer Knopfsonde durchdringen konnte. Manche tiefer liegende Abnormitäten kann man sich dadurch zur Anschauung bringen, dass man den weitesten Ohrtrichter oder das *Kramer*'sche Dilatatorium in die Nase einsetzt und nun die benachbarten Theile mit dem Spiegel beleuchtet; in anderen Fällen gibt die Untersuchung der Nasen- und Rachenhöhle mit dem Kehlkopfspiegel Aufschluss. In den seltenen Fällen, wo eine Nasenseite nicht durchgängig ist, lässt sich von der anderen Seite aus katheterisiren — eine Operation, die mit Unrecht von Manchen für unmöglich gehalten wird. Ich bediene mich hiezu keines besonderen Instrumentes, sondern nur eines Katheters mit langem Schnabel und starker Krümmung, wie ein solcher auch häufig für die gleiche Seite nothwendig ist. Von der entgegengesetzten Seite aus die Tubenmündung zu finden, ist allerdings nicht so einfach und sicher, der Katheter verrückt sich leicht, der Luftstrom ist stets weniger stark und entsteht oft ein schnarrendes Geräusch im Schlunde, allein im Nothfalle bleibt dieser Umweg immer noch übrig.

Also noch einmal, das Katheterisiren des Ohres ist durchaus nicht schwierig und wird wohl jeder Arzt es sehr bald zu einiger Sicherheit darin bringen, wenn er sich das Erlernen der nothwendigen Technik etwas angelegen sein lässt. Hat man sich einmal an senkrecht von vorn nach hinten durchschnittenen Köpfen die Lage der Theile veranschaulicht und die dadurch bedingte Handhabung des Katheters etwas eingeübt, so wende man sich an beliebige unzertrennte Leichen und controllire die Lage des eingeführten Katheters, indem man mit dem Finger durch den Mund eingeht und hinter dem Gaumensegel Tubenmündung und Instrument fühlt. Nun versuche und übe man das Gelernte an sich selbst. Die richtige Lage des Katheters erweist sich dadurch, dass er im Sprechen und Schlucken nicht stört, dass man den Schnabel nicht weiter nach oben drehen kann und dass die eingeblasene Luft im Ohre oder wenigstens gegen das Ohr zu gefühlt wird. In Ermangelung eines Gebläses oder einer Compressionspumpe können Sie hiezu einen Gehülfen verwenden oder mittelst einer elastischen Röhre sich selbst Luft einblasen. An die beiden Enden einer solchen Kautschukröhre füge man Federkiele, von denen der eine in den Mund genommen, der andere in den Trichter des Katheters gesteckt wird.

Wird der Katheter in richtiger Weise eingeführt, so erregt er in der Regel durchaus keinen Schmerz. Die meisten Kranken sprechen höchstens von einem „unangenehmen Gefühle," von einem „Kitzel im Halse," wenn diese Operation zum erstenmal an ihnen vollzogen wird; bei Wiederholungen wird sie ihnen fast stets vollständig „gleichgültig," ist also nicht einmal mehr unangenehm. Am meisten handelt es sich hier darum, das an Theilen hanthiert wird, welche sonst nie in's Bereich der Berührung gezogen werden. Wo natürlich Hindernisse im Vollführen der einzelnen Acte vorliegen, abnorme Enge des Nasenganges u. dgl., kann die Operation nicht schmerzlos sein. Doch dies sind Ausnahmen. Am häufigsten erregt noch das Umdrehen des Schnabels im Schlunde unangenehme Empfindungen, namentlich wenn dieser Act mit Unsicherheit ausgeführt, im Halse nach der Tubenmündung herum gesucht wird und so sehr viele Stellen der Schleimhaut berührt werden. Obgleich wir es ungemein häufig mit einer Schleimhaut zu thun haben, welche hyperämisch und im Zustande der congestiven Schwellung sich befindet, indem Nasen- und Rachenkatarrh ungemein häufig neben Ohrenkatarrh sich finden, so steigert sich dies Gefühl in der Nase oder im Schlunde doch selten zu nennenswerthem Schmerze und kommen nur bei sehr grosser Reizbarkeit der Rachenschleimhaut förmliche Hustenanfälle vor. Auch stumpft sich selbst die empfindlichste Schleimhaut durch wiederholte Berührung sehr rasch ab, wie man auch in Fällen von Verengerung der Theile häufig von dünnen und schwachgekrümmten Instrumenten allmälig zu stärkeren übergehen kann. Häufiger kommt vor, zumal beim ersten Versuche und bei empfindlichen oder ängstlichen Menschen, dass die Schlund- und Gaumenmuskulatur sich kräftig zusammenzieht, wodurch der Katheter, wenn er noch nicht in der Mündung der Trompete sitzt, festgehalten und an jeder weiteren Bewegung gehindert ist, auch durch das innige Andrücken der Schleimhaut an die Katheterspitze oft ein heftiger Schmerz erzeugt wird. Ermahnt man indessen den Kranken, das Athmen nicht weiter zu unterbrechen, die krankhaft· geschlossenen Augen zu öffnen und den Arzt ruhig anzublicken, so lösst sich dieser Reflexkrampf sogleich, und der freibewegliche Katheter lässt sich nun leicht drehen und an seinen Ort bringen. Bevor das Instrument in die Tubenmündung eingeführt ist, darf der Kranke weder sprechen noch schlucken. Je ruhiger und vertrauensvoller überhaupt der Patient, desto leichter ist die Operation für den Arzt, desto weniger störend für den Kranken. Je bestimmter der Arzt auftritt und je weniger er sich darauf einlässt, das vorher zu erklären, was nun geschehen wird, desto rascher und leichter wird dieser Theil der Untersuchung, zumal bei ängstlichen Individuen, ausgeführt.

Soll ich Ihnen ausser dem genannten Reflexkampfe des Schlundes andere Zufälle aufführen, welche durch den Katheterismus des Ohres hervorgebracht werden können, so gehören zuerst hieher die so sehr gefürchteten Emphyseme des Halses, entstanden durch Luft, welche durch eine Verletzung der Schleimhaut unter dieselbe eingeblasen wurde. Ich sah solche ziemlich verbreitete, bei Berührung knisternde Luftgeschwülste des Halses zwei Mal, und zwar beide Male entstanden sie bei Individuen, welche ich schon öfter katheterisirt und wo nicht die geringste Erschwerung der Vornahme oder irgend eine Gewaltanwendung stattgefunden hatte. An der Leiche finden wir Erosionen und leichte Ulzerationen der Schleimhaut um die Tuba herum gar nicht selten und können solche ohne vorhergehende Rhinoskopie nicht diagnostizirbare Zustände wohl am leichtesten zur Entstehung von Emphysomen führen. Dass man ferner durch unzartes Behandeln einer bereits abnormen Schleimhaut leicht künstlich eine Verletzung hervorbringen kann, versteht sich von selbst. Solche Luftgeschwülste des Halses stören wohl im Schlingen und haben für den

Fig. 5.

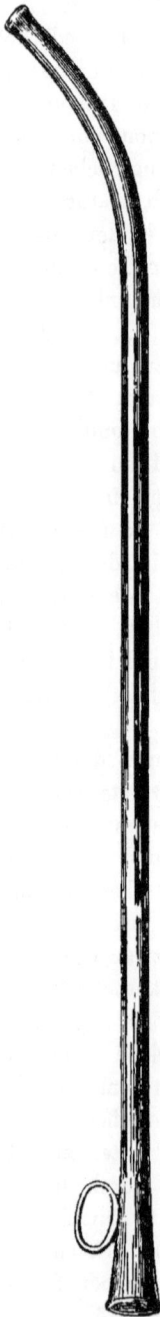

Kranken etwas Erschreckendes, weitere Unannehmlichkeiten sah ich nicht folgen. In dem einen Falle
schwanden alle Erscheinungen in c. 12, im anderen in etwa 24 Stunden. Der eine Kranke meinte
sehr gut und naiv, so oft er an seinen geschwolle-
nen Hals gedrückt, so wäre es ihm gewesen, als
hätte er vom Metzger aufgeblasenes Kalbfleisch
unter den Händen. *Turnbull* in *London* soll vor
einigen 20 Jahren zwei Menschen mit der Luftdouche durch den Katheter umgebracht haben.
Selbst wenn die Compressionspumpe unverständig
stark geladen war — er hatte ihre Füllung den
Patienten selbst überlassen — so lässt sich aus dem
Uebrigen und selbst aus dem vorliegenden Sectionsberichte *) noch nicht recht einsehen, wie ein
solches Unglück vor sich gegangen ist.

Wenn wir bedenken, dass Nasenbluten überhaupt sehr häufig vorkommt und bei manchen
Menschen zu gewissen Zeiten durch kräftiges Schneu-
zen oder Niessen bereits hervorgerufen wird, so
darf uns nicht wundern, dass der Katheter manchmal blutig gefärbt sich zeigt oder selbst eine leichte
Blutung aus der Nase eintritt. Es ereignet sich
dies oft genug in Fällen, wo nicht der geringste
Schmerz oder die leiseste Gewalt mit unterläuft.
Wiederholt sich solches Nasenbluten bei oder nach
dem Katheterisiren öfter, so lasse man eine schwache
Alaunlösung (gr. i—ij auf ʒj) täglich mehrmals
einschnüffeln und wird dieser Unfall in der Regel
bald aufhören. Sehr häufig verursacht der durch
den Katheter auf die Nasenschleimhaut ausgeübte
Reiz eine vermehrte Absonderung der Thränen,
welche dem Kranken über die Wange rinnen, ohne
dass derselbe den geringsten Schmerz zu klagen
hätte.

Was die Instrumente selbst betrifft, so hat
man mehrere nöthig, um in allen Fällen zum Ziele
zu kommen. Bisher wurde nur betont, dass die
Katheter verschieden dick sein müssten. Viel wich-

---

*) Siehe *M. Frank*'s Handbuch der Ohrenheilkunde S. 173.

tiger ist nach meiner Ansicht, dass die Instrumente in der Länge oder Krümmung des Schnabels verschieden gearbeitet sind. Hierauf kommt am meisten an, sowohl für die verschiedene Weite und Höhe des unteren Nasenganges, als namentlich für den sehr wechselnden Abstand zwischen hinterem Ende der Nasenscheidewand und der Tubenmündung. Letzterer differirt namentlich sehr beträchtlich, zumal die eigenthümlichen Schwellkörper an den Choanen individuell sehr verschieden entwickelt sind. Die von mir gewöhnlich benützten Katheter messen im Lichten 3 Mm., an der Spitze im Ganzen 4 Mm.; ein einziger, bei sehr engem Nasengange und bei Kindern oft allein anwendbar, ist dünner (2 und 3 Mm. messend.) Mit drei verschiedenen Instrumenten reicht man durchschnittlich aus und befinden sich in den von den hiesigen Instrumentenmachern nach meiner Angabe gefertigten Ohrenetuis ein dünner, sehr schwach gebogener und zwei dickere, von denen der eine einen langen,*) der andere einen kurzen Schnabel besitzt. Uebrigens kann man selbst dem Katheter durch Biegen jede beliebige Krümmung geben, wenn man die Vorsicht gebraucht, vorher einen sein Lumen ausfüllenden Bleidrath einzuführen. Im Ganzen ist die Einwirkung immer kräftiger, wenn man eine stark gekrümmte, nicht zu dünne Röhre anwendet. Gar nicht selten hat man für die beiden Seiten an Einem Individuum zweierlei Katheter nöthig.

Elastische Katheter sind weit weniger zu empfehlen, als silberne. Einmal hat man mit einem biegsamen Instrumente nie ein sicheres Tastgefühl; wenn man daher auch vielleicht mit ihnen leichter den Nasengang passirt, so lässt sich die Tuba weit schwerer auffinden; ferner ergeben vergleichende Versuche, dass der Luftstrom durch einen elastischen Katheter nie so kräftig auf's Ohr einwirkt, als durch eine Röhre mit festen Wänden. Ausserdem sind ja auch silberne Röhren in der Regel leicht und schmerzlos einzuführen. Am wenigsten taugen die elastischen Katheter, welche mit einem Leitungsdrathe versehen sind.

---

*) Die beigegebene Zeichnung stellt diesen dicken Katheter mit dem längeren Schnabel vor.

ZEHNTER VORTRAG.

Der Katheterismus des Ohres und seine Verwendbarkeit in der Praxis.

Werth für die Diagnostik. Auscultation des Ohres. Das Otoskop und die Luftdouche. Die Ersatzmittel für den Katheter. — Sein vielseitiger Nutzen für die Behandlung von Ohrenkrankheiten. Wirkung der Luftdouche. Einwürfe. Der Katheter als Leitungsröhre für Einspritzungen und für Einführung von Dämpfen und soliden Körpern in's Mittelohr. Compressionspumpe. Dampfapparat. Brillenpinzette.

Nachdem wir uns neulich mit dem Instrumentellen und der Technik des Katheterismus beschäftigt haben, wenden wir uns heute zur Frage: was bedeutet der Katheterismus des Ohres und wozu kann man ihn brauchen? Allgemein gesprochen ist sein bereits oben angedeuteter Zweck der, die Tubenmündung gewissermassen vor die Nasenöffnung zu verlegen, die Ohrtrompete nach aussen zu verlängern, um auf sie und auf das Mittelohr überhaupt unmittelbar einwirken zu können. Dies ist sonst, wenigstens in ausgiebiger und stets zuverlässiger Weise, nicht möglich, wenn wir absehen von den Fällen, wo durch einen Substanzverlust des Trommelfells ein Theil der Paukenhöhle blosliegt. Solche Einwirkungen auf das Mittelohr haben sowohl eine Bedeutung für die Diagnose, als für die Behandlung der Ohrenkrankheiten und müssen wir den Katheterismus daher nach diesen beiden Richtungen in's Auge fassen.

In ersterer Beziehung haben wir zuerst von der Auscultation des Ohres zu sprechen, einem Verfahren, das bereits von *Laennec* gewürdigt wurde *), und welches uns sehr wesentliche Aufschlüsse

---

*) Laennec widmet ihrer Betrachtung in seinem Traité de l'auscultation médiate (Paris 1837. 4. Auflage T. III. p. 535) einen eigenen Abschnitt: Application de l'Auscultation au diagnostic des maladies de la caisse du tympan, de la trompe d'Eustache et des fosses nasales.

gibt über die Beschaffenheit der Trompete, sowie der Paukenhöhle. Die Aerzte sagen gewöhnlich, das Ohr sei unzugänglich in diagnostischer wie therapeutischer Beziehung; wahr daran ist nur, dass es in mancher Hinsicht schwerer zugänglich ist, als manche andere Organe. Wollen wir Lunge oder Herz auscultiren, so legen wir einfach unser Ohr an den Brustkorb, sei es unmittelbar oder mittelst eines Stethoskopes, und horchen nun auf die von selbst entstehenden Geräusche. Beim Ohre ist die Sache nicht so einfach und brauchen wir hier zu demselben Zwecke einige Kunstfertigkeit und auch einige Apparate mehr. Wir müssen zuerst den Katheter durch die Nase in die Rachenmündung der Tuba einführen und haben dann erst noch einen künstlich erzeugten Luftstrom nöthig, um die gewünschte Aufklärung zu erhalten. Hiezu bläst man entweder mit dem Munde in kräftig abgesetzter Weise in den Katheter oder man lässt Luft stossweise aus einer Vorrichtung eintreten, in welchem sie in comprimirtem Zustande vorräthig gehalten wird (Compressionspumpe, Gebläse, Gasometer u. dgl.) Die auf diese Weise im Ohre erzeugten Geräusche kann der Arzt durch unmittelbares Anlegen seines Ohres auf das des Kranken oder bequemer durch ein entsprechend verändertes Stethoskop wahrnehmen und beobachten. „Otoskop" nennt *Toynbee* ein elastisches Rohr mit zwei Ansätzen, welches er 1853 angab, um die Geräusche zu auscultiren, welche im Ohre entstehen, wenn Jemand bei geschlossenem Munde und Nase Schluckbewegungen ausführt. Name und Vorrichtung sind äusserst passend und werden wir sie, wenn auch zu erweitertem Gebrauche, beibehalten. Ich bediene mich zum Auscultiren des Ohres eines solchen Otoskopes, welches aus einem c. 2 Fuss langem Rohre von starkem Gummi mit zwei eichelförmigen Hornansätzen besteht, von denen das eine in das Ohr des Arztes, das andere in das des Kranken gesteckt wird. *)

Dringt ein kräftiger Luftstrom in ein normal weites und normal befeuchtetes Mittelohr, so entsteht ein Geräusch, das Deleau mit dem Rauschen eines auf die Blätter eines Baumes fallenden Regens verglichen und daher bruit de pluie genannt hat. Ich möchte es lieber mit „Anschlagegeräusch" bezeichnen, indem man hört, wie der Luftstrom an eine trockene elastische Membran, des Trommelfell, anschlägt und dieselbe etwas nach aussen vortreibt. Das Geräusch dringt dabei durch das Otoskop gleichsam an's Ohr des Untersuchenden und erweist sich dadurch als ein ganz nahes; der Kranke selbst greift oft unwill-

---

*) In neuerer Zeit liess ich den einen Hornansatz weg und stecke den mit der Scheere etwas zugespitzten Gummischlauch unmittelbar in mein Ohr.

kührlich an's äussere Ohr und gibt an, die Luft ginge „aus dem Ohre heraus," sie wäre nicht blos „hinein" gegangen. Ist die Schleimhaut normal befeuchtet, so wird die Schärfe des Anschlagens dadurch etwas gemildert, der Ton bekommt etwas Weiches, um nicht zu sagen Feuchtes. Manchmal aber hat dieses Anschlagegeräusch etwas auffallend Trockenes, Hartes; es stimmt dies häufig mit einem eigenthümlich trockenem Aussehen des Trommelfelles überein und können wir daraus auf eine gewisse Vertrocknung der Theile, eine mangelhafte Secretion der Schleimhautflächen schliessen, wie sie sich manchmal nach vorausgegangenen entzündlichen Zuständen, nicht selten auch bei alten Leuten finden. Ob wir weitere bestimmte diagnostische Schlüsse, etwa auf Verirdungsprozesse, daraus ziehen dürfen, möchte ich vorläufig dahin gestellt sein lassen. Ist die Ohrtrompete verengt durch Wulstung und Verdickung ihrer Schleimhaut, so tritt die Luft statt in vollem kräftigem, nur in dünnem schwachem, öfter unterbrochenem Strahle in's Ohr, nicht selten mit einem pfeifendem quitschendem Tone, und schlägt sie in dem Augenblicke erst stärker an's Trommelfell an, in welchem der Kranke eine Schlingbewegung macht. Nicht selten hört man während des Schlingactes allein die Luft anschlagen, und fühlt der Kranke sie ausserdem durchaus nicht „im Ohre", sondern nur „gegen das Ohr zu," indem der Luftstrom die in der Wulstung der Schleimhaut liegenden Hindernisse nur unter Beihülfe der die Tubenwände bewegenden Gaumenmuskeln zu überwinden vermag. Vernimmt man während der Luftdouche — so nennt man dieses Einblasen von Luft durch den Katheter — ein Rasselgeräusch, so haben wir zu unterscheiden, ob dieses näher oder ferner von unserem Ohre d. h. in der Paukenhöhle oder in der Tuba entsteht, ob es von einer leichtzubewegenden oder von einer mehr zähen Flüssigkeit herrührt, ob es nur am Anfange der Luftdouche oder auch bei deren öfteren Wiederholung zu Stande kommt. Gewisse häufige sehr laute, grossblasige Rasselgeräusche, welche ohne Otoskop fast noch besser vernehmbar sind, entstehen am Anfangstheile der Tuba, an ihrer Rachenmündung und ist ihnen nicht selten ein lauter schnarrender Trompetenton beigemengt, wenn der in die Schlundhöhle herausstehende Tubenknorpel in lebhafte Schwingungen mitversetzt wird, was zuweilen selbst bei richtiger Lage des Katheters der Fall ist. Am Ostium pharyngeum tubae sind die Schleimdrüsen sehr zahlreich und gross, so dass man ihre einzelnen Oeffnungen sehr deutlich mit blossem Auge bereits unterscheiden kann, und finden wir hier fast stets eine grössere oder kleinere Menge glasigen Schleimes an der Leiche abgelagert; daher an der Rachenmündung auch am häufigsten stärkere Rasselgeräusche entstehen, welche zumal am Anfange der

Luftdouche zu hören sind. Ein feines, ganz nahes Pfeifen, oder ein starkes Zischen macht sich hörbar, wenn das Trommelfell eine nicht grosse Oeffnung besitzt und findet man dann sehr oft Eiter oder Schleimflocken im Gehörgange, welche durch die Douche aus der Paukenhöhle herausgetrieben wurden. Ist das Otoskop hiebei ganz luftdicht eingefügt, so fühlt man einen vermehrten Druck auf das eigene Trommelfell einwirken. Hören wir schliesslich bei der Luftdouche nur ein ganz unbestimmtes oder entferntes Geräusch, so kann dieses von sehr verschiedenen Ursachen herrühren. Entweder liegt der Katheter nicht richtig; dann wird der Kranke gewöhnlich das Gefühl haben, als ginge die Luft in den Hals oder in die Nase und wird ein nochmaliges Einführen des Katheters wohl ein anderes Ergebniss hervorbringen. Der Katheter kann aber richtig sitzen und der Luftstrom auf irgend ein nicht entfernbares Hinderniss treffen; so kann eine Schleimhautfalte an der Rachenmündung mitgefasst worden sein, welche der Luft den freien Ausgang aus dem Katheter oder wenigstens die richtige Kraftentwicklung benimmt; weiter kann die Tuba in ihrem Verlaufe durch Schwellung und Verdickung ihrer Schleimhaut oder durch angesammeltes und eingetrocknetes Secret verstopft sein, ganz abgesehen von den jedenfalls sehr seltenen Verwachsungen der Ohrtrompete. Ein ähnliches Auscultationsergebniss werden wir erhalten, wenn das Katheter zwar richtig liegt, die Tuba auch frei durchgängig ist, die Paukenhöhle aber nicht mehr als lufthältiger Raum besteht, sei es, dass dieselbe von eingedicktem Secrete erfüllt ist, oder ihre Wände durch Schwellung der Auskleidung oder durch Verwachsung der gegenüberliegenden Flächen dicht an einander liegen — alles Zustände, welche wir später noch näher kennen lernen werden, und über deren Vorhandensein im einzelnen Falle Ihnen gewöhnlich die Untersuchung mit dem Ohrspiegel weitere Aufschlüsse und Anhaltspunkte gewähren wird. Häufig genug wird auch bei der grösten Gewandtheit und Uebung von Ihrer, bei der grösten Ruhe und Geschicklichkeit von des Kranken Seite, eine einmalige Untersuchung mit dem Katheter Sie über Vieles im Unklaren lassen und werden Sie nicht selten eine Wiederholung derselben nöthig haben, um ein sicheres Urtheil über den Zustand der Paukenhöhle und der Tuba abgeben zu können. Je weniger sicher und geübt aber der Untersuchende, je ungelehriger der zu Untersuchende, desto weniger wird der Katheter brauchbare Momente an die Hand geben, wie dies am Ende bei jeder Untersuchungsmethode der Fall ist.

Aber nicht nur mittelst des Gehöres, sondern auch für unsere unmittelbare Anschauung mit dem Auge liefert der Katheterismus eine Reihe diagnostisch wichtiger Aufschlüsse. Untersuchen wir nämlich das Trommelfell während der Luftdouche, so können wir ein sehr verschiedenes Verhalten dieser Membran auch bei gleicher Stärke des auf sie einwirkenden Luftstromes wahrnehmen. Bald bewegt sie sich sehr stark und in ihrer Totalität sammt dem Hammergriffe nach aussen, bald nur schwach und langsam, bald nur an einzelnen Theilen, während andere Abschnitte stehen bleiben, ja förmlich gespannt erscheinen. Diese und weitere Erscheinungen, welche während der Luftdouche am und hinter dem Trommelfell bemerklich werden, können wir hier nur andeuten, indem sie bei dem Katarrhe der Paukenhöhle eine eingehendere Beachtung finden werden.

Wie schon erwähnt, fühlen die Kranken in der Regel selbst den Luftstrom „in's Ohr" oder sogar „aus dem Ohre heraus" gehen. Dieses Gefühl des Kranken und die sichtbare Bewegung des Trommelfells unter der Luftdouche stehen indessen nicht immer in gleichem Verhältnisse; insbesondere kommt es vor, dass der Kranke den Luftstrom durchaus nicht im Ohre fühlt und doch treibt derselbe das Trommelfell deutlich nach aussen. So erinnere ich mich namentlich eines Falles, wo der Kranke, auf dessen Angaben ich glaube mich mit Sicherheit verlassen zu dürfen, während einer mehrwöchentlichen Behandlung die Luft nie in das eine Ohr dringen fühlte, während er auf der anderen Seite die gewöhnliche Empfindung stets ganz deutlich hatte. Und doch erwiess sich die Bewegung des Trommelfells auf der ersteren Seite sogar stärker, als auf der zweiten. Es war also eine vollständige Empfindungslosigkeit, ein anästhetischer Zustand der Paukenhöhlen- und Trommelfell-Nerven der einen Seite vorhanden.

Viele Aerzte, selbst manche Ohrenärzte, glauben den Katheterismus des Ohres ersetzen zu können durch das bekannte Selbsteinpressen der Luft in die Paukenhöhle bei geschlossenem Munde und Nase, auch Aufblasen des Trommelfells oder *Valsalva*'scher Versuch genannt. Bei vielen Individuen, zumal Schwerhörigen, kostet es sicherlich mehr Zeit und Mühe, dieses Selbsteinpressen von Luft zu erklären und zu lehren, als man zum Einführen des Katheters und zur Luftdouche nöthig hat. Sodann ist man hierbei auf die Angaben und die Glaubwürdigkeit des Kranken beschränkt, wenn man nicht etwa während dessen das Trommelfell besichtigt, was nur bei gelehrigen Patienten das erstemal gelingen wird. Weiter werden wir aber durch das Gelingen dieses *Valsalva*'schen Versuches von nichts unterrichtet, als dass die Tuba eben durchgängig ist; wie sie und die Paukenhöhle weiter beschaffen, darüber gewinnen wir auf diese Weise in der Regel durchaus keinen Aufschluss. Zudem vermögen aber selbst Patienten, welche mit diesem Mannöver seit lange gut bekannt sind, zuweilen nicht Luft einzupressen, während ein mässig starkes Einblasen durch den Katheter die Durchgängigkeit der Tuba zur selben Zeit beweist. Dieses Verfahren ist somit dem diagnostischen Werthe des Katheterismus gegenüber als ein ganz dürftiger, wenig brauchbarer, manchmal sogar trügerischer Nothbehelf anzusehen.

Noch weniger wird der Katheterismus ersetzt durch den Weg, welchen *Toynbee* in *London* zur Untersuchung der Ohrtrompete einschlägt und empfiehlt. Derselbe lässt, wie bereits erwähnt, die Kranken bei abgeschlossenen Athmungsöffnungen Schluckbewegungen machen und auscultirt während dessen das Ohr mit dem Otoskope. Ist die Ohrtrompete durchgängig, so soll man hiebei ein eigenthümliches Krachen im Ohre hören, was nicht der Fall, wenn sie verschlossen oder verstopft ist. *Toynbee* gesteht indessen selbst zu, dass dieser Ton auch bei sonst nachweisbarer Durchgängigkeit der Tuba fehlen kann, oder vorhanden ist, während andere Zeichen gegen ihre Durchgängigkeit sprechen; kurz man hat nur die eigenen Angaben des Autors dieser Methode (auf p. 196 seiner Diseases of the Ear) zu lesen, um sich zu überzeugen, wie unzuverlässig und wenig brauchbar für die Diagnose dieses Verfahren ist und wie Unrecht der als pathologischer Anatom hochzuschätzende *Toynbee* hat, den Katheterismus des Ohres grundsätzlich ganz bei Seite zu lassen. Dagegen lassen sich vielleicht dem Vorschlage *Toynbee*'s andere nutzbringende Seiten abgewinnen. Besichtigt man nämlich das Trommelfell, während der Kranke bei geschlossenen Athmungsöffnungen schluckt, so findet man ein sehr wechselndes Verhalten dieser Membran. Bald bewegt sie sich an ihrer vorderen unteren Parthie nach aussen; bald — und dies ist viel häufiger — wird sie nach innen gezogen, wobei manchmal zu gleicher Zeit eine Auswärtsbeugung des oberen Abschnittes am Processus brevis deutlich wird; bald bewegt sich das Trommelfell hiebei durchaus nicht, obwohl die Tuba für den Katheter sowohl als für das eigene Einpressen von Luft sich durchgängig erweist, während diese Bewegungen des Trommelfells sich wieder bemerklich machen bei Individuen, welche den *Valsalva*'schen Versuch stets mit negativem Resultate anstellen.

Hier wäre ferner eine Untersuchungsmethode zu erwähnen, welche in neuerer Zeit Dr. *Politzer* in *Wien*, indessen keineswegs als Ersatz für den Katheterismus, angegeben hat. Derselbe fügt einen Kautschukpfropf, in welchem ein nach aussen hufeisenförmig gebogenes Manometer-Röhrchen befestigt ist, luftdicht in den Gehörgang ein. Ein in demselben befindlicher Tropfen gefärbter Flüssigkeit sinkt und steigt

nun, je nachdem die Luft in der Paukenhöhle durch Schlucken bei
Verschluss der Athmungsöffnungen verdünnt oder durch den *Valsalva'*-
schen Versuch unter einen stärkeren Druck gesetzt und das Trommelfell dabei nach innen gezogen, oder umgekehrt nach aussen gepresst
wird. Dass dieser Untersuchungsmethode in physiologischer Beziehung
eine sehr grosse Brauchbarkeit und Bedeutung inne wohnt, hat *Politzer*
selbst bereits mehrfach im Verlaufe seiner geistvollen physiologischen
Arbeiten gezeigt, *) ob und inwieweit sie auch für die Praxis viel
Neues leistet, muss sich erst herausstellen. —

Indessen, wenn selbst der Katheterismus für die Diagnose der
Ohrenkrankheiten zu entbehren oder auf irgend eine Art zu ersetzen
wäre, so ist doch noch ein weiterer Punkt, sein therapeutischer Werth,
zu betrachten. Für die Behandlung der Ohrenkrankheiten ist der
Katheter aber jedenfalls von noch weit grösserer Bedeutung, als für
die Erkenntniss derselben. In sehr vielen Fällen kann man den Katarrh der Paukenhöhle schon aus dem Befunde am Trommelfell, also
ohne Katheter erkennen, gründlich behandeln lässt er sich aber durchaus nicht ohne denselben, und wer nicht katheterisirt, beraubt sich
dadurch des einzigen zuverlässigen Mittels, wodurch auf die überwiegende Mehrzahl von Schwerhörigkeiten unmittelbar und örtlich
eingewirkt werden kann, und ist blos auf allgemeine Medication beschränkt. Dass dieselbe aber einer örtlichen Behandlung der erkrankten Schleimhaut gegenüber einen sehr untergeordneten Werth hat,
liegt auf platter Hand. Häufig nützen wir sogar schon dem Kranken,
wenn wir bei der ersten Untersuchung, der Diagnose und Prognose
wegen, dieses Instrument in Anwendung ziehen.

Wodurch nützt nun der Katheter? und welchen Werth hat derselbe in therapeutischer Beziehung? Wenden wir uns, um jeder vorgefassten Meinung zu begegnen, an die zu beobachtende Thatsache,
aus welcher die Beantwortung dieser Frage von selbst hervorgeht.

Besichtigen wir das Trommelfell, während durch den Katheter
ein kräftiger Luftstrom in's mittlere Ohr eindringt, so sehen wir in
allen Fällen, wo dieser nicht auf besondere Hindernisse stösst, dass
das Trommelfell sich mehr oder weniger stark nach aussen bewegt,
in den Gehörgang vorgebaucht wird. Wir hören somit nicht nur den
Luftstrom an's Trommelfell anschlagen, sondern wir können uns auf
noch objectivere Weise, mit den Augen, überzeugen, dass derselbe

---

*) S. die Sitzungsberichte der Wiener Akademie vom März 1861; Gazette méd.
de Paris 1861. p. 398; dann die Wiener medizin. Wochenschrift 1861. Nr. 12. u.
1862. Nr. 13 u. 14.

nicht nur wirklich in die Paukenhöhle eindringt, sondern daselbst auch eine gewisse mechanische Wirkung, eine gewisse Kraft ausübt. Selbstverständlich dürfen wir aus einer so bestimmt am Trommelfelle sichtbaren Kraftäusserung einen ähnlichen mechanischen Einfluss auf die unterwegs, vor dem Trommelfell liegenden Theile mit absoluter Sicherheit annehmen. Somit werden in der Ohrtrompete nicht nur die häutig - knorpeligen Wände und ihre Schleimhautflächen auseinandergedrängt, sondern alle in ihr und in der Paukenhöhle befindlichen entfernbaren Hindernisse, wie Schleim oder Eiter, in Bewegung gesetzt und entweder in den Warzenfortsatz oder in den Schlund getrieben. Die Luftdouche wirkt also, wenn wir so sagen wollen, reinigend, luftschaffend auf Trompete und Paukenhöhle, sie entfernt das Secret, trennt die etwa auf einander haftenden Flächen der Tuba und stellt somit die Verbindung und Luftausgleichung zwischen Rachen- und Paukenhöhle momentan oder auch für länger wieder her, je nachdem dieselbe durch die eine oder andere Ursache aufgehoben war. Indem sie weiter, wie wir mit den Augen verfolgen können, das Trommelfell nach aussen spannt und vorwölbt, so werden etwaige abnorme Fixationen und Verlöthungen desselben nothwendigerweise ebenfalls gespannt, gezerrt, ja können unter günstigen Verhältnissen gelockert oder selbst gelöst werden. Will man diesen letztgenannten, gröber mechanischen Einfluss der Luftdouche sich klar machen, so betrachte man nur eine Paukenhöhle mit solchen Adhäsivprozessen, wie sie sich häufig genug an der Leiche finden und wie ich Ihnen mehrere vorweisen werde, *) und wende auf sie die an jedem Individuum sichtbaren Wirkungen eines in's Mittelohr getriebenen kräftigen Luftstromes an. Uebrigens ergibt auch die Beobachtung am Kranken mit zwingender Schärfe, dass wir gar nicht selten Synechien in der Paukenhöhle lösen oder lockern und zwar geschieht dies gerade in Fällen häufig, wo oft schon eine einmalige oder kaum wiederholte Anlegung des Katheters von ganz besonderem Nutzen für das Hörvermögen der Kranken ist, Fälle, welche bisher meist als „Schleimanhäufung im mittleren Ohre" oder d. gl. aufgefasst wurden. Diese letztgenannte Wirkung der Luftdouche, welche jedenfalls nicht selten zur Geltung kommt, indem die Adhäsivprozesse in der Paukenhöhle zu den häufigeren pathologischen Befunden im Ohre gehören, ist bisher den Ohrenärzten vollständig entgangen und lässt sich dies nur aus einer zu selten vorgenommenen Untersuchung des Trommelfells und aus der bereits ge-

---

*) Siehe einen ausgesprochenen derartigen Fall in meinen „anatomischen Beiträgen zur Ohrenheilkunde" *Virchow's* Archiv B. XVII. Section XV. linkes Ohr.

schilderten Mangelhaftigkeit der bisherigen Beleuchtungs-Methoden erklären. Nie unterlasse man, diese Membran nach der Luftdouche noch einmal gründlich zu betrachten, *) indem man so am ehesten und auf rein objective Weise sich klar machen kann, was man eben gethan, welchen Einfluss diese Vornahme geübt, und auf welchen anatomischen Veränderungen eine etwa eingetretene Hörverbesserung beruht.

Bisher berücksichtigte man bei allen diesen Betrachtungen der Folgen von Verdichtung oder Verdünnung der Luft in der Paukenhöhle immer nur die Wirkung, welche dadurch auf das Trommelfell hervorgebracht wird, als ob eine solche nach physikalischen Gesetzen sich nicht nothwendig nach allen Richtungen, wo eben elastische Widerstände vorhanden sind, geltend machen müsste. *Politzer* wiess zuerst auf die Einseitigkeit dieser bisherigen Anschauungen hin und zeigte er zugleich experimentell, dass jede Luftdruckschwankung in der Paukenhöhle und insbesondere die durch die Luftdouche hervorgerufene Verdichtung der Luft daselbst nicht blos am Trommelfelle, sondern auch an den beiden Paukenhöhlen-Labyrinthfenstern sich äussert, indem deren elastischer Verschluss, die Membran des runden Fensters und die Steigbügelplatte mit ihrer Umsäumungsmembran, dadurch bewegt, resp. gedehnt werden. Oeftere Luftdouche wird daher einer beginnenden Starrheit an diesen Theilen entgegenarbeiten, kann möglicherweise die Ankylose des Steigbügels und den vollständigen Elastizitätsverlust der Membran des runden Fensters in ihrer Entwicklung aufhalten und ist diese Ein-

---

*) Zu den interessanteren Befunden nach oder während der Luftdouche gehören Schleimblasen in der Paukenhöhle, deren Umrisse durch das Trommelfell hindurch sichtbar werden. Eine höchst auffallende Veränderung sah ich in sehr ähnlicher Weise bei zwei Individuen eintreten. Es bildete sich nämlich während der Luftdouche von dem hinteren oberen Theile des Trommelfells aus unter dessen Epidermisüberzuge eine ziemlich grosse in den Gehörgang sich vorwölbende Blase, welche in dem einen Falle ein höckeriges, etwa himbeerartiges Aussehen hatte und in beiden Fällen über das Ende des Hammergriffes hinüberragte, denselben gleichsam verdeckte. In beiden Fällen waren deutliche Zeichen von abnormen Adhäsionen dieser Trommelfellparthie vorhanden und bildete sich jedesmal nach der Luftdouche die gleichgestaltete Blase, ohne jeden Schmerz, dagegen mit beträchtlicher Hörverbesserung. Nach etwa einer halben Stunde war diese luftgefüllte Hervorragung wieder verschwunden. Ich kann mir diesen seltsamen, stets wieder zum Vorschein kommenden Befund nicht anders erklären, als dass ein partieller Substanzverlust, eine kleine Lücke der Schleimhautplatte und der fibrösen Lamelle des Trommelfells der Luft den Eintritt unter die oberflächliche Hautschichte gestattete und diese dadurch blasenartig hervorgetrieben wurde.

wirkung des Katheterismus auf die beiden Fenster um so höher anzu-
schlagen, als bei katarrhalischen Prozessen ungemein häufig an diesen
Theilen Veränderungen sich einstellen und diese, entsprechend der
hohen akustischen Dignität dieser Leitungsöffnungen zum Labyrinthe,
von sehr grossem Einflusse auf das Hörvermögen sein müssen.

Bei dieser Gelegenheit möchte ich einen Einwand erwähnen, den
man Ihnen nicht selten machen wird, wenn Sie von dem Ohrkatheter
und seinem Nutzen mit älteren Collegen sprechen werden. Manche
Aerzte fürchten sich nämlich geradezu vor dem Katheter, indem sie
glauben, man könne damit leicht Schleim aus der Rachenhöhle oder
von der Tubenmündung in die Paukenhöhle blasen und so dort Schaden anrichten. Ich bezweifle nicht, dass Ersteres manchmal geschieht,
allein wenn man sich nicht mit einem einmaligen Einblasen begnügt,
so wird der Schleim sicherlich aus der Paukenhöhle heraus entweder
wieder in den Schlund oder in die Zellen des Warzenfortsatzes getrieben werden, welche der Paukenhöhlen - Mündung der Ohrtrompete
in gleicher Höhe gegenüber liegen und gegen welche daher zunächst
die Kraft und der Zug des Luftstromes gerichtet ist. Von dem vermeintlichen Schaden durch ein etwaiges Schleimeinblasen in die Paukenhöhle habe ich aber noch nie etwas gesehen, obwohl ich doch
sicher schon über 25,000mal den Katheter angelegt und durch denselben die Luftdouche habe einwirken lassen. Zudem müssen wir diese
Herrn Theoretiker noch daran erinnern, dass ja der Katheter (4 Mm.
an seiner Spitze messend) von dem weit grösserem schlitzförmigem
Ostium pharyngeum tubae, das 9 Mm. hoch und 5 Mm. breit ist,
nicht luftdicht umschlossen wird, somit stets ein breiter Rückstrom in
den Schlund entsteht, welchem zumal alle vor dem Beginne des knöchernen Kanales, der Tubenenge, befindlichen beweglichen Körper
unterliegen werden. Der zähe an der Rachenmündung befindliche
Schleim wird daher gewiss unendlich häufiger in den Schlund als in
das Ohr geblasen werden. Andere Einwürfe wie, der Katheter reize
die Schleimhaut zu sehr, u. dgl. — eine Ansicht, der auch *Toynbee*
huldigt — sind noch weniger haltbar oder begründet und hätten blos
einen Sinn, wenn Jemand den Katheter handhaben wollte, dem der
Modus operandi vollständig unklar ist. Für gewöhnlich möchte hier
wohl der Ausspruch *Rau's* gelten, wenn er sagt[*] „der freilich nicht
genannte Hauptgrund der meisten Gegner ist die mangelnde Fertigkeit
in der Einführung des Katheters."

---

[*] S. 133 seines Lehrbuches.

Die Wirkungen des Katheterismus, die wir bisher betrachtet, sind ihrer Natur nach in der Regel von vorübergehenden oder wenigstens sich allmälig abschwächenden Werthe. Viel häufiger handelt es sich darum, einen dauernden Einfluss auf die erkrankte Schleimhaut des Mittelohres zu gewinnen, und auch nach der Entfernung des zu reichlichen Secretes oder der auf einander haftenden Flächen muss meist die absondernde Schleimhaut selbst verändert und umgestimmt werden. Eine derartige Behandlung ist in sicherer und directer Weise wiederum nur mittelst des Katheters möglich und dient derselbe in der Ohrenpraxis am allerhäufigsten in dieser Weise, nämlich als Leitungsröhre für Arzneikörper, welche mit der Schleimhautfläche der Tuba und der Paukenhöhle in unmittelbare und ausgebreitete Berührung kommen sollen. Solche medicamentöse Einwirkungen finden statt entweder in Form von Einspritzungen, also mit tropfbar flüssigen Stoffen, oder in Form von Dämpfen und Gasen.

Was die Einspritzungen medicamentöser Stoffe in die Paukenhöhle betrifft, welche auch von Ohrenärzten noch sehr häufig geübt werden, so halte ich sie im Ganzen für unzweckmässig und bin ich für meinen Theil ganz davon zurückgekommen. Wenn wir den ziemlich steilen Verlauf der Ohrtrompete von unten nach oben und ihre theilweise sehr bedeutende Enge — 1 Mm. Breite auf 2 Mm. Höhe am Beginne des knöchernen Abschnittes — betrachten, so ist klar, dass nur dann eine Flüssigkeit durch dieselbe in die Paukenhöhle eingespritzt werden kann, wenn dies mit einer gewissen Gewalt geschieht. In diesem Falle wird aber sicherlich ein grosser Theil der Flüssigkeit in die Zellen des Warzenfortsatzes getrieben werden, dessen Eingang in gleicher Höhe mit der Paukenmündung der Tuba und ihr gerade gegenüber liegt, während ein anderer Theil die engste Stelle des Kanales gar nicht überwindet und so neben der Katheterspitze in den Schlund zurückfliesst. Wir können daher nie mit der geringsten Bestimmtheit sagen, wie viel von solchen Flüssigkeiten, die wir in die Paukenhöhle einspritzen wollen, wirklich dorthin gelangt, wieviel in die Schlundhöhle zurückfliesst oder in den Warzenfortsatz geschleudert wird. Weiterhin lässt sich nicht im geringsten für ihre gleichmässige Vertheilung über die Wände der Paukenhöhle sorgen, so dass die eine Gegend möglicherweise gar nicht von ihr berührt wird, während eine andere eine sehr starke Dosis bekommt. Jedenfalls läuft schlüsslich das, was überhaupt eingedrungen ist, von den glatten Wänden ab und sammelt sich am Boden der Paukenhöhle oder in deren verschiedenen Nischen und Vertiefungen z. B. am runden Fenster. Handelt es sich um eingreifendere Stoffe, wie z. B. stärkere Lösungen von Kali causticum mehrfach zu solchen Einspritzungen empfohlen wurden, so könnten sie an solchen Orten, wo sich nahezu Alles, was in die Paukenhöhle gekommen, bald ansammeln muss, direct schädlich, corrodirend einwirken. Dies bei Benützung einiger weniger Tropfen Flüssigkeit, auf welche Ohrenärzte gewöhnlich sich beschränken. Spritzt man dagegen grössere Mengen auf einmal ein, die das Mittelohr erfüllen und gewissermassen ausspülen sollen, so kann, auch wenn man nur laues Wasser nimmt, bei der Zartheit der Theile sicherlich sehr leicht Schaden angerichtet werden und zeigen auch einige kürzlich gemachte Mittheilungen eines Wiener Arztes *), welche heftige Wirkungen solche Einspritzungen hervorzurufen vermögen. Eine Patientin wurde nach dem Einspritzen von lauem Wasser in die Paukenhöhle von einem zwei volle Stunden anhaltendem Schwindel ergriffen, in einem anderen Falle gesellten sich nachher zur Taubheit periodische Ohrenschmerzen. Ich rathe Ihnen darum, m. H., machen Sie keine Einspritzungen durch den Katheter, Sie können ihre Wirkung und möglichen Nutzen nicht überwachen, Sie können damit aber sogar den Kranken schaden, und „primo non nocere" sagt *Hippocrates*.

Will man medicamentöse Stoffe mittelst des Katheters auf Ohrtrompete und Paukenhöhle einwirken lassen, so dürfen dieselben nach meiner Ansicht nur im luftförmigen Aggregatzustande, als elastische Flüssigkeiten angewendet werden, also als Gase, Dünste und Dämpfe. Es ist richtig, die Auswahl der zur Behandlung von Ohrenleiden brauchbaren Stoffe erleidet dadurch eine wesentliche Beschränkung, dagegen bekömmt ihre Application und Wirkung damit auch allein eine gewisse Sicherheit und bleibt doch noch eine grosse Reihe von Körpern übrig, wie wir dies in den späteren Abschnitten im Einzelnen sehen werden. Bei der Application von Dämpfen durch den Katheter müssen wir uns jedoch erinnern, dass die Ohrtrompete eine Strecke lang ungemein enge und für gewöhnlich das Lumen derselben durch ein schwaches Aneinanderliegen der Schleimhäutflächen jedenfalls noch mehr verringert ist, dass ferner die Dämpfe die Schleimhaut durchfeuchten oder anschwellen machen, somit selbst ein weiteres Moment der Verengerung der *Eustachischen* Röhre abgeben. Da wir es nun hier nie mit kochenden Flüssigkeiten zu thun haben, somit die eigene Spannkraft der Dämpfe nur eine sehr geringe ist, so werden diese nur dann die in der Tuba liegenden Hindernisse überwinden, wenn sie durch eine Vis a tergo fortgetrieben werden. Wollen wir gewiss sein, dass die benützten gas- und dampfförmigen Stoffe die

---

*) **Zeitschrift der Wiener Aerzte** 1860. Nr. 38.

Paukenhöhle erreichen, so müssen wir daher die Vorrichtung zur Entwicklung der Dämpfe mit einem Druckapparate in Verbindung setzen,
der die Dämpfe mit einer gewissen Gewalt vorwärtstreibt. Wenn
manche Ohrenärzte den Kranken ruhig neben den Dampf- oder Dunst-
apparat hinsetzen, ohne für deren Weiterbeförderung zu sorgen, wird
dem oberen Theile der Tuba und der Paukenhöhle selbst jedenfalls nur
wenig davon zu Gute kommen, zumal wenn etwa die Dünste in nie-
drigerer Temperatur angewendet werden sollen, als die des Ohres ist.

Als Druckkraft zum Weiterschaffen der Dämpfe bis in's Ohr kann
man im Nothfalle die eigenen Lungen oder eine Kautschukflasche benützen.
Handelt es sich aber nicht blos um einzelne Kranke und kurze Sitzungen,
so würden diese Hülfsmittel zu sehr ermüden und benütze ich für gewöhnlich eine Compressionspumpe sowohl zur Luftdouche als bei der
nachfolgenden Behandlung mit Dämpfen und Gasen.
Mein Apparat besteht im Wesentlichen aus einer
40 Ctm. hohen und 12 Ctm. breiten Glocke, von
ziemlich dickem Glas, welche mittelst einer starken
Messingfassung auf einer Holzunterlage befestigt ist,
und mit welcher eine mit ihrem Holzuntersatze ihrer
ganzen Länge nach auf dem Tische selbst auf-
ruhende Messingpumpe von 20 Ctm. Länge und
4 Ctm. Durchmesser rechtwinklig in Verbindung
steht. Ein in dem Verbindungsstücke zwischen
Glocke und Pumpe befindlicher Wechselhahn besitzt oben die Eintrittsöffnung für die äussere Luft
und ist ausserdem noch in wagrechter Richtung
durchbohrt, durch welchen Kanal die in den Pum-
penstiefel gedrungene Luft in die Glocke hinein-
getrieben wird. Der
den Austritt der Luft re-
gelnde Hahn befindet
sich oben an der Glocke
und ist an seinem End-
stück ein Kautschuk-

Fig. 6.

schlauch angefügt, welcher die Luft mittelst eines Stückes Federkiel in den
Katheter oder in den Dampfapparat eintreten lässt. Zur grösseren
Sicherheit lässt sich ein Drathgeflecht über die Glocke stülpen. Um
dieselbe zeitweise abnehmen und reinigen zu können, ist die Messingfassung mit ihrem Aufsatze durch ein Schraubengewinde verbunden,
das natürlich ganz luftdicht schliessen und sehr gut gearbeitet sein muss.
Der Holzuntersatz ist massiv, daher ziemlich schwer; zur weiteren Be-

festigung lässt er sich durch eine abnehmbare starke Winkelschraube (ähnlich wie bei einem Schraubstocke) mit dem Tische verbinden.

Zur Bestimmung des jeweiligen Compressionszustandes der Luft hatte ich ursprünglich einen länglich-hufeisenförmigen Manometer in der Glocke am Boden derselben angebracht; derselbe wird aber zu leicht unbrauchbar, namentlich wenn ein Apparat versandt werden soll, und ist ein solcher Luftdruckmesser keineswegs nothwendig, indem man ja nur geringere Compressionsgrade braucht und man diese je nach der Anzahl der Kolbenstösse zu beurtheilen und zu regeln vermag. Ferner lässt sich die Gewalt des Stromes mässigen oder verstärken, je nachdem man den oberen Hahn mehr oder weniger öffnet.

Nachdem ich mit sehr verschiedenartigen Apparaten Versuche angestellt, muss ich den oben beschriebenen bis jetzt für den geeignetsten zu unserem Zwecke halten. *) Die meisten Ohrenärzte benützen Compressionspumpen, wenn auch von sehr verschiedener Construction. Viele liessen die Pumpe in der Verlängerung der Glocke und über ihr anbringen, bei Anderen befindet sie sich innerhalb der Glocke selbst, und wird ebenfalls von oben herab gefüllt. Bei beiden Formen hat man die Pumpenstangen zum Theil mit Hebelarmen versehen, um ihre Führung zu erleichtern. Soll die Compression der Luft in einem Gasometer stattfinden, so muss derselbe sehr gross und schwer belastet sein, wenn man einen grösseren Vorrath und eine starke Druckkraft zu gleicher Zeit erzielen will. Am ermüdendsten und am wenigsten zweckentsprechend sind Blasbälge, sowohl solche, welche klein und mit der Hand bewegt, als grössere, welche unter dem Tische befestigt und mit dem Fusse getreten werden.

Als Vorrichtung zur Entwicklung von Dämpfen benütze ich einen einfachen Glaskolben, welcher auf einem Sandbade mittelst einer Spirituslampe erwärmt wird. Der Kork des Kolbens ist vierfach durchbohrt für ein kleines, mit einem Stöpsel versehenes Trichterchen, für einen Glasthermometer und endlich für zwei rechtwinkelig gebogene Glasröhren. An letzteren werden Kautschukschläuche angesteckt, ein

---

*) Eine solche Compressionspumpe verfertigt H. Mechanikus *L. Richter* in *Würzburg* für 36 Gulden; für 30 fl. solche, wo die Glasglocke von einer Blechglocke ersetzt ist. Da bei Füllung eines solchen Apparates stets beide Hände beschäftigt sind, die eine mit der Pumpenstange, die andere mit dem entsprechenden Drehen des Wechselhahnes, liess ich eine Selbststeuerung anbringen, so dass mittelst einer gegliederten Verbindungsstange der Hahn von selbst gedreht wurde, wenn die Pumpenstange herausgezogen und hineingestossen wurde. Sie erwies sich indessen als nicht praktisch. Ventile sind zu häufig reparaturbedürftig.

Fig. 7.

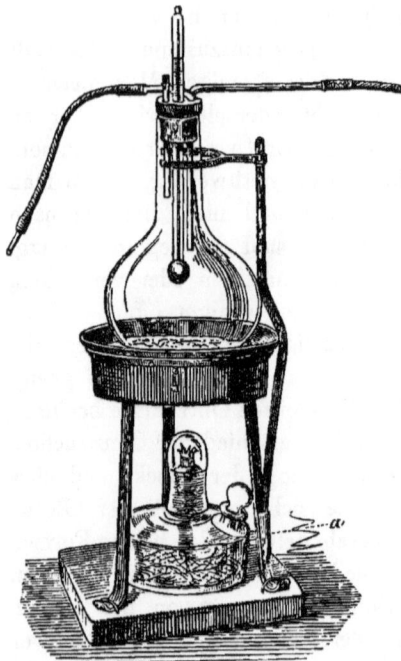

kürzerer, um den Federkiel des Pumpenschlauches in sich aufzunehmen, ein längerer, um mittelst eines zweiten Federkieles die Verbindung mit dem Trichter des Katheters herzustellen. Damit der Glaskolben nicht herabfällt, steckt in einer kleinen Blechscheide (a) unten am Dreifusse ein eiserner Stab, von dem aus ein elastischer, vorn offener Blechring den Kolbenhals umgreift. Der Dreifuss selbst ist mittelst Drathschlingen an ein Brettchen befestigt, das zugleich die Spirituslampe trägt. Wo keine Temperatur-Bestimmungen nöthig z. B. bei Entwicklung von Salmiakdämpfen genügt ein Kolben, dessen Kork nur eine Zu- und eine Ableitungsröhre besitzt.

Will man die Compressionspumpe oder den Dampfapparat bei einem Kranken anwenden, so muss man vorher mittelst einer mechanischen Vorrichtung Sorge tragen, dass der Katheter in der ihm gegebenen richtigen Stellung erhalten bleibe, indem man ihn weder die ganze Zeit selbst halten, noch von dem Kranken halten lassen kann. Hiezu wurde eine Reihe von Instrumenten angegeben. Am häufigsten wird die *Kramer*'sche Stirnbinde gebraucht, ein auf der Stirne ruhendes kleines Kissen, welches um den Kopf angeschnallt wird, und an welchem mittelst Nussgelenk eine Schraubenpinzette befestigt ist. Entschieden bequemer und praktischer zum Fixiren des Katheters erweist sich *Rau's* B r i l l e n p i n z e t t e, eine Pinzette, welche mittelst eines beweglichen Schiebers auf einem kräftigen Brillengestelle angebracht ist und daselbst durch eine Stellschraube in jeder beliebigen Stellung befestigt werden kann. Da die Schrauben an kleinen Pinzetten sich sehr bald ausführen, liess ich statt der Schraubenpinzette, welche *Rau* ursprünglich angibt, eine Sperrpinzette mit federndem Knopfe anbringen. *) Je nach der Länge der Nase kann man den

---

*) In der Zeichnung wurde diese Pinzette schief gedreht, damit ihr Bau deutlich dargestellt werden konnte.

Fig. 8.

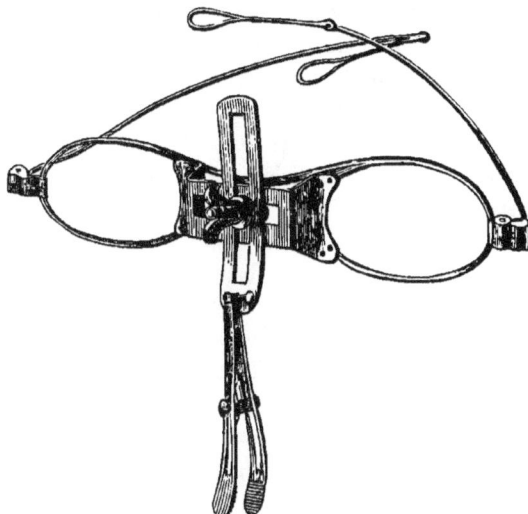

Schieber mehr oder weniger hinaufrücken, und ihn auf derselben oder auf
der entgegengesetzten Nasenseite festschrauben. Ist der richtig sitzende
Katheter auf diese Weise festgestellt, so wird der Kranke durch denselben in keiner Weise, weder im Schlingen noch Sprechen gehindert,
er kann in der Regel selbst niessen, ohne dass der Katheter sich
verrückt und lässt sich nun, wenn es sein müsste stundenlange, alles Weitere mit dem Kranken vornehmen. Will man die Luftdouche anwenden, so setzt man den Kranken neben den Tisch, auf dem die Compressionspumpe steht, und erhält entweder selbst den Federkiel in
luftdichter Verbindung mit dem Trichter des Katheters oder überlässt
dies dem Kranken. Ebenso, wenn zwischen Compressionspumpe und
Katheter noch der Dampfapparat eingeschaltet wird. Die meisten
Kranken lernen sehr bald, mit auf den Tisch gestütztem Ellenbogen
und mit unter dem Ringe des Katheters angelegtem Daumen, die übrigen Finger derselben Hand so zu verwenden, dass der Federkiel festgehalten und die Luft oder die Dämpfe mit möglichster Kraft und
Vollständigkeit in's Ohr eindringen. Gewöhnlich gelingt dies am
besten, wenn der Katheter, ohne in seiner ursprünglichen Lage verrückt zu werden, etwas gegen die Nasenscheidewand angedrückt wird,
indem auf diese Weise die Spitze des Instrumentes etwas tiefer zwischen die Lippen der Rachenmündung der Tuba zu stehen kömmt.
Wenn nämlich die Entfernung zwischen Rachenmündung und Choane
nicht sehr klein oder der Schnabel des Instrumentes nicht im Verhältnisse sehr lang ist, so erreicht dessen Spitze nie die Stelle, wo die

Tubenmündung sich bereits verengert, sondern steht zwischen den Lippen, welche ja beim Erwachsenen ziemlich stark auseinander klaffen, ja kann auch im Schlunde noch vor ihnen stehen. Je mehr die Spitze von der Ohrtrompete umschlossen wird, desto intensiver findet natürlich jede durch den Katheter vermittelte Einwirkung statt, daher wir, wo es nur geht, Katheter mit langem Schnabel anwenden und das Instrument vorn möglichst gegen die entgegengestzte Seite andrücken lassen.

Schlüsslich haben wir noch zu erwähnen, dass der Katheter sich auch als Leitungsröhre für solide, feste Körper benützen lässt, die in die Tuba und möglicherweise auch in die Paukenhöhle eingeführt werden sollen. Als solche sind Sonden von Metall oder Fischbein, Darmsaiten und übersponnene Kupferdräthe zur Leitung der Elektrizität zu nennen. Damit diese dünnen Körper leicht durch den Katheter hindurch geführt werden können, muss derselbe auch innen gut geglättet sein. Die spezielle Benützung derselben werden wir später besprechen.

EILFTER VORTRAG.

Der einfache acute Ohrenkatarrh.

Die verschiedenen Formen von Paukenhöhlen-Katarrhen. — Der acute Katarrh in
seinen Erscheinungen und Folgezuständen. Behandlung.

M. H. Wir gehen heute zu den Krankheiten des Mittelohres über und zwar haben wir uns mit den Entzündungen seiner
Schleimhaut zu beschäftigen. Die Katarrhe des Mittelohres stellen
sich entweder als einfacher oder als eiteriger Katarrh dar und lässt
sich bei jeder dieser Erkrankungen eine acute und eine chronische
Form unterscheiden.

Eine Beinhautentzündung der Paukenhöhle, wie sie von mehreren
Autoren als selbständige primäre Erkrankung aufgestellt wird, lässt
sich in dieser Weise jedenfalls noch viel weniger festhalten, als eine
Periostitis des äusseren Gehörganges, von welcher wir früher bereits
gesprochen haben. Die Auskleidung der Paukenhöhle in Schleimhaut
und Knochenhaut zu trennen, ist anatomisch unmöglich; wie sollten
sich also ihre Erkrankungen klinisch und anatomisch abscheiden lassen?
Hier noch mehr, als im knöchernen Gehörgange muss jede intensivere
Erkrankung des häutigen Ueberzuges auch eine Ernährungsstörung
des darunter liegenden Knochens bedingen, indem die Membran, welche
wir gewohnt sind, Schleimhaut zu nennen, zugleich Trägerin der Gefässe für den Knochen, Periost also ebensogut als Mucosa ist. Jede
Entzündung der Schleimhaut der Paukenhöhle und des Warzenfortsatzes ist somit auch eine Entzündung der Knochenhaut, jeder Katarrh
derselben eine Periostitis. Verläuft die Entzündung chronisch, so wird
sich leichter eine Verdickung der Schleimhaut und eine Hypertrophie

des Knochens, eine Hyperostose, entwickeln, während bei acuteren Prozessen bekanntlich die Schleimhaut mehr zur Ulzeration neigt und die Periostitis häufiger zu Knochenatrophie, zu entzündlicher Erweichung und oberflächlicher Caries führt. Ich habe häufig Knochenaffectionen im mittleren Ohre als Folge sehr acuter oder längerdauernder Erkrankungen seiner Weichtheile gesehen, keine Beobachtung dagegen getraue ich mir als selbständige und primäre Periostitis desselben zu deuten und lässt sich eine solche nach meiner Ansicht nur unter einem gewissen Zwang, den man den Thatsachen anthut, festhalten.

Wenden wir uns zuerst zum einfachen Katarrhe des mittleren Ohres, und zwar zur acuten Form.

Der acute Katarrh des Ohres*) ist weit seltener als die chronische Form. Bisher beobachtete ich ihn auffallend häufig im Frühjahre und Spätherbste und entwickelt er sich fast immer nach bestimmten schädlichen Einwirkungen, starken Durchnässungen oder Verkältungen und ebenso meist in Verbindung mit anderen katarrhalischen Störungen, namentlich der Nasen- und Rachenhöhle oder neben Bronchialkatarrhen und Lungenentzündungen. Damit ist bereits gesagt, dass Individuen, welche überhaupt zu Schleimhautleiden geneigt sind, besonders leicht von dieser Affection ergriffen werden. Nicht selten finden wir daher diese Form sich entwickeln bei Leuten, welche schon lange an chronischen Katarrhen, auch des Ohres, leiden und die Mehrzahl der bisher von mir beobachteten Fälle waren solche, wo der Kranke schon längere Zeit an einem Ohre in Folge von chronischem Katarrhe taub oder schwerhörig war und nun plötzlich auf dem anderen, bisher gesunden Ohre von acutem Katarrhe befallen wurde. Das bisher allem Anscheine nach guthörende, in allen Beziehungen des Lebens sich ungestört bewegende Individuum, wurde so wie mit Einem Schlage dem Verkehre entrissen und nur auf die gröberen und stärkeren Schalleindrücke beschränkt. Vorwiegend häufig sah ich diese Form bisher bei Männern in den mittleren Jahren, mehrmals offenbar ausgehend von secundär syphilitischen Eruptionen auf der Schlundschleimhaut und auf der Zunge. Heftige Formen des acuten Katarrhes habe ich bisher immer nur einseitig beobachtet, dagegen ist das andere Ohr bei genauerer Berücksichtigung fast nie

---

*) Wir können uns dieses kurzen Ausdruckes bedienen, indem nur das mittlere Ohr mit einer Schleimhaut ausgekleidet ist und somit nur dieser Abschnitt des Ohres an Katarrhen erkranken kann.

vollständig frei. Die Schwerhörigkeit des ergriffenen Ohres ist meist eine sehr hochgradige, nicht selten gänzlicher Taubheit sich nähernd. Die Abnahme des Gehöres entwickelt sich in der Regel sehr rasch und fällt daher um so mehr auf; häufig erinnert sich der Kranke später, doch schon eine Zeit lang vor dieser plötzlichen Vernichtung des Gehöres eine schleichende und dadurch sich wenig einprägende Abnahme der früheren Hörschärfe bemerkt zu haben. Neben der Schwerhörigkeit fühlt der Kranke manchmal nichts, als eine grosse Schwere, ein Gefühl von Druck und Völle in den Ohren; viel häufiger aber stellen sich in der ersteren Zeit dieses Leidens lebhaft reissende Schmerzen in der Tiefe des Ohres ein, welche manchmal nur eine Nacht, manchmal aber auch eine Woche und länger mit wenig freien Zwischenräumen und mit nächtlicher Steigerung anhalten und welche den allgemeinen Kräftezustand des Kranken einmal durch ihre Heftigkeit, dann durch die fast gänzliche Störung der Nachtruhe oft sehr rasch und bedeutend herabsetzen. Diese Schmerzen vermehren sich nicht durch Ziehen am Gehörgange und selten durch Druck auf die Vorderohr-Gegend, dagegen wohl beim Schlucken oder Räuspern, bei jeder Thätigkeit des Schlundkopfes, wie bei jeder allgemeinen Erschütterung des Kopfes. In einem Falle rief jeder Schluck kalten Wassers einen Schmerzensanfall hervor und musste längere Zeit jede Flüssigkeit gewärmt genommen werden. Oefter sind diese Ohrenschmerzen mit Zahnschmerzen verbunden, wobei indessen erwähnt werden muss, dass Schmerzen in den hinteren Zähnen im Allgemeinen schwer von solchen im Ohre auseinander zu halten sind. In heftigeren Fällen wird stets auch der Warzenfortsatz als Sitz des Schmerzes angegeben und ist derselbe bei stärkerem Drucke empfindlich, ohne dass die ihn bedeckende äussere Haut in Farbe und Aussehen verändert wäre. Es strahlen dann gewöhnlich die schmerzhaften Empfindungen über die ganze leidende Kopfhälfte bis zum Scheitel aus, localisiren sich auch oft in äusserst quälender Weise im Vorderkopfe und in der Gegend der Stirnhöhlen. Ohrentönen fehlt fast nie und gehört dasselbe meist zu den peinlichsten Qualen der Kranken, indem dieselben durch das fortwährende Läuten, Hämmern und Klopfen, — ein Kranker klagte, es wäre ihm, als würde dicht an seinem Kopfe immer auf ein grosses leeres Fass geschlagen — das sie hören und von dem sie im Zweifel sind, ob dasselbe nicht wirklich ausser ihnen und in der Nähe, ungemein beunruhigt und geängstigt werden. Nehmen Sie dazu, dass solche Kranke neben den Schmerzen meist an einer höchst lästigen Schwere des ganzen Kopfes und, auch wenn sie noch so ruhig im Bette liegen, an oft wiederkehrendem Schwindel

leiden, dass febrile Erscheinungen in verschiedenem Grade fast nie
fehlen und dieselben gegen Abend oft zu Irrereden sich steigern, so
werden Sie um so leichter begreifen, wie Individuen, vor einigen
Tagen im Verstehen des Gesprochenen und im gewöhnlichen Verkehre nicht im Geringsten gehindert, nun in ihren Mienen das Bild
der gespanntesten Aengstlichkeit darbietend, weil sie mit weitgeöffne-
ten Augen krampfhaft auf jedes gesprochene Wort lauern, das nur
dumpf zu ihrem Gehörsinne dringt, dabei in scheuer Hast und steter
fieberhafter Unruhe sich umsehend, um zu erspähen, woher das sie
fortwährend quälende Geräusch komme, heruntergebracht und auf-
geregt durch Fieber, Schmerz, Seelenangst und Schlaflosigkeit, —
Sie werden begreifen, sage ich, wie solche Kranke auf den ersten
Blick manchmal eher den Eindruck eines Gehirn- oder Geisteskran-
ken, als den eines Ohrenleidenden machen. Wir werden uns daher
nicht wundern, dass der acute Katarrh des Ohres nicht selten den Aerzten für Meningitis oder für congestive Gehirnreizung imponirt, zumal
wenn die Ohrenschmerzen gegen die über den ganzen Kopf verbreiteten Schmerzen weniger hervortreten, die nur einseitige Taubheit
dem Kranken und der Umgebung entgeht und so die Aufmerksamkeit
des Arztes in keiner Weise auf das Ohr gelenkt wird. Ich kann Sie
versichern, dass schon mancher Kranke zu mir kam, dessen „nervöse
Schwerhörigkeit" nach der mitgebrachten schriftlichen oder mündlichen
Ansicht seines Hausarztes als Folge einer überstandenen „Gehirnhaut-
Entzündung" galt — die Untersuchung des Ohres ergab die ausgespro-
chensten Folgezustände eines acuten Paukenhöhlenkatarrhes, ausgedehnte Adhäsivprozesse u. dgl. Insbesondere kann bei Kindern der
acute Katarrh des Ohres nur schwer von congestiven Zuständen des
Gehirnes unterschieden werden und ist es mir nach anatomischen
Thatsachen, welche ich Ihnen später vorlegen werde, äusserst wahrscheinlich, dass insbesondere der eiterige Ohrenkatarrh im kindlichen
Alter ungemein häufig vorkommt und seine Erscheinungen sehr oft
anders gedeutet werden.

Sie erinnern sich aus unseren anatomischen Betrachtungen, wie ich
Sie auf die Gefässgemeinschaft zwischen Dura mater und Paukenhöhle
aufmerksam machte, welche durch die zur Fissura petroso-squamosa
hindurchdringenden Aeste der Art. meningea media vermittelt wird.
Auf diese anatomische Thatsache mögen jene eigenthümlichen Schwindelanfälle und Reizungszustände der Gehirnhäute zumeist wohl zu beziehen sein, welche wir so häufig bei Entzündungen der Paukenhöhle
und vorzugsweise beim acuten Katarrhe zu beobachten Gelegenheit
haben. Indessen wäre es auch gedenkbar, dass dieselben als Zeichen

von consecutiver Hyperämie des Labyrinthes aufgefasst werden müssten, oder zum Theil von dem Drucke des angesammelten Secretes auf
die Fenstermembranen herrührten.

Untersucht man das Ohr während eines acuten Katarrhes, so ergibt sich der äussere Gehörgang vollständig unverändert, wenn wir
absehen von einer vermehrten Röthe desselben dicht am Trommelfell.
Dieses selbst zeigt in leichteren Fällen nur ein feines Roth der grauen
Farbe beigemengt, herrührend von einer Injection der Schleimhaut-
schichte desselben und der ganzen Paukenhöhle, welche auf die Farbe
der dünnen und durchscheinenden Membran von Einfluss ist. Dabei
ist der Glanz der äusseren Oberfläche verringert oder selbst aufgehoben, dasselbe reflectirt in Folge der Durchfeuchtung und Infiltration
aller Schichten das Licht nicht mehr gleichmässig, ist mehr oder weniger matt und glanzlos, wobei dann meist der Lichtkegel, welchen
wir als constante Erscheinung am unteren vorderen Theile des Trommelfells kennen gelernt haben, undeutlich und verändert ist. Der
Hammergriff bleibt in allen Fällen, wo die consensuelle Durchtränkung der oberflächlichen Schichten eine geringe, deutlich und unbe-
deckt zu sehen, und ist eben dieses unveränderte Hervortreten des
Griffes ein diagnostischer Anhaltspunkt, der uns zeigt, dass der Sitz
des Leidens in der Tiefe und nicht an der Trommelfelloberfläche zu
suchen ist. In intensiveren Fällen dagegen lässt sich in Folge der
grösseren Durchfeuchtung der Epidermis- und Cutisschichte dieses
Knöchelchen nicht mehr deutlich unterscheiden und sind die am Hammergriffe verlaufenden starken Gefässe stets mit Blut gefüllt, so dass
man statt des Griffes häufig nur einen röthlichen Strang in der Mitte
der Membran von oben sich herabziehen sieht und gewinnt dann die
Oberfläche des Trommelfells ein auffallend mattes, bleigraues Aussehen. Häufig zeigen sich dann auch an der Peripherie der Membran
einzelne radiäre Gefässreiserchen und sieht man an einzelnen Stellen
Verschiedenheiten in der Wölbung des Trommelfells, beruhend auf
ein Vorgedrängtsein desselben durch angehäuftes Secret oder auf verschiedengradige Schwellung der einzelnen Theile. Der Befund richtet
sich natürlich wesentlich nach der Intensität des Anfalles und inwieweit
schon früher Veränderungen der Schleimhaut und des Trommelfells
vorhanden waren. So lassen sich die Erscheinungen der Hyperämie
in der Paukenhöhle und an der Innenseite des Trommelfells nur da
deutlich erkennen, wo Letzteres nicht in Folge früherer Prozesse bereits Verdickungen unterlegen hat. In Fällen, wo ein länger bestehender chronischer Katarrh sich nur plötzlich bedeutend steigert, was
wir einen subacuten Katarrh der Paukenhöhle nennen könnten, sind

alle angeführten Symptome weniger hervorstehend und ähnelt der Befund mehr dem eines intensiven chronischen Katarrhes in Exazerbation.

Untersucht man in späteren Stadien, so erscheint das Trommelfell gewöhnlich nicht mehr so vollständig glanzlos, wie früher, der Lichtkegel vorn unten ist indessen meist verändert, gewöhnlich verkleinert nach verschiedenen Richtungen, zeitweise nur punktförmig, seltener über eine grössere Fläche ohne scharfe Gränzen ausgebreitet. Das sonstige Aussehen der Membran hat immer noch etwas Undurchsichtiges, Trübes, Bleiernes, manchmal etwas Feuchtes, und ist der mattgrauen Farbe nicht selten etwas Weiss oder Gelb beigemischt. Von Injection ist höchstens längs des Griffes noch etwas zu sehen, der wieder ganz deutlich geworden, indessen sehr häufig ungewöhnlich nach einwärts gezogen ist. Ebenso erscheint das Trommelfell als Ganzes abnorm concav und abgesehen von manchen partiellen Unregelmässigkeiten in seiner Krümmung zeichnet sich namentlich oft eine vom Processus brevis mallei aus nach hinten und abwärts curvenförmig verlaufende Leiste aus, welche in Verbindung mit der abnormen Einwärtsspannung des Trommelfells zu setzen ist.

Eine erhebliche Schwellung der äusseren Theile in der Umgegend des Ohres beobachtete ich hiebei nie, höchstens sind dieselben gegen Druck etwas empfindlich. Constant findet man dagegen eine Mitleidenschaft des Schlundes, dessen Schleimhaut stark geröthet und geschwellt ist. Damit verbunden sind häufig Schlingbeschwerden, „Schluckweh,“ Undurchgängigkeit der Nasenhöhle mit dadurch vermehrter Trockenheit im Munde und anderweitige katarrhalische Symptome. Als sehr lästig werden von manchen Patienten die bei jeder Schlundthätigkeit hörbaren quitschenden und patschenden Geräusche angegeben, welche vom Halse „gegen das Ohr zu“ zu hören sind und mit welchen häufig momentane Veränderungen im Gefühle des Ohres und im Hören eintreten.

Auch nachdem die Schmerzen und die Fiebererscheinungen vorübergegangen sind, bleibt meist das dumpfe und schwere Gefühl im Ohre und im Kopfe, sowie die Schwerhörigkeit noch längere Zeit bestehen. Das Knistern und Knattern im Ohre kommt immer häufiger, auch ohne Schlucken und Räuspern, und hofft der Leidende hiebei gewöhnlich, dass endlich der bei Ohrenkranken so berühmte Knall eintreten und mit ihm das Gehör wieder kommen soll. In der That lässt sich manchmal eine solche plötzliche günstige Wendung beobachten, der Kranke hört einen Knall oder „Patscher“ im Ohre, oft während er eben niesst oder gähnt — von dem Momente an ist es ihm, als ob Etwas vom Ohr sich „weggeschoben" habe und hört er bis zu einem gewissen Grade, oft bedeutend, besser. Manchmal verliert sich die Schwerhörigkeit allmälig, ohne einen solchen Knalleffect. In vielen anderen Fällen dagegen bleibt sie trotz aller allgemeinen Medication in gleichem oder wenig vermindertem Grade Monate und Jahre lang bestehen, bis endlich einmal der Katheter angewendet wird.

Was die Prognose beim acuten nichteiterigen Katarrhe betrifft, so muss dieselbe in soferne als günstig bezeichnet werden, als es sicherlich nur bei ganz unpassendem Verfahren zu Perforation des Trommelfells und weiteren tieferen Störungen kommt, und ebenso lässt sich die meist sehr beschränkte Hörfähigkeit durch geeignetes örtliches Eingreifen stets wieder bedeutend bessern. Dagegen liegt insoferne in der Prognose etwas Missliches, als nicht selten nach kürzerer oder längerer Zeit Rückfälle eintreten und noch häufiger eine unverkennbare Neigung zu fortgesetzten chronischen Ohrkatarrhen zurückbleibt. Man kann sehr häufig beobachten, dass Individuen, welche einmal an einem acuten Ohrenkatarrhe gelitten haben, und nach dessen Ablaufe wieder ein ganz ausreichendes Gehör besassen, im Laufe der Jahre immer tauber und tauber werden, ohne dass diese sich allmälig entwickelnde Gehörschwäche von irgendwelchen auffallenden Erscheinungen acut-entzündlicher Natur begleitet wären. Bei Manchen erfolgt dies allerdings mehr unter subacuten Schüben. Sehr viele Schwerhörige mit chronischem Katarrhe wissen von einem solchen acuten Anfalle aus früheren Jahren zu berichten, der sie eine Zeit lang vollständig taub machte; sie erhielten dann, meist ohne örtliche Behandlung und nur unter allgemeiner Medication, das Gehör bis zu einem recht leidlichen Grade wieder, aber nur um im Laufe der Jahre ganz allmälig und nur zeitweise mit rascheren Sprüngen wieder beträchtlich schwerhörig zu werden.

Diese Thatsache lässt sich in doppelter Weise erklären. Einmal bleibt überhaupt erfahrungsgemäss jedes Individuum, das einmal an einem intensivem Katarrhe eines Organes gelitten, längere Zeit geneigt, an demselben Theile wieder in ähnlicher Weise zu erkranken. Allein die erwähnte Beobachtung aus der Praxis lässt sich auch auf bestimmtere anatomische Grundlagen zurückführen. Zu den häufigsten Folgen solcher acuter Ohrenkatarrhe gehören einmal bleibende Verdickungen der ganzen die Paukenhöhle auskleidenden Mucosa, dann die Bildung verschiedenartiger Adhäsionen und Verlöthungen, welche aus der früheren Berührung der geschwellten Schleimhautflächen sich

herausentwickeln und insbesondere häufig die Stellen der Paukenhöhle
mit einander verbinden, welche auch im Normalen am wenigsten weit
von einander entfernt sind. Solche flächenförmige oder bandartige
Adhäsionen finden sich daher am häufigsten zwischen Trommelfell
und Promontorium, zwischen Trommelfell und Ambosschenkel, oder
Trommelfell und Steigbügelköpfchen, zwischen der Sehne des Trommelfellspanners und dem Steigbügel, und zeigen sie sich ferner sehr
häufig in grösserer Menge und Ausdehnung in den zwei Nischen des
runden und ovalen Fensters, dort die Wände unter sich und hier die
Wände mit dem Steigbügel verbindend. Es ist nun klar, dass wenn
auf diese Weise der Wandraum der Paukenhöhle vergrössert und ihr
lufthältiger Raum mehr oder weniger unter das Normale herabgesetzt
ist, jede weitere Schwellung der Schleimhaut, wie sie bei der geringsten Schädlichkeit und bei jedem Schnupfen statt hat, jedenfalls von
Bedeutung wird. Jede auch noch so geringe congestive Wulstung
der Schleimhaut, welche in einer normalweiten und normalwandigen
Paukenhöhle ohne merkbaren Einfluss bleibt, wird in einer Paukenhöhle, welche in oben geschilderter Weise verengert ist, einmal die
Hörschärfe vorübergehend beträchtlich mindern, und ebenso Veranlassung geben, dass die bereits abnorm nahe gerückten Theile noch weiter sich nähern und alle bisherigen Winkel und Zwischenräume sich
immer mehr ausfüllen. — Es liesse sich aber ferner denken, dass solche
abnorme Verlöthungen und Verwachsungen, wenn sie auch an und
für sich das Gehör nur wenig beeinträchtigen, schon durch ihr Vorhandensein nachhaltig schädlich einwirken, indem sie einen gewissen
Reizzustand unterhalten und so, auch ohne weitere äussere Schädlichkeiten, in ihnen selbst bereits der Grund zu fortwährend erneuten
örtlichen Congestivzuständen liegt. Bekanntlich findet ein solches
Verhältniss im Auge statt, wenn sich Verwachsungen zwischen der
Regenbogenhaut und der Linsenkapsel, sog. hintere Synechieen ausgebildet haben. Indem dadurch bei den accomodativen Vorgängen und
bei allen Bewegungen der Iris eine fortwährende Unregelmässigkeit
und abnorme Zerrung stattfindet, so folgt ein bleibender Reizzustand
der Theile, welcher stets und regelmässig zu wiederholten Rezidiven
und erneuten Entzündungen der Iris Veranlassung gibt. Was man
früher für Folge einer „rheumatischen Diathese“ erklärte, stellt sich
uns nun als rein mechanischer Vorgang dar, indem die erste Entzündung ein Damnum permanens zurückliess, von dem ein fortdauernder
schädlicher Einfluss ausgeht. Ein ähnliches Verhalten lässt sich auch
am Ohre annehmen. Wenn wir auch noch nicht vollberechtigt sind,
die Binnenmuskel des Ohres, den Stapedius und den Tensor tympani,

für eine Art Accommodationsapparat des Ohres zu erklären, so ergibt doch ihr Vorhandensein und ihre muskuläre Structur mit Sicherheit, dass sie gewisse häufig eintretende Bewegungen vermitteln. Dieselben müssen nun nothwendigerweise in unharmonischer und ungeregelter Weise vor sich gehen, wenn die wesentlichsten der zu bewegenden Gebilde, wie Trommelfell und Gehörknöchelchen, durch abnorme Fixationen in der Freiheit ihrer Excursionen gehemmt und beschränkt sind. Es lässt sich somit behaupten, dass im Ohre wie am Auge durch solche Synechieen Reizungszustände unterhalten werden und in ihnen bereits der Grund zu fortwährend erneuten entzündlichen Prozessen gegeben ist. Wie daher jede Iritis, welche unter Zurücklassung von Synechieen geheilt ist, immer Anlass zur Entwicklung wiederholter Entzündungen und zur Bildung neuer Verwachsungen gibt, so müssen wir auch annehmen, dass jeder Paukenhöhlenkatarrh um so mehr auch später noch auf das Gehör schädlich und störend einwirken wird, je mehr er adhäsive Veränderungen gesetzt und zurückgelassen hat. Es ergibt sich daraus für die Behandlung und die Prognose, dass je mehr wir im Stande sind, die Bildung solcher Adhäsionen zu verhindern oder die bereits gebildeten zu lösen und zu lockern, desto mehr werden wir einer solchen Permanenz-Erklärung des krankhaften Prozesses entgegenwirken.

Behandlung. Die eben aufgestellten Postulate werden jedenfalls dann am sichersten und besten erfüllt werden, wenn wir sobald als nur möglich den Katheter anlegen und durch ihn in die Paukenhöhle Luft einblasen. Den Angaben der Autoren folgend, war ich früher bei acuten Erkrankungen der Paukenhöhle sehr zaghaft mit der Anwendung des Katheters und wartete bis zum vollständigem Ablaufe aller entzündlicher Erscheinungen, bis ich zu diesem Mittel griff, aus Furcht, dem Kranken Schmerzen zu erregen und zu schaden. Vielfache Versuche haben mir aber gezeigt, dass man keineswegs so lange zu warten braucht und dass man gerade die entzündlichen Erscheinungen um so mehr abkürzt und alle schädlichen Folgen des Prozesses um so mehr vermindert, je früher man den Katheter anwendet. Ich legte den Katheter mehrmals an zur Zeit, wo das Trommelfell stark injizirt war und der Kranke noch die heftigsten Schmerzen im Ohre klagte; statt dass das allerdings mühsame Durchdringen der Luft die Schmerzen in der Paukenhöhle irgendwie vermehrte, fühlte der Kranke stets die Schwere des Kopfes vermindert und liessen die Schmerzen, wenn auch nicht immer augenblicklich, so doch stets bald merklich nach — kurz wandte von diesem Augenblicke an das ganze Leiden sich zum Besseren. Vergegenwärtigen wir uns den anatomischen Zustand des Ohres in

diesem Prozesse, so erklärt sich diese günstige Wirkung des Kathe-
terisirens sehr leicht. Die Schleimhaut ist allenthalben geschwellt, die
Secretion um ein Wesentliches gesteigert. Dieses reichliche Secret
erfüllt die Zellen des Warzenfortsatzes sowie die Paukenhöhle und
kann nicht durch seine gewöhnliche Abzugsröhre entweichen, indem
die Tuba durch die gleichzeitige Wulstung ihrer Schleimhaut und
durch gesteigerte Absonderung in ihr jedenfalls vollständig abgeschlossen
ist. Oeffnen wir diesen verlegten Weg wieder durch ein kräftiges
Einblasen von Luft, so wird einiges Secret entweichen, der Druck
desselben auf die Wände, insbesondere auf das so empfindliche Trommelfell, auf welches, als die gröste elastische und nachgebungsfähige
Wandfläche der Paukenhöhle er sich vorzugsweise bemerklich machen
wird, lässt nach und mit ihm sämmtliche congestiven und entzündlichen
Erscheinungen. Es ist natürlich, dass wir häufig genug aus morali-
schen Gründen und aus Rücksicht auf den aufgeregten Allgemeinzu-
stand des Leidenden nicht augenblicklich zu einer Operation greifen
werden, welche auf ängstliche und kranke Menschen immerhin einen
erschreckenden Eindruck ausübt. In den ersten Tagen werden Sie
stets, sei es dass Sie den Katheter gebrauchen konnten oder dass
Sie von ihm vorläufig Umgang nehmen mussten, eine wesentliche
Erleichterung durch eine örtliche Blutentziehung und durch Darreich-
ung eines kräftigen Abführmittels erzielen. Als letzteres empfehle
ich Ihnen Calomel mit Jalappa, von ersterem etwa 2—3 Gran, von
letzterem 5—8 Gran pro dosi, 4—6 Pulver des Tages zu nehmen.
Die Blutegel, 4—6 Stück, setzen sie theils vor, theils unter die Ohröffnung. Die schmerzhafte Spannung im Ohre lässt gewöhnlich auf
diese Ordination hin bereits nach; wo nicht, so lassen Sie den Gehörgang stündlich mit lauem Wasser füllen, das der Kranke bei geneigtem Kopfe bis zu einer Viertelstunde im Ohre lässt. Der Kranke
bleibt, wie es sich von selbst versteht, im Bette und werden Sie für
gelinde Diaphorese Sorge tragen. Dabei muss Rücksicht auf die
übrigen katarrhalischen Erscheinungen, insbesondere der Nasen- und
Rachenhöhle genommen werden. Sobald intensivere Bewegungen im
Schlunde vertragen werden, lasse man mit lauem Eibischthee gurgeln,
dem man etwas Borax zusetzt, später lassen Sie ein adstringirendes
Gurgelwasser mit Alaun folgen. Mehrfach wurde der Rath gegeben,
beim acuten Ohrenkatarrhe ein Brechmittel, insbesondere Tartarus
emeticus, zu reichen oder selbst ein Niessmittel, wie Schneeberger
Schnupftabak gebrauchen zu lassen, damit durch die mit dem Niessen
oder Brechen verbundene heftige Erschütterung des Kopfes der in
der Paukenhöhle angesammelte Schleim leichter seinen Ausgang

durch die Tuba fände. Ich gestehe, ich finde bei heftiger Entzündung und grösserer Theilnahme des Trommelfells eine solche
auf starke Erschütterung berechnete Medication für sehr gewagt,
indem man dadurch leicht eine Ruptur des Trommelfells hervorrufen könnte. Die Anwendung des Katheters ist jedenfalls ein
Mittel, das weniger gefahrvoll, und dessen Wirksamkeit wir genauer berechnen und regeln können. Ist einmal das acute Stadium vorüber, so unterscheidet sich die Behandlung nicht von der
des chronischen Katarrhes, von der wir später noch sprechen
werden.

ZWÖLFTER VORTRAG.

Der einfache chronische Ohrenkatarrh.

Verlauf und subjective Erscheinungen. Manche eigenthümliche „nervöse" Symptome. — Die Veränderungen des Trommelfells in Farbe und Aussehen. Verdichtungen. Sehnige Stellen. Kalkeinlagerungen.

Wir wenden uns heute zur chronischen Form des nichteiterigen einfachen Mittelohrkatarrhes. Der chronische Katarrh ist jedenfalls weitaus die häufigste Ohrenkrankheit überhaupt und somit auch die allerhäufigste Ursache der Schwerhörigkeit. Kurz gesagt besteht derselbe in einer wiederholten Schwellung und allmäligen Verdichtung und Verdickung der ganzen das Mittelohr auskleidenden Schleimhaut, welcher Prozess während eben stattfindender stärkerer Congestivzustände gewöhnlich auch von vermehrter Absonderung begleitet ist.

Der chronische Katarrh des Ohres ist ein Leiden jeden Alters, er kommt bereits in den Kinderjahren vor, wo er sich allerdings häufiger aus einem acuten oder subacuten Prozesse herausentwickelt, er bedingt aber auch am häufigsten die Schwerhörigkeit im höheren Alter. Dass eine erbliche Anlage zum chronischen Ohrenkatarrhe besteht, lässt sich durchaus nicht abläugnen und kenne ich Familien, welche sonst durchschnittlich lauter gesunde und langlebige Individuen besitzen, in welchen Skrophulose und Tuberculose durchaus nicht vorkommen, und trotzdem leiden mehrere Generationen hindurch die Mehrzahl ihrer Mitglieder, unter so verschiedenen äusseren Verhältnissen sie auch leben, an chronischen Ohrenkatarrhen, in Folge deren auch nicht Wenige davon in verschiedenem Grade schwerhörig wurden. Selbstverständlich finden wir diese Affection auch nicht selten neben ausgesprochener Skrophulose und Tuberculose, wie überhaupt bei Personen, welche zu katarrhalischen Erkrankungen auch anderer Schleimhäute neigen.

Was den Verlauf und die subjectiven Erscheinungen betrifft, so sind die letzteren beim chronischem Ohrenkatarrhe gar nicht selten so unbedeutend, dass der Kranke den Beginn seines Leidens nicht einmal nach Jahren zu bestimmen vermag. Der Prozess äussert sich somit oft nur in seinen Folgen, in einer ganz allmälig entstehenden und ebenso langsam zunehmenden Schwerhörigkeit, welche dem Kranken erst dann anfängt bemerklich zu werden, wenn sie einen gewissen Grad erreicht hat und ihn so in seinem Berufsleben oder im geselligem Verkehre stört. Solche Fälle, wo der Kranke durch keine weitere Erscheinung, nicht durch Schmerz, nicht durch Ohrensausen oder sonstige abnorme Gefühle, sondern nur durch eine stetig und langsam sich entwickelnde Gehörschwäche auf sein Leiden aufmerksam gemacht wird, werden am häufigsten für „nervöse" Schwerhörigkeiten gehalten und ist eben nur eine genaue Untersuchung der Theile, und insbesondere des Trommelfells im Stande, uns über die wahre Natur des Leidens aufzuklären. In sehr vielen Fällen allerdings sind subjective Geräusche, das Ohrensausen in seinen verschiedenen Graden und Arten, neben der langsam sich steigernden Schwerhörigkeit vorhanden und bilden dieselben sogar eine der Hauptklagen des Kranken. Die beim chronischen Ohrenkatarrhe vorkommenden Schmerzen sind selten anhaltend und länger dauernd, sie treten gewöhnlich nur nach bestimmten Verkältungsursachen oder wenn das Ohr dem scharfen Winde ausgesetzt war, auf und werden dann als kneipend und zwickend, also wohl heftig aber kurz und vorübergehend geschildert. Häufigere und länger andauernde Schmerzen sind Zeichen subacuter Schübe und findet man in solchen Fällen vorzugsweise partielle Verdichtungen, Strangbildungen u. dgl. in der Paukenhöhlenschleimhaut. Häufig klagen die Kranken über Druck im Ohre „als ob dasselbe verstopft wäre," über Völle und Dumpfheit in demselben, welche Empfindungen namentlich des Morgens beim Erwachen hervortreten, wie es überhaupt für den reinen chronischen Ohrkatarrh ganz charakteristisch ist, dass die meisten Kranken Morgens, namentlich wenn sie sehr lange geschlafen und sich später als gewöhnlich aus dem Bette erheben, an vermehrter Dumpfheit im Ohre und an besonders schlechtem Hören leiden. Umgekehrt nimmt das Sausen fast immer in den Abendstunden und nach Tische zu; manche werden dadurch insbesondere zur Nachtzeit beim Liegen auf dem Ohre gequält und im Einschlafen gestört. Das genannte Gefühl von Völle und Dumpfheit im Ohre, zugleich mit grösserer Eingenommenheit des Gehöres und häufig auch des Kopfes, kommt oder steigert sich bei vielen Kranken nach der geringsten Ursache, welche Congestionen zum Kopfe hervorruft oder dem Abflusse des Blutes von demselben nicht günstig ist, so nach dem Trinken von Spirituosen oder starkem Thee, nach längerem vorgebeugten Sitzen, z. B. am Schreibtische oder am Stickrahmen, es erscheint bei Vielen, wenn irgend eine deprimirende Gemüthsbewegung eingewirkt hat oder der Kranke körperlich oder geistig sich stärker ermüdet fühlt.

Sehr auffallend erweist sich in solchen Fällen stets der Einfluss der Temperatur, so dass die Kranken constant bei trockener Kälte und trockener Wärme mässigen Grades am besten hören, stärker gestört sind dagegen bei nasskaltem und feuchtem Wetter und ebenso bei sehr starker, drückender Sommerhitze. Rasche Temperaturübergänge wirken stets verschlechternd; insbesondere klagen die Meisten über stark belegtes Gehör und dumpferes Verstehen, wenn sie im Winter von der Kälte in ein starkwarmes Zimmer treten, seltener genirt das Umgekehrte, Uebergang von Wärme in kalte Luft im Hören, dagegen tritt bei Manchen hiebei leicht zwickender Schmerz im Ohre ein. Ebenso macht sich das Sausen gewöhnlich in freier und in kühler, frischer Luft viel weniger bemerklich, als im geschlossenem Raume und insbesondere in allzuwarmen Zimmern. Eine Reihe dieser Erscheinungen hängt von dem chronischem Reizzustande ab, in welchem bei solchen Ohrenkranken meist die Nasen- und Rachenschleimhaut sich befindet und von dessen Rückwirkung auf die Tuba.

Eine weitere Reihe von Allgemeinstörungen, welche beim chronischem Ohrenkatarrhe nicht gerade selten sind, harren noch ihrer bestimmten Erklärung; sie liessen sich theilweise auf gleichzeitige Affection der Nebenhöhlen der Nase, so besonders der Stirnhöhlen, theilweise auf vermehrten Druck beziehen, unter welchem der Inhalt des Labyrinthes bei längerem Abschlusse der Tuba oder bei Abnormitäten an den beiden Fenstern steht, oder liesse sich an abnorme Reizung des Ganglion oticum oder des in der Paukenhöhle befindlichen Plexus des Sympathicus denken. Manche Kranke geben nämlich neben dem fortwährenden Gefühle von Druck und Schwere im Kopfe, die sich zeitweise bis zu Schwindelanfällen steigern, an, dass sie seit der Zunahme ihres Ohrenleidens sich nicht mehr so fähig fühlen, geistig zu arbeiten, jede längere Fixation der Gedanken auf Einen Punkt strenge sie dermassen an, dass sie ermüdet und abgespannt davon abstehen müssen; Leute, die früher ohne Anstrengung stundenlang lesen oder rechnen konnten, vermögen eine solche Beschäftigung nur ganz kurze Zeit mehr fortzusetzen. Oefter drücken sich Patienten aus, das Denken würde ihnen immer schwerer, gleich als ob ein Druck auf dem Gehirne laste oder dasselbe in fortwährender zitternder Bewegung sich befände; ein junger Mediziner klagte: „ich kann nicht mehr ordentlich capiren." Bei Manchen steigerten sich diese krankhaften Empfindungen von selbst oder nach jedem längeren Versuche der geistigen Anstrengung zu heftigen, ausgebreiteten Kopfschmerzen, welche öfter mehrmals des Tages kamen und den Kranken mehr quälten, als die Gehörschwäche und die übrigen Folgen des Ohrenleidens. Andere, auch solche, welche durch ihre Gehörschwäche keineswegs erheblich beeinträchtigt oder in gemüthlicher Beziehung deprimirt wurden, sprachen von einer ihnen sonst fremden krankhaften Reizbarkeit, einem plötzlichen ganz grundlosen Ueberfallenwerden von düsteren Gedanken und einer tiefgedrückten Gemüthsstimmung, welche sich manchmal bis zum Weinen steigerte, ohne dass irgend eine äussere Veranlassung zu einem so raschen Umschlagen der Stimmung und des Gemeingefühles vorhanden gewesen. Lange Zeit hielt ich solche Beschwerden für rein zufällig und notirte sie nur nebenbei in meinen Krankengeschichten, bis es mir immer mehr auffiel, dass keineswegs blos empfindliche Frauen, sondern auch die klarsten und willenskräftigsten Männer ähnliche Klagen vorbrachten und dieselben auch stets in gewisser ähnlicher Weise sich wiederholten. Auch dadurch wurde mir der unzweifelhafte Zusammenhang solcher Zustände mit dem Ohrenleiden immer ersichtlicher, dass in einer Reihe von Fällen dieselben unter meiner rein auf das Ohr gerichteten Localbehandlung sich minderten oder verschwanden und mehrmals lag der Zusammenhang durch ein gleichzeitiges Zu- und Abnehmen der beidseitigen Leiden offen zu Tage.

Sie sehen, wir haben hier eine Anzahl von Symptomen vor uns, welche man gewöhnlich mit dem Sammelbegriffe „nervöse Erscheinungen" zu belegen pflegt. Es wird Sie daher um so weniger wundern, wenn ich Ihnen sage, dass bisher auch der grössere Theil dieser an chronischem Katarrhe des Ohres Leidenden für „nervösschwerhörig" erklärt werden, und begreift sich dieses häufige Verwechseln von chronischem Ohrenkatarrh und nervöser Taubheit um so leichter, wenn wir bedenken, dass viele der Veränderungen, welche der katarrhalische Prozess am Trommelfell hervorbringt, derartig sind, dass sie bei den bisherigen Untersuchungsmethoden, auf deren Mangelhaftigkeit ich früher bereits Gelegenheit hatte, Sie aufmerksam zu machen, sich nicht erkennen lassen.

Gehen wir nun zu dem objeetiven Befunde über. Derselbe zeigt eine ungemeine Mannichfaltigkeit, einmal in den am Lebenden wahrnehmbaren Veränderungen und dann in den sehr verschieden-fachen Aeusserungen des Krankheitsprozesses, welche erst an der Leichenuntersuchung uns kundwerden. Sprechen wir zuerst von dem, was uns die Untersuchung am Lebenden vorführt. Der Gehörgang ist an dem Prozesse unbetheiligt, bald ist er sehr trocken, bald mit Cerumen selbst in überreichem Maasse versehen. Wie wir bereits oben gefunden, hängt die secretorische Thätigkeit der Gehörgangs-Auskleidung in der Regel von der der allgemeinen Hautoberfläche und nicht von tieferen Krankheitsprozessen im Ohre ab. Eine sehr man-nichfache Reihe von Veränderungen sehen wir dagegen am Trommel-fell — Veränderungen, welche von abnormen Vorgängen auf der Schleimhautplatte dieser Membran ausgehen, sich in der Regel auf ihr allein localisiren und nur in frischeren oder intensiveren Fällen auch die übrigen Schichten der Membran in ihrer Erscheinung alte-riren. Die äussere Oberfläche des Trommelfells ist gewöhnlich nor-mal glänzend, ausser in sehr alten oder in mehr subacuten Fällen, wo dieselbe matt und wie behaucht erscheint. Zeitweise ist der Ober-flächenglanz sogar vermehrt. Der Lichtkegel ist sehr oft verändert, nur selten erscheint er breiter als gewöhnlich, dagegen sind häufig seine Gränzen nicht scharf, sondern verwaschen, seine Ausdehnung gegen die Peripherie zu vermindert, oder derselbe ist in verschiedenen Richtungen unterbrochen; manchmal ist er bis auf einen dem Umbo nahe liegenden Punkt oder auf einen schmalen Streifen verkümmert, fehlt aber auch ganz oder ist nur schwach angedeutet — Alles Zu-stände, welche wir auf eine Veränderung in der Krümmung oder Spannung des Trommelfells beziehen müssen, wenn nicht andere Zei-chen für abnorme Verhältnisse in der oberflächlichen Epidermis- und Cutisschichte allein sprechen.

Gefässe sieht man am Trommelfell nur, wenn zufällig frischere Congestivzustände vorhanden sind und verlaufen dann am Hammer-griffe oder hinter demselben ein oder zwei feine rothe Streifen herab bis zum Umbo. Der Hammer ist in der Regel sehr deutlich, — die Coriumschichte also nicht verdickt —, häufig tritt er sogar auffallend stark hervor oder ist abnorm nach innen gezogen, so dass derselbe mehr oder weniger in perspectivischer Verkürzung erscheint, in wel-chem Falle dann das Knöpfchen an seinem oberen Ende, der Processus brevis mallei, um so mehr hervorragt. Das Trommelfell, also nicht selten abnorm concav, zeigt häufig auch partielle Einziehungen, auf welche wir bei der Erwähnung der Adhäsivprozesse bereits hingewiesen haben und welche sich natürlich unendlich wechselnd nach Lage, Ausdehnung und Gestalt erweisen. Am häufigsten liegt die vordere Hälfte der Membran an ihrem oberen Theile abnorm einwärts und fällt dieselbe von der dann doppeltscharf gezeichneten vorderen Kante des Hammergriffes an auffallend tief nach innen. In anderen Fällen erscheint neben vermehrter Concavität des Trommelfells der Hammergriff eigenthümlich säbelförmig gekrümmt.

Das Aussehen des Trommelfells beim chronischen Katarrhe unterscheidet sich stets dadurch vom normalen Trommelfelle, dass dasselbe weniger durchscheinend ist, etwas Dichteres und Trübes hat. Das natürliche Perlgrau hat sich in ein stärker aufgetragenes Grau verwandelt und durchläuft die Farbe der Membran alle Zwischenstufen vom Weisslichgrauen bis zum vollständig Weiss, von Bleigrau bis zum Gelblichgrau. Insbesondere ist die äusserste peripherische Zone oft dichter und stärker grau, ja erscheint sie nicht selten als ein nach innen scharfabgegränzter weissgrauer Ring von verschieden starker Breitenausdehnung. An dem Rande, wo die Schleimhaut allseitig von der Paukenhöhle auf die Innenfläche des Trommelfells sich fortsetzt, ist diese Lage im Normalen schon am mächtigsten entwickelt, daher sich ihre krankhafte Verdickung auch dort in der Regel am stärksten ausspricht. Indessen finden wir nicht immer beim chronischen Katarrhe der Paukenhöhle die Farbe und das Aussehen des Trommelfells so auffallend stark verändert; namentlich in frischeren Fällen, wo gerade der Katheter und die sonstigen Symptome um so deutlicher das Vorhandenseins eines Katarrhes nachweisen, hat dasselbe nicht selten nur etwas Mattes und Feuchtes in seiner Erscheinung, dem manchmal etwas Gelb beigemengt ist; die Farbe erscheint dabei nur weniger gleichmässig und sind einzelne Stellen weniger durchscheinend.

Ueberhaupt sehen wir die Veränderungen nicht immer gleichmässig über die ganze Membran ausgebreitet, sondern drücken sie sich oft an verschiedenen Stellen in verschiedener Weise und in wechselnder Stärke aus. Dass Centrum und Peripherie in Farbe und in Krümmung sich scharf von einander scheiden, finden wir insbesondere bei Kindern häufig, wo dann die mittlere Parthie durchscheinend dünn, grauröthlich und leicht trichterförmig nach innen gezogen erscheint, während eine breite Randzone von dichterem Gefüge und opak-grauem Aussehen, meist mit scharfer Linie sich vom Centrum absetzend, in der normalen Ebene verharrt. — Ein eigenthümlich sehniges Aussehen finden wir nicht selten in der hinteren Hälfte des Trommelfells in Form eines weisslichgrauen, mattglänzenden, opaken

Halbmondes, welcher zwischen dem äussersten Rande der Membran und dem Hammergriffe in einer untermediären Zone verläuft, so dass nach beiden Richtungen hin noch eine verhältnissmässig normale und durchscheinende Parthie frei ist. Diese halbmondförmige sehnigaussehende Opazität, deren Gränzen meist nicht scharf, sondern mehr verwaschen sind, hat *Wilde* mit dem Annulus senilis der Hornhaut verglichen, wobei jedoch zu bemerken wäre, dass sie .nicht selten auch bei jungen Leuten bereits, bei alten aber keineswegs constant zu sehen ist. — An derselben Stelle der hinteren Hälfte und in derselben Anordnung und Halbmondform finden wir weiter.Kalkeinlagerungen, welche, wenn in der vorderen Hälfte des Trommelfells vorkommend, meist oben mit einem länglich-rundlichen Fleck beginnen. Gewinnt letzterer an Ausdehnung, so kann er mit dem Halbmond der hinteren Hälfte zusammenstossen und zieht sich dann in der gleichen intermediären Zone der Kalkring in Form eines langgezogenen Hufeisens herum. Solche Verkalkungen gränzen sich meist scharf vom umliegenden Gewebe ab und sind in ihrem gelblichgrauem oder rein weisslichem Aussehen nicht zu verkennen. Sie gleichen etwa den atheromatösen Stellen an der Innenwand der Arterien. Bald durchsetzen sie alle Schichten des Trommelfells, bald sind die oberflächlichen Lagen noch erhalten, und ziehen sich mit unverändertem Oberflächenglanze über diese gelblich-weissen Stellen hin. Solche Kalkeinlagerungen des Trommelfells finden sich bereits in früher Jugend vor, und sind sie gar nicht selten; mit Ausnahme von einigen wenigen Fällen, bei welchen das Gehör noch ein mittleres war, fand ich sie bisher immer nur bei hochgradiger Schwerhörigkeit, so dass wohl in der Regel auch ähnliche Verirdungsprozesse an der Membran des runden Fensters oder um den Steigbügeltritt damit verbunden sein mögen. — Ausser diesen Veränderungen kommen manchmal radiäre, vom Umbo gegen den Rand verlaufende, anders gefärbte, verdichtete Streifen vor, welche häufig erst nach der Luftdouche oder beim Aufblasen des Trommelfells deutlich hervortreten. Ebenso zeigen sich auch eigenthümliche weissliche Punkte vorn oben am Trommelfell, die jedenfalls in seiner Schleimhautplatte ihren Sitz haben, über deren Natur aber ich keinen näheren Aufschluss geben kann.

DREIZEHNTER VORTRAG.

Der einfache chronische Ohrenkatarrh (Fortsetzung).

Die adhäsiven Vorgänge. Die Veränderungen am runden und am ovalen Fenster und ihre Bedeutung für die Hörfähigkeit. Die Auscultation des Ohres in ihrem Werthe für die Diagnose des Ohrkatarrhes.

M. H. Bevor wir heute weitergehen in der Betrachtung des Trommelfell-Befundes beim chronischen Katarrhe und anführen, wie eine Reihe anderer Vorgänge in der Paukenhöhle an dieser Membran sich äussern, möchte ich Sie noch kurz an manche anatomische Verhältnisse dieser Cavität erinnern, welche wir bereits besprochen haben. Insbesondere möchte ich Ihnen wieder in's Gedächtniss zurückrufen, wie ungemein gering der Tiefendurchmesser der Paukenhöhle, wie klein die Entfernung des Trommelfells von der gegenüberliegenden Labyrinthwand und von den einzelnen Gehörknöchelchen sich erweist. Wir sahen, dass der Tiefendurchmesser dieser Cavität am Eingange der Tuba 3--4½ Mm., vom Ende des Hammergriffes gemessen selbst nur 2 Mm. beträgt, dass ferner das Ende des langen Ambosschenkels nur 2 M., das Steigbügelköpfchen endlich 3 Mm. vom hinteren oberen Theile des Trommelfells entfernt ist. Durch jede Anschwellung der Schleimhaut verkleinern sich natürlich diese Entfernungen und die angegebenen Maasse, nähern sich diese Theile resp. die sie überziehende Mucosa noch weiter, und werden sich endlich bei stärkerer Wulstung derselben vollständig berühren. Aus der zeitweiligen Berührung der geschwellten Schleimhautparthien können sich dann Verlöthungen und Verwachsungen entwickeln oder doch abnorme Verbindungen derselben durch Pseudomembranen zurückbleiben. Je geringer die Entfernung der Theile von einander, desto leichter natürlich werden solche adhäsive Vorgänge sich ausbilden, daher sie sich an einzelnen Stellen besonders häufig finden. Noch müssen wir bedenken, dass das Trommelfell und die Labyrinthwand der Paukenhöhle auf zweierlei Weise bereits unter sich verbunden sind, nämlich durch die Kette des Gehörknöchelchen einerseits und durch die Sehne des Trommelfellspanners andrerseits, welche beide quer durch das Cavum tympani verlaufen, so dass eine abnorme Verbindung der beiden gegenüberliegenden Flächen in Folge dieser bereits bestehenden Vermittlung doppelt leicht sich ausbilden kann.

Wie die adhäsiven Veränderungen des Trommelfells, seine abnormen Verlöthungen mit Theilen der Paukenhöhlenwand sich durch stärkere Concavität der ganzen Membran oder durch Einsenkungen einzelner Theile sich kundgeben, und sich namentlich bei Betrachtung des Trommelfelles während der Luftdouche deutlicher verfolgen lassen, dies besprachen wir bereits früher in Kürze. Solche Vorgänge finden sich nun nicht blos als Folge von acuten Katarrhen, sondern sie entwickeln sich auch im Verlaufe der chronischen Form. Abgesehen von den bereits erwähnten Veränderungen in der Lage des Griffes und damit in der Krümmung der ganzen Membran, wie den häufigen Einziehungen der vor dem oberen Theile des Griffes liegenden Parthie, zeigen sich auf abnorme Verlöthungen deutende Befunde an den verschiedensten Theilen, und variiren dieselben zusehr in ihrer ganzen Erscheinung und in ihrem Umfange, als dass sie sich im Einzelnen beschreiben liessen. Auffallend häufig kommen sie vor in dem hinteren oberen Abschnitte des Trommelfells, hinter welchem in sehr geringem Abstande entfernt das Ende des langen Ambosschenkels und das Steigbügelköpfchen sich befinden. Entsprechend einer abnormen Verbindung des Trommelfells mit einem dieser Theile, finden wir daher manchmal in seiner hinteren Hälfte oberhalb der Mitte einen gelblichen Punkt, öfter inmitten einer flachen Einsenkung gelegen, und lässt sich die Form des Köpfchens des Steigbügels mit dem Bogen, den seine beiden Schenkel bilden, zuweilen sehr deutlich von aussen erkennen. Ebenso zeigt uns ein kurzer gelblicher Streif hinter dem Griffe und parallel mit ihm an, dass der lange Schenkel des Ambosses in grösserer Ausdehnung dem Trommelfell näher gerückt oder selbst mit ihm verbunden ist. Weiter erscheint hinten oben öfter ein feiner weisslicher Streif in der Richtung von vorn nach hinten, welchen ich deuten möchte als Zeichen einer Verwachsung der hinteren Tasche, jenes eigenthümlichen durch ein Nebenblatt des Trommelfells gebildeten Hohlraumes an seiner Innenfläche, oder als Zeichen einer abnormen Annäherung der am freien Rande dieser Tasche verlaufenden Chorda Tympani, welch beiden Zuständen wir gar nicht selten an der Leiche begegnen und die ich mehrfach beschrieben habe. —

Alle diese seither aufgeführten Befunde am Trommelfelle weisen
uns darauf hin, dass in seiner Schleimhautplatte gewisse auf chronischen
Katarrh derselben zu beziehende Veränderungen vor sich gegangen
sind. Der Schleimhautüberzug des Trommelfells bildet nun einen in-
tegrirenden Bestandtheil der Schleimhautauskleidung der Paukenhöhle
überhaupt, und ergibt die pathologisch-anatomische Untersuchung, dass
in der Regel die Schleimhaut der Paukenhöhle in toto leidet und
gewöhnlich die Veränderungen, welche an der einen Parthie sich vorfinden, auch an den übrigen Theilen des Cavum Tympani, wenn auch
vielleicht in verschiedenem Grade sich nachweisen lassen. Wo sich
somit durch die Untersuchung solche auf einen katarrhalischen Prozess
beruhende Veränderungen an der Innenseite des Trommelfells ergeben,
da werden in der Regel analoge Vorgänge auch an den übrigen, uns
nicht sichtbaren Theilen der Paukenhöhle stattgefunden haben und
sind wir um so mehr berechtigt zur Annahme letzterer, wenn eine
höhergradige Schwerhörigkeit vorhanden ist. Es können nämlich eine
Reihe der aufgeführten pathologischen Befunde am Trommelfelle vorhanden sein, ohne dass der Kranke sehr wesentlich in seinem Hörvermögen gestört ist. Normal ist sein Gehör dabei nie mehr, wie es sich
von selbst versteht; den sehr mässigen Ansprüchen indessen, die man
im gewöhnlichen Lebensverkehre an die Hörschärfe stellt, kann dasselbe vielleicht noch ganz gut nachkommen und somit das Individuum
scheinbar noch zu den Guthörenden und sicherlich noch nicht zu den
entschieden Schlechthörenden gehören. Solche Schwerhörigkeiten nie-
deren und mässigen Grades mit nicht normaler aber für gewöhnlich
ausreichender Hörschärfe sind ungemein häufig und entgehen sie meist
der Umgebung ebenso wie dem Kranken.

Mässige Verdickungen und Trübungen des Trommelfells bedingen
somit allein nie eine höhergradige Schwerhörigkeit und ist eine solche
vorhanden, so müssen wir annehmen, dass ausserdem noch weitere
Veränderungen in der Paukenhöhle an uns nicht sichtbaren Theilen
vor sich gegangen sind, an Theilen, deren pathologischer Zustand auf
die Fortpflanzung der Schallwellen zum Labyrinthe, zum perzipirenden
Apparate, störender einwirkt, als dies erwiesener Massen vom Trommelfelle sich sagen lässt.

Welche weiteren Veränderungen lassen sich nun als die häufigeren
Folgen des Paukenhöhlenkatarrhes durch die Untersuchung an der
Leiche nachweisen? Durch sie allein natürlich können wir über die Vor-
gänge, welche nicht am Trommelfell stattfinden, Aufschluss erhalten. —
Die allgemeine Verdickung und Verdichtung der Schleimhaut des Mit-
telohres setzt sich einmal sehr häufig auf die Gelenke der Gehörknö-

chelchen, insbesondere das Hammer-Ambosgelenk, fort und indem die
die Gelenkkapsel überziehende Schleimhaut ebenfalls dichter und dicker
wird, leidet darunter nothwendig die Beweglichkeit der Gelenkflächen,
wird diese schliesslich selbst aufgehoben und das Gelenk ankylotisch.
Unter den wichtigeren Theilen, welche durch solche chronisch-katar-
rhalische Prozesse häufig in Mitleidenschaft gezogen werden, wären
vor Allem das runde und das ovale Fenster zu nennen, beide mit
ihren Nischen. So finden wir nicht selten den kleinen Knochenkanal
oder die Nische, an dessen Ende die Membran des runden Fensters
ausgespannt ist, mit einer mehr oder weniger derben Pseudomembran
überzogen, oder die Schleimhaut der Nische hypertropisch, dadurch
dieselbe verengert, ja selbst vollständig durch verdickte und vasculari-
sirte Schleimhaut, wie mit einem Bindegewebspfropfe ausgefüllt und
verstopft. Ebenso unterliegt die Membran des runden Fensters selbst,
die sog. Membrana tympani secundaria, sehr häufigen Verdickungen
und Verdichtungen, und kommt selbst eine vollständige Verkalkung
derselben vor. Es ist klar, dass wenn auf diese Weise die Elastizität
dieser Membran beschränkt oder selbst ganz aufgehoben ist, damit
auch dasselbe für die Bewegungsfähigkeit des Steigbügeltrittes gilt,
indem die zwischen beiden Fenstern befindliche, das Labyrinth er-
füllende Flüssigkeit, nun nicht mehr oscilliren und aus Mangel an
elastischer Wand nirgends mehr ausweichen und nachgeben kann.
Aehnliche Veränderungen entwickeln sich ebenso in der Nische des
Steigbügels und an der das ovale Fenster mit dessen Fusstritte ver-
bindenden ringförmigen Membran, welche, wie die Haut des runden
Fensters, einen feinen Ueberzug von der Mucosa des Mittelohres besitzt.
Bald ist der Steigbügel durch abnorme Bänder nach der einen oder
nach verschiedenen Richtungen fixirt, bald ist er vollständig unbeweglich in wuchernde Schleimhaut oder in starre Bindegewebsmassen
eingehüllt, bald ist das den Fusstritt umgebende Ligamentum annulare
verdickt oder selbst ganz verkalkt — sämmtlich Zustände, welche die Function dieses wichtigen Endgliedes der Kette des Gehörknöchelchen, und somit die Schalleitung zum Labyrinthe auf's wesentlichste herabsetzen müssen.

Bereits die oben geschilderten Veränderungen am runden und am
ovalen Fenster gehören theilweise denjenigen adhäsiven Vorgängen
in der Paukenhöhle an, welche am Trommelfell durchaus keine Zeichen
zurücklassen. Hieher gehören ferner jene häufigen abnormen Bänder
und aus geschwellter Schleimhaut sich entwickelnden Neubildungen,
welche zwischen dem Trommelfell und den verschiedenen Wänden
des Cavum Tympani, zwischen der Sehne des Trommelfellspanners
und den Gehörknöchelchen, zwischen diesen und den Wänden sich

hinziehen, und theils die mannigfachen lufthaltigen Räume und Winkel
zwischen den einzelnen Gebilden mehr oder weniger ausfüllen und
ausgleichen, theils den einen oder anderen Theil in eine abnorme
Spannung oder Zerrung versetzen, theils auch die Paukenhöhle selbst
durch reichlichere Bindegewebsmassen entweder zum Theil obliteriren,
oder, wenn dieselben sich mehr in die Fläche ausbreiten, in mehrere
oft gänzlich geschiedene Räume abtrennen. Bei der grossen Mannig-
faltigkeit solcher Befunde hätten genauere Beschreibungen und ein
Versuch, Alles was hier vorkömmt aufzuzählen, durchaus keinen
Werth; fast bei jeder derartigen Section findet man wieder etwas Anderes und Neues. Am besten werden Sie sich das wechselnde Wesen
dieser adhäsiven Vorgänge durch Betrachten einer Reihe hieher gehören-
den Präparate veranschaulichen, *) welche ich Ihnen vorlegen werde.

Nur ganz in Kürze sei hier noch erwähnt, dass bei grösserer
Ausdehnung solcher Adhäsivprozesse die Sehne des Trommelfellspanners oder das Ambos-Steigbügel-Gelenk fast immer betheiligt sind und
inmitten dieser neugebildeten Bänder oder Verbindungen sich befinden,
wie diese Theile eben durch ihre Lage die Entstehung solcher abnormer Zustände wesentlich begünstigen.

Sie begreifen, dass ein grosser Theil dieser Vorgänge sich am
Lebenden durchaus nicht erkennen und diagnostiziren lässt. Nur auf
das Vorhandensein einer wesentlichen Abnormität am runden oder am
ovalen Fenster können wir mit einiger Wahrscheinlichkeit schliessen,
wenn einmal eine hochgradige Schwerhörigkeit vorhanden, und diese,
nach allen uns gegebenen sonstigen Anhaltspunkten nicht auf Veränderungen im Labyrinthe oder im Centralnervensysteme selbst, sondern auf katarrhalische Vorgänge in der Paukenhöhle bezogen werden
muss. Diesen beiden Fenstern kommt jedenfalls die grösste akustische
Bedeutung im ganzen peripherischen Gehörapparate, im schallzulei-
tendem Systeme zu; an welchem von ihnen, ob am Schnecken- oder
am Vorhofsfenster, im einzelnen Falle die Abnormität zu suchen und
worin diese besteht, darüber vermögen wir nach unseren gegenwärtigen
physiologischen Kenntnissen und diagnostischen Hilfsmitteln jetzt nicht
einmal brauchbare Vermuthungen und Hypothesen, geschweige denn
bestimmtere diagnostische Merkmale aufzustellen.

---

*) Mehrere solcher Befunde sind beschrieben in meinen „anatomischen Beiträgen
zur Ohrenheilkunde" (*Virchow's* Archiv B. XVII. S. 1—80) darunter ein Fall, welcher sich der vollständigen Aufhebung des lufthaltigen Raumes der Paukenhöhle,
einer Obliteration derselben, annähert. (Sektion XV. linkes Ohr). Eine grosse Man-
nigfaltigkeit derselben hat *Toynbee* in seinem Descriptive Catalogue of Preparations
illustrative of the diseases of the ear. (London 1857) mitgetheilt.

Es wäre allerdings denkbar, dass manche auf die Raumverhält-
nisse in der Paukenhöhle sehr verändernd einwirkenden Adhäsivprozesse, welche trotzdem aus dem Befunde am Trommelfell sich durchaus
nicht ahnen lassen, einen gewissen Einfluss auf die Art des Auscul-
tationsgeräusches ausübten und wir auf diese Weise eine Andeutung
über ihr Vorhandensein erhielten. Unter den Auscultationsgeräuschen
kommen mancherlei eigenthümliche kurze und dumpfe und manche
sonderbar klappende vor, welche nach ihrer Nähe am Ohre des Untersuchenden entschieden in der Paukenhöhle entstehen, aber von dem
früher erwähnten „Anschlagegeräusche," das von dem Anprallen des
Luftstromes an's Trommelfell herrührt, sich wesentlich unterscheiden.
Ich kann diese Unterarten noch zu wenig bestimmt deuten und habe
sie Ihnen darum früher nicht erwähnt. Bestimmtere Schlüsse würden
sich erst gewinnen lassen durch die Section von Individuen, an denen
man derartige Beobachtungen sich genau notirt hat, oder möglicherweise auch durch Auscultationsversuche an Leichen, welche man nachher eingehender anatomisch untersucht.

Aber auch nach dem jetzigen Stande der Wissenschaft gibt uns
die Auscultation des Ohres, wie wir sie mittelst Katheter und Luftdouche anstellen, beim chronischem Katarrhe eine Reihe sehr werth-
voller Aufschlüsse über den Zustand der Ohrtrompete und der Paukenhöhle, und haben wir alle diese Auscultationsergebnisse und die
Schlüsse, welche wir aus ihnen ziehen dürfen, in einem früheren Abschnitte bereits näher besprochen. Können wir auch in der überwiegenden Mehrzahl der Fälle den chronischen Katarrh des Ohres bereits aus dem Befunde am Trommelfelle diagnostiziren, so gehört zu
einem genauen Krankenexamen doch stets der Katheterismus und die
Luftdouche. Welche grosse Bedeutung für die Prognose deren Ergebnisse haben, werden wir später noch zu betrachten haben, aber auch
für die Erkenntniss des Zustandes, in welchem die verschiedenen Theile
des Mittelohres im einzelnen Falle und eben jetzt sich befinden, ist der
Katheter und die Auscultation des Ohres unerlässlich nothwendig.
Wir erkennen dadurch, in wieweit die Tuba an dem Prozesse mitbe-
theiligt, ob ihre Schleimhaut geschwellt und gewulstet, ob sie normal
weit oder verengert, ob noch abnorme Schleimsecretion in Tuba und
in der Paukenhöhle stattfindet etc. Häufig genug äussern sich auch
abnorme Zustände des Trommelfelles nach der Luftdouche erst voll-
kommen, wie z. B. die radiären Strangbildungen, ganz abgesehen davon, dass aus der Besichtigung des Trommelfelles während der Luftdouche Beobachtungen über die Elastizität, über die Beweglichkeit

oder über abnorme Fixationen desselben sich ergeben, die wir auf
keine andere Weise in dieser Sicherheit erhalten können. Haben wir
so den Katheterismus der Ohrtrompete als sehr wesentlich für die
Diagnose des chronischen Katarrhes anzusehen, so müssen wir uns
auf der anderen Seite hüten, denselben zu überschätzen und Schlüsse
aus seinen Ergebnissen ziehen zu wollen, welche sich bei einigermassen
strenger Selbstkritik und einem mehr anatomischem Standpunkte nicht
vertheidigen lassen. Dringt der Luftstrom ganz voll, rein und frei in
die Paukenhöhle ohne jede Beimischung von Rasseln, so beweist dies
natürlich nichts, als dass im gegenwärtigen Momente der Untersuchung
keine abnorme Schwellung und keine krankhafte Secretionsvermehrung
der Schleimhaut vorhanden ist, mehr natürlich nicht; am allerwenigsten wird dadurch bewiesen, dass solche Zustände nicht früher vorhanden gewesen waren, und dass im vorliegenden Falle die Schwerhörigkeit nicht auf Veränderungen der Paukenhöhlenschleimhaut, also
auf einem katarrhalischem Prozesse beruht. In vielen Fällen sprechen
der Befund am Trommelfell, die Angaben des Kranken, kurz alle sonstigen Momente mit zwingender Schärfe für Beziehung des Gehörleidens auf einen chronischen Katarrh des Mittelohres, auf einen Ver-
dickungs- und Verdichtungsprozess der Paukenhöhlenschleimhaut und
trotzdem dringt die Luft durch die Tuba ein ohne alles Hinderniss
und jedes Secretvermehrung ankündigende Geräusch. Ja wir finden
sogar häufig, dass in äusserst ausgesprochenen Fällen von chronischem
Ohrkatarrh, namentlich solchen von sehr langer Dauer, der Luftstrom
mit ungewöhnlich vollem, breitem und hartanschlagendem Tone in's
Ohr dringt, und gestaltet sich diese Beobachtung manchmal besonders
auffallend, wenn der Kranke auf dem einen Ohre schon längere Zeit
in Folge von Katarrh taub ist, und auf dem anderen ein frischerer
Prozess derselben Natur sich entwickelt hat; während die Luftdouche
im ersteren Ohre frei und voll anschlägt, findet sie im zweiten, im
frischer erkrankten und besser hörenden Ohre, ein wesentliches Hinderniss, dringt sie nur in feinem, pfeifendem Strahle oder nur während
des Schluckactes ein. Sehr häufig tritt eben nach länger dauernden
Entzündungen eine gewisse Vertrocknung der Oberfläche und ein Ver-
schrumpfen der bindegewebigen Grundlage ein, wie wir z. B. constant
nach intensiven Trachomen eine abnorme Trockenheit der Conjunctiva
und einen vollständigen Secretionsmangel (Xerophthalmus) vorfinden.
Dieser am Leben zu beobachtenden Thatsache entspricht häufig der
Befund an der Leiche. Mehrmals mache ich bei meinen, Ihnen schon
öfter zitirten Sectionen auf eine auffallende Weite der Ohrtrompete
in ihrem oberen Abschnitte aufmerksam und zwar entweder in Fällen,

wo längere Zeit starke Eiterbildung in der Paukenhöhle stattfand *) —
hier liesse sich wohl eher an Ausdehnung der Wände durch Anhäufung des Secretes denken — oder in Fällen von veralteten Katarrhen des Ohres, welche entwickelte Veränderungen in der Paukenhöhle zurückgelassen. **) Ausserdem kommen auch Katarrhe vor, die
mit vorwiegender Localisation in der Paukenhöhle keine oder nur
wenige Veränderungen in der Tuba bedingen, und schliesslich verlaufen viele dieser Prozesse mehr interstitiell im Gewebe selbst, dasselbe
verdichtend, während sie sich viel weniger durch Secretbildung und
Exsudation äussern. In sehr vielen Fällen kann somit jede anomale
Erscheinung von Seite der Tuba oder von Seite der Auscultationsergebnisse fehlen, und doch liegt die Schwerhörigkeit in einem pathologischem Zustande der Paukenhöhlenschleimhaut, in einem chronisch-
katarrhalischen Prozesse derselben begründet.

Wenn ich bei Besprechung dieses Punktes länger verweilte, so
kömmt dies daher, weil die meisten Praktiker sich nur dann berechtigt glauben, die Diagnose „Ohrenkatarrh" zu stellen, wenn beim Katheterisiren Rasselgeräusche entstehen, und die Durchgängigkeit der
Ohrtrompete für die Luft aufgehoben oder doch behindert ist. Daher
auch so häufig für den „Katarrh des Mittelohres" der beschränkende
Name „Tubenkatarrh" von den Aerzten benützt wird. Mit dieser
überschätzenden Meinung von der Bedeutung der Tuba und der durch
ihren jeweiligen Zustand bedingten Ausculationsergebnisse geht natürlich eine zu geringe Berücksichtigung der Veränderungen in der Paukenhöhle Hand in Hand, wie sie sich in ihrer ungemeinen Häufigkeit
durch die pathologische Anatomie und am Lebenden durch eine genaue Untersuchung des Trommelfells ergeben. Die genannte Ver-
kennung der Verhältnisse ist nicht nur auf die frühere Zeit und die
Praktiker im Allgemeinen mit Ausschluss der Spezialisten beschränkt,
sondern findet sie ihren schärfsten und entwickelsten Ausdruck in den
Schriften mancher neuerer Ohrenärzte. Sie begreifen, dass auf diese
Weise eine grosse Menge Katarrhe, insbesondere die so zahlreichen
interstitiellen Verdichtungsprozesse der Paukenhöhlenschleimhaut übersehen, und in anderer Weise gedeutet wurden. Wie diese Fälle dann meist
unter dem Begriffe „nervöse Schwerhörigkeit" zusammengefasst wurden
und die Nervenleiden des Ohres dadurch an unverdienter Ausdehnung in
der Diagnose gewonnen, dies werden wir später noch zu betrachten haben.

---

*) S. *Virchow's* Archiv. B. XVII. Section IV. XII; dasselbe Archiv. B. XXI.
p. 299 und 300.

**) S. *Virchow's* Archiv. B. XVII. Section VII. X. XI.

VIERZEHNTER VORTRAG.

Der chronische Rachenkatarrh als Theilerscheinung des chronischen Ohrenkatarrhes.

Das Abhängigkeitsverhältniss des Ohres vom Rachen ist anatomisch, physiologisch und durch die Beobachtung erwiesen. Bedeutung der Tubenmuskeln. Untersuchung des Mund-Rachenraumes und die Veränderungen daselbst. Die Rhinoskopie und die im Nasen-Rachenraume vorkommenden pathologischen Befunde. Ein Fall von massenhaftem rostbraunem Rachenauswurf. Die Symptome des chronischen Rachenkatarrhes und der Nervenreichthum des Rachens.

Bei keinem Ohrenkranken, m. H., dürfen Sie unterlassen, den Zustand der Nasen- und Schlundschleimhaut einer näheren Betrachtung zu würdigen und werden Sie diese Theile gerade beim chronischem Ohrenkatarrhe ungemein häufig und in der verschiedensten Weise erkrankt und verändert finden. Häufig genug geht das Ohrenleiden von einem katarrhalischen Zustande des Naso-pharyngealcavums aus oder wird von ihm wenigstens unterhalten. Viele, ja sogar die Mehrzahl der neueren ohrenärztlichen Schriftsteller läugnen geradezu diesen Zusammenhang zwischen Ohren- und Rachenkatarrh. Ich gestehe, mir für meine Person ist es rein unbegreiflich, wie man einen Zusammenhang in Abrede stellen kann, von dem nicht nur eine grosse Menge verständiger und unbefangen beobachtender Kranker von selbst, ohne gefragt zu werden, berichten, ein Abhängigkeitsverhältniss, welches sich aus dem anatomischen Sachverhalte und nach den einfachsten physiologischen Gesetzen eigentlich von selbst versteht und welches sich endlich in der Praxis so tausendfach in dem Krankheitsverlaufe beobachten und aus der Wirkung der Behandlung sicherstellen lässt.

Gehen wir auf die Sache selbst ein. — Ihrer Entwicklung wie ihrer Structur nach erweist sich die Schleimhaut der Ohrtrompete als
eine Fortsetzung der Rachenschleimhaut. Insbesondere an ihrem unterem Anfangstheile hat sie durchaus denselben anatomischen Charakter, ist dick, wulstig und besitzt wie jene eine grosse Menge Schleimdrüsen, deren Mündungen man in der Regel sehr deutlich ohne weitere Hülfsmittel erkennen kann. Diese Parthie der Tubenschleimhaut,
welche allenthalben und ohne scharfe Gränze in die Rachenschleimhaut übergeht, wird sich in der Regel ebenso wie diese verhalten,
somit an allen congestiven und entzündlichen Zuständen derselben
Theil nehmen. Jede irgendwie beträchtliche Schwellung der Schleimhaut in diesem unterem Abschnitte der Ohrtrompete muss nothwendigerweise, schon auf rein mechanischem Wege, seine Rückwirkung auf
die höher gelegenen Theile des Ohres ausüben. Die dadurch bedingte
Verengerung der an und für sich engen Röhre, welche leicht zu vollständigem Abschlusse gegen oben sich steigert, wird einmal alles in
der Paukenhöhle und im knöchernen Abschnitte der Tuba gelieferte
Secret absperren und so diese Theile, deren Producte nicht mehr nach
unten entleert werden, in einen abnormen Zustand versetzen; ausserdem
wird durch die aufgehobene Communication zwischen Pauken- und
Rachenhöhle und den dadurch bedingten Abschluss der in ersterer befindlichen Luftschichte, welche allmälig verdünnt und absorbirt wird,
der auf dem Trommelfell lastende Luftdruck ein einseitiger, nur vom
Gehörgange ausgehender sein, wodurch nothwendig diese Membran,
wie die ganze Kette der Gehörknöchelchen abnorm nach innen ge-
drängt werden.

Wird so durch den Katarrh des Rachenendes der Tuba in mittel-
barer Weise stets das normale Verhalten der oben liegenden Ohrab-
schnitte beeinträchtigt, auch wenn diese nicht an dem entzündlichem
Prozesse theilnehmen, so pflanzen sich ebenso häufig pathologische
Zustände der unteren Parthie direct nach oben fort, und besteht oft
genug ein Paukenhöhlenkatarrh neben dem Rachenkatarrhe. Dies ergibt vor Allem die Untersuchung an der Leiche. An frischen Cada-
vern findet man nicht selten den ganzen Schleimhauttractus des Mittelohres
zugleich mit der Mucosa des Rachens im Zustande der congestiven
Schwellung, der Hyperämie und der Hypersecretion. Das anatomische
Bild wird sich natürlich, auch bei gleicher Stärke des pathologischen
Prozesses, in den einzelnen Abschnitten verschieden gestalten, entsprechend der Verschiedenheit, welche die Structur derselben im physiologischen Zustande bereits darbietet. Am ähnlichsten zeigt sich der
Schleimhaut des Rachens und des untersten knorpeligen Theiles die

am Ostium tympanicum, indem daselbst, also in der nächsten Nähe
des Trommelfells und beim Uebergange in die Paukenhöhle, die Auskleidung der Tuba, welche im knöchernem Abschnitte dünn, blass und
drüsenlos geworden ist, eine kleine Strecke weit wieder dicker und
gefässreicher wird und hier auch wieder einzelne ziemlich starke,
traubenförmige Schleimdrüsen besitzt. Weniger deutlich treten die
Erscheinungen der Schwellung und Hyperämie natürlich im übrigen
Verlaufe der Ohrtrompete und im Cavum tympani selbst hervor, lassen
sich indessen auch hier in der Mehrzahl solcher Fälle ganz deutlich
nachweisen.

Es zeigt aber auch die tägliche Erfahrung und Beobachtung in
der Praxis, wie allenthalben benachbarte, zu einem Systeme gehörige
Schleimhäute fast constant in einem ähnlichem, normalem oder krankhaftem Zustande sich befinden, wie *Johannes Müller*[*]) im Abschnitte
von den Sympathien sagt: „Die Schleimhäute haben eine grosse Neigung, ihre Zustände einander nach dem Verlaufe der Membranen mit-
zutheilen.“

Wir sehen daher unendlich häufig, wie Schleimhautleiden sich
per continuitatem fortpflanzen, aus Schnupfen katarrhalische Reizung
des Thränensackes und der Conjunctiva entsteht, der Mundhöhlen-
katarrh beim Typhus sich durch den *Wharton*'schen Gang auf die
Drüsenkanälchen der Parotis fortsetzt und wie bekannterweise der
Rachenkatarrh bei einer Reihe von Allgemeinerkrankungen, — ich
nenne nur Typhus, Tuberculose und die acuten Exantheme, — sehr
häufig auf das Ohr und seine Schleimhaut übergeht, so findet dies
auch ohne acutes Allgemeinleiden sehr oft statt.

Auf rein mechanische Weise wirken ferner Verdickungen des
Gaumensegels, dessen Masse bei chronischen Rachenkatarrhen oft um
ein Mehrfaches seiner normalen Dicke gesteigert ist, auf das Orificium
pharyngeum tubae, indem durch ein solches Hinaufragen des Velum
palatinum die vordere Lippe gegen die hintere gedrückt, die Rachenmündung somit bedeutend verengert wird. Dasselbe leisten auch
vergrösserte Mandeln, welche nie direct, wie mehrfach behauptet
wurde, wohl aber durch ein Hinaufdrängen des hinteren Gaumenbogens und des Gaumensegels die Tubenöffnung verlegen können.

Wenn wir von dem Zusammenhange zwischen Rachen- und Ohrenaffectionen sprechen, müssen wir uns schliesslich noch erinnern, dass
die Muskeln, welche den Gaumen bewegen und den Schlingact ver-

[*]) Handbuch der Physiologie (1844) I. S. 651.

v. Tröltsch, Ohrenkrankheiten.　　9

mitteln,*) sehr wesentlich auch Tubenmuskeln sind. Durch ihre Thätigkeit wird, und zwar während des Schlingens insbesondere, die stete Luftausgleichung zwischen Pauken- und Rachenhöhle besorgt, indem die an der knorpeligen Tuba sich ansetzenden Muskeln bei ihrer Contraction die Wandungen derselben bewegen und so eine Veränderung ihres Lumens, ein Oeffnen oder Strecken hervorbringen. Im Einzelnen kennen wir den hier statthabenden Mechanismus noch nicht genauer, doch steht der genannte Einfluss der Schlingmuskeln auf die Paukenhöhle fest, wovon Sie sich am besten an sich selbst überzeugen können, sobald Sie bei Verschluss von Mund und Nase Schluckbewegungen machen. Sie werden dann nicht nur ein deutliches Knacken hören, sondern ein eigenthümliches Gefühl von Völle im Ohre empfinden. Es steht somit fest, dass jede normale oder gehinderte Thätigkeit dieser Muskeln auch von wesentlichem Einflusse sein muss auf den Mechanismus der Luftausgleichung im Ohre und lässt sich ein fortdauernd geregeltes Verhalten des mittleren Ohres in all seinen Einzelheiten nicht denken, ohne dass diese durch die Tubenmuskeln ausgeführten Vorgänge ohne Störung von Statten gehen. Es wäre denkbar, dass die Muskelfasern, welche der Schleimhautfläche so nahe verlaufen und welche im weichen Gaumen sich allenthalben um die einzelnen Drüsen herumschlingen, diese gleichsam umstricken, durch langedauernde und intensive Ernährungsstörungen in diesen Theilen selbst mitleiden und Gewebs-Veränderungen unterliegen. So sehr diese Annahme eine gewisse Wahrscheinlichkeit für sich hat, kann doch hierüber durchaus Nichts mit absoluter Bestimmtheit gesagt werden, indem diese Theile wohl kaum je in dieser Hinsicht untersucht und somit auch noch keine solchen Vorgänge nachgewiesen wurden. Müssen wir so das Vorkommen anatomisch-nachweisbarer Structurveränderungen der Gaumen- und Tubenmuskulatur in Folge chronischer Rachenkatarrhe vorläufig noch in's Bereich der Vermuthungen und Wahrscheinlichkeiten verweisen, so lässt sich doch jetzt schon mit Sicherheit sagen, dass ihre functionelle Integrität jedenfalls bei solchen Prozessen häufig leiden muss. Hypertrophie der Gaumendrüsen, Schwellung und Verdickung der Rachen- und Tubenschleimhaut, die gewöhnlichsten und manchmal bis zu einer erstaunlichen Höhe entwickelten Folgen von Rachenkatarrhen, vermehren jedenfalls die von den erwähnten Muskeln zu bewegenden Lasten. Nehmen die-

---

*) Der Petro-salpingo-staphylinus oder Gaumenheber und der Spheno-salpingo-staphylinus oder Gaumenspanner.

selben nun nicht entsprechend an Masse zu, wie wir eine solche com-
pensatorische Hypertrophie der Muskulatur so häufig am Herzen bei
Klappenfehlern sehen, — wovon aber hier nach den vorliegenden
anatomischen und physiologischen Bedingungen eher das Gegentheil
zu erwarten stände — so entwickelt sich nothwendigerweise ein Missverhältniss zwischen Kraft und zu bewegender Last, die Gaumen- und
Tubenmuskeln werden die ihnen obliegenden Leistungen mit zu geringer Energie und unvollständig ausführen, werden relativ insufficient.
Da aber eine normale Leistungsfähigkeit dieses wichtigen Bewegungs-
apparates für die Normalität des ganzen Mittelohres unumgänglich
nothwendig ist, so muss ihre halbe oder ganze Unthätigkeit, wie sie
durch den chronischen Rachenkatarrh sicherlich häufig hervorgerufen
wird, jedenfalls abnorme Zustände im Ohre selbst bedingen.

Die grosse Bedeutung der Gaumenmuskeln für das Ohr wird
auch durch die bekannte von *Dieffenbach* zuerst hervorgehobene Thatsache bewiesen, dass nahezu alle Individuen mit gespaltenem Gaumensegel schwerhörig sind. Den Muskeln fehlt hier der Stützpunkt für
ihren Einfluss auf die Ohrtrompete, darum letztere und so das ganze
Mittelohr in einen pathologischen Zustand versetzt werden. Nach
Dieffenbach soll sich in Folge der gelungenen Gaumennath die Schwerhörigkeit „immer vollständig" verloren haben. —

Sie sehen, bei genauerer Betrachtung ergeben sich eine ganze
Reihe verschiedener Einflüsse und Wege, durch welche Affectionen
des Nasopharyngealcavums auf Tuba und Paukenhöhle sich fortpflanzen oder sich dort geltend machen können. Untersuchen Sie daher bei jedem Ohrenkranken die Rachenschleimhaut, soweit dies
nur geht.

Da die meisten Menschen ihre Zunge beim Oeffnen des Mundes
nicht auf dem Boden der Mundhöhle erhalten können, sondern dieselbe mehr oder weniger aufbäumen, so bedürfen Sie zum Nieder-
drücken derselben eines Zungenspatels. Weit tauglicher, als die gewöhnlich in den Verbandtaschen sich befindlichen schmalen und langen Spatel, sind breite und kurze, von denen man am besten zwei verschiedene, durch ein Gelenk in einem stumpfen Winkel verbundene
benützt. Der eine dient als Handhabe des andern. Lässt man
den Kranken tief einathmen oder ein lautes a sagen, so hebt sich
das Gaumensegel und man sieht ausser den beiden Gaumenbögen
mit ihrer für die Mandeln bestimmten Nische, den ganzen unteren
Abschnitt der hinteren Rachenwand. Wird, statt auf die vordere Parthie der Zunge, auf den Zungengrund selbst ein Druck

9*

ausgeübt, so erhält man einen tieferen Einblick auf die Basis der Mandeln und ihre Umgegend, bis zur Epiglottis, deren obere Parthie auf diese Weise bei manchen Menschen, insbesondere bei Kindern, öfter noch zu Tage tritt.

Wir treffen die Rachenschleimhaut bei diesen Untersuchungen ungemein verschieden im Aussehen und existirt eine sehr grosse Mannichfaltigkeit in den dabei sichtbaren Veränderungen. Bald ist die Schleimhaut, soweit wir sehen können, intensiv geröthet und der Art gewulstet, dass der Isthmus faucium ungemein verengert und die Umrisse und Ränder aller einzelnen Theile verschwommen in einander fliessen; bald sind nur einzelne Theile verdickt, so namentlich das Zäpfchen, welches wie ein breiter langer Sack bis zum Zungengrund herunterhängt, oder die Mandeln sind mannichfach zerklüftet, in Folge häufiger früherer Abszesse, oder ragen mit weisslichen Pfröpfen oder gelblichen Eiterpunkten versehen bis zur Mitte des Gaumensegels herein. Bei Erwachsenen über 30 Jahren sind beträchtliche Hypertrophien der Mandeln schon weit seltener, als Wulstungen der Schleimhaut im Allgemeinen. Häufig sind auf mässig geröthetem, ja mehr trockenem Grunde nur einzelne starkrothe, schwammige, rundliche Erhebungen sichtbar, welche manchmal den sulzigen Körnern gleichen, wie sie beim Trachom im Stadium der diffusen Entzündung oder bei der chronischen Blennorrhö an der Conjunctiva so massenhaft erscheinen. Diese rothen begränzten Schwellungen, in Breite und Dicke sehr verschieden, sind bald nur einzeln vorhanden, bald stehen sie in Gruppen zusammen und gleichen dann oft entwickelten Granulationen. Die zwischenliegende Schleimhaut hat sogar manchmal ein auffallend blasses und schlaffes Ansehen, zuweilen erscheint sie dagegen straff und gespannt, als ob in Folge ähnlicher Einlagerungen Schrumpfungsprozesse eingetreten wären. Grössere Wülste von rother, gelockerter Mucosa ziehen sich namentlich häufig symmetrisch an den beiden Seiten des Pharynx hinter den Gaumenrachenbögen entlang bis hinauf zu der Gegend der Ohrtrompete. In anderen Fällen erscheint die Schleimhaut, soweit man sie verfolgen kann, auffallend blass, glatt und dünn, nur von einzelnen varikösen Venen durchzogen, und hängt das dünne Zäpfchen nadelförmig sich zuspitzend, schlaff und lang herab. Unregelmässigkeiten in der Wölbung des Gaumensegels sind seltener bei chronischen, als bei acuten Prozessen im Rachen, dagegen sieht man öfter das Zäpfchen mehr oder weniger schief gestellt und nach einer Seite gezerrt, ohne dass eine Facialislähmung vorhanden wäre, bei welcher im Gegentheil das Schiefstehen der Uvala sehr

häufig fehlt.*) Sehr oft ist der nach unten sich erweiternde Zwischenraum zwischen den beiden Gaumenbögen auffallend gross, ohne dass
er noch von einer Mandel ausgefüllt wäre, und steht der hintere Bogen der Rachenwand auffallend näher, so dass der Eingang in den
Nasenrachenraum ungemein verengert ist. Letzterer Befund scheint
häufig einer Verdickung des Gaumensegels, namentlich in seinem an
den Choanen angränzendem breitem Theile, zu entsprechen. Von einer
allgemeinen, wie von einer ungleichmässigen, mehr höckerigen Her-
vorwölbung des Gaumensegels an seiner hinteren Fläche kann man
sich zuweilen mittelst des durch die Nase eingeführten und im Schlunde
hin und herbewegten Katheters überzeugen, der uns auch öfter durch
ein eigenthümlich teigiges Gefühl von einer diffusen Wulstung des
oberen Rachenraumes Aufschluss gibt. Mit dem Katheter ziehen wir
gar nicht selten grosse Menge zähen, halbvertrockneten, graugrünli-
chen Schleimes heraus, wie beim Oeffnen des Mundes öfter auch solche
Massen sichtbar werden, die entweder an der hinteren Rachenwand
herabträufeln oder halbverkrustet dort festsitzen.

Der obere Rachenraum oder das Cavum naso-pharyngeale, in
dem also die für den Ohrenarzt so wichtige Rachenmündung der
Tuba sich befindet, konnten wir bisher nicht weiter untersuchen oder
besichtigen, wenn wir absehen von den seltenen Fällen, wo dies durch
das Vorhandensein einer Gaumenspalte oder eines beträchtlichen Defectes der äusseren Nase bis zu einem gewissen Grade gestattet war.**)
J. Czermak, dessen Talent und Energie die Menschheit es verdankt,
dass die Untersuchung des Kehlkopfes mit kleinen Spiegeln, schon
mehrfach versucht und angebahnt, immer aber wieder aufgegeben und
liegen gelassen, jetzt bereits zu einem vielfach gepflegten und mächtig
entwickelten eigenen Zweige der Wissenschaft geworden ist, hatte die
ebenso einfache als geniale Idee, den Kehlkopfspiegel nach oben zu
richten und so auch den Nasenrachenraum mit Allem, was darinnen,
der Besichtigung zugänglich zu machen. Diese Untersuchungsmethode
wird Rhinoskopie, in neuerer Zeit auch Pharyngoskopie genannt. Die
hiezu benützten Spiegelchen sind die gleichen Stahl- oder Glasspiegel,

---

*) Bei einem Knaben fand ich das Schiefstehen des Zäpfchens, das dabei wie
an seinem Ursprunge geknickt aussah, bedingt durch eine zackige, weissliche, vertiefte
Narbe an der Hinterseite des weichen Gaumens, die natürlich blos mit dem Rhinoskop zu sehen war.

**) So konnte _Menière_ bei einem Kranken, welcher eine umfangreiche Nasen-
perforation hatte, eine etwa 2 centimètres betragende Hebung und Senkung der
Tubenmündung beim Schlingacte wahrnehmen. (Gazette méd. de Paris 1857 N. 19).

welche auch zur Laryngoskopie verwendet werden, nur hat man ihnen häufig eine andere Neigung zum Griffe zu geben; ausserdem braucht man einen Zungenspatel, für welchen sich der Ihnen bereits gezeigte Winkelspatel schon dadurch am besten eignet, weil die haltende Hand dabei an's Kinn zu liegen kommt und der Kranke ihn auch sehr gut selbst halten kann; dann hat man in einzelnen Fällen noch einen krummen, breiten, oben gekerbten Hacken, zum Emporheben des Zäpfchens nöthig. Zur Beleuchtung benütze ich beim Fehlen des Sonnenlichtes, bei welchem die Untersuchung immerhin am leichtesten gelingt, eine gewöhnliche *Argand*'sche Studirlampe mit aufgesetzter *Lewin*'schen „Beleuchtungslaterne," einem Blechkasten, welcher das von der Flamme ausgehende Licht zusammenhält und aus welchem dasselbe durch eine grosse und starke Biconvexlinse gesammelt heraustritt. Entweder lässt man das Licht unmittelbar in den Rachen des Kranken fallen, oder wirft man es mit der *Semeleder*'schen Beleuchtungsbrille hinein. Es ist dies ein kräftiges Brillengestell, an welchem mittelst Nussgelenk ein Hohlspiegel befestigt ist. Trotz all dieser Vorrichtungen, welche schon von den verschiedensten Seiten vervielfältigt und verbessert wurden, ist die Rhinoskopie immer noch keine ganz leichte Sache und kommt man häufig erst nach längerdauernden und wiederholten Sitzungen zu einigermassen genügender Anschauung all der Theile, welche im Nasenrachenraume zu sehen sind. Dies sind hintere Gaumenfläche, Choanen mit dem Ende der unteren und mittleren Nasenmuscheln, Rachenmündung der Ohrtrompete mit Umgebung, Decke des Schlundgewölbes, entsprechend dem Schädelgrunde, und schliesslich die hintere Rachenwand. Eine grosse Empfindlichkeit des Rachens, so dass seine Muskeln sich bei jeder Berührung krampfhaft zusammenziehen oder Brechreiz entsteht, und eine grosse Enge des Schlundeinganges, also geringer Abstand zwischen Gaumenklappe und hinterer Rachenwand, sind Hindernisse, welche die Untersuchung nicht nur erschweren, sondern zuweilen ihre genügende Ausführung selbst in wiederholten Sitzungen durchaus unmöglich machen. Diese Uebelstände finden sich nun aber gerade bei den Kranken, mit denen es der Ohrenarzt zu thun hat, bei Kranken mit chronischen Rachenkatarrhen gar nicht so selten. Selbstverständlich werden solche Fälle, wo man beim Rhinoskopiren nicht zum Ziele kommt, mit zunehmender Uebung und Gewandtheit des Arztes immer seltener.

Der obere Rachenraum ist verhältnissmässig selten Gegenstand einer genaueren anatomischen Untersuchung, daher seine normalen wie auch seine ziemlich häufigen pathologischen Zustände im Allgemeinen nicht genügend gewürdigt und gekannt sind. Er liegt so versteckt und abseits, dass er bei den gewöhnlichen Sectionen gar nicht oder kaum zur Anschauung kommt. Besichtigen Sie nur einmal senkrechte Durchschnitte von Köpfen, wie sie zu Präparirübungen oder zu verschiedenartigen anatomischen Demonstrationen dienen, oder noch besser, nehmen Sie aus einer frischen Leiche die beiden Felsenbeine mit dem Schlundraume im Zusammenhange durch zwei Sägeschnitte heraus, von denen der eine durch die Warzenfortsätze und der andere durch die Mitte der Jochfortsätze geht, Sie werden einmal staunen über den ungemeinen Drüsen- und Gefässreichthum, über die Succulenz und Dicke dieser Schleimhaut, welche so viele Aerzte während ihres ganzen Lebens eben so wenig zu Gesichte bekommen, als sie je daran denken, den Ausgangspunct vieler Leiden ihrer Kranken hier zu suchen; selten werden Sie aber mehrere Köpfe untersuchen, ohne dass Ihnen nicht auch mancherlei Abnormitäten in diesem Raume begegneten. Zu den häufigeren derartigen Befunden gehören hypertrophische Entwicklung des Drüsenlagers, welche insbesondere im Gaumensegel manchmal so bedeutend ist, dass dasselbe eine das Normale um das 3—4 fache übertreffende Dicke besitzt, dann Wucherungen und Hyperämien der Schleimhaut, welche entweder über das ganze Cavum verbreitet oder auf einzelne Stellen beschränkt sind und von denen die letzteren oft zu grösseren oder kleineren Extravasaten unter dem Epithel oder auf der Oberfläche geführt haben. Blutige Sputa kommen gewiss unendlich häufiger aus dem oberen Rachenraume, als man gewöhnlich glaubt. Wie oft solche Blutaustritte unter der Mucosa des Pharynx und in die Drüsenbälge hinein vorkommen, zeigen ausser den frischen Spuren derselben ihre Reste, das schwärzliche Pigment, dass sich oft massenhaft, namentlich in der Nähe der Tuba, oberflächlich eingestreut findet und sich auch sehr häufig den Rachensputis beigemengt zeigt. Um sich von dem Entwicklungsgrade der traubenförmigen Schleimdrüsen der Pharynxwand zu überzeugen, thut man am besten, ein Stück Schleimhaut in toto abzupräpariren und gegen das Fenster zu halten. An einzelnen Theilen, wie am weichen Gaumen, macht man besser Durchschnitte. Auch die eigenthümlichen Schwellkörper an den Choanen sind oft hypertrophisch entwickelt. Bei chronischen Rachenkatarrhen finden sich häufig die trompetenförmige Mündung der Tuba auffallend weit und klaffend, ihre Lippen ungewöhnlich auseinanderstehend.

Dass sich aus den Drüsen zäher, glasiger Schleim oft in beträchtlicher Menge ausdrücken lässt, ist natürlich, dagegen entdeckt man auf diese Weise nicht selten auch weissliche und bräunliche steinige Concretionen von verschiedener Grösse und häufig von zackiger Form,

welche in das Gewebe förmlich eingesackt sind. Oberflächliche rundliche Substanzverluste, Follicularverschwärungen, begegnen uns häufiger, als tiefer greifende Ulzerationen, wie sie allerdings bei Syphilis
und bei Tuberculose gerade in der Nähe der Tubenmündung beobachtet werden. Falten, Taschen und frei verlaufende bänderartige Ge-
websbrücken, in welchen man mit der Spitze des Katheters sich leicht
verfangen kann, trifft man am häufigsten in der *Rosenmüller*'schen
Grube, jener ungemein gefäss- und drüsenreichen Vertiefung hinter der
Tuba, und an der Basis cranii entlang der Mittellinie. Hier, wo
nach *Kölliker* grössere Massen von Balgdrüsen constant angehäuft
sind, so dass sich der Bau der Tonsille ganz wiederholt, und sich
namentlich bei älteren Leuten häufig erweiterte mit eiterähnlichen
Massen gefüllte Höhlungen zeigen sollen, fand ich einmal bei einem
ohrenkranken 19jährigen Phtisiker eine kirschkerngrosse, gegen die
Schlundhöhle etwas hervorragende Geschwulst, welche beim Einschneiden einen dickrahmigen weissgelblichen Brei enthält.*) Bei der Section eines 35jährigen Taubstummen fand ich an derselben Stelle eine
ähnliche, aber weit grössere Geschwulst, mit dicklicher gelbbräunli-
cher Masse gefüllt, welche aus Schleim und Cholestearinkristallen bestand. Neben der Geschwulst und in sie hineinragend fanden sich
mehrere kleinere mit glasigem Schleime gefüllte Cysten. Solche cy-
stoide Bildungen, vielleicht entartete Balgdrüsen, müssen nicht so gar
selten im Schlunde vorkommen. Wenigstens beobachtete ich schon
öfter, dass Kranke unmittelbar nach dem Katheterisiren solche Massen
puriformen oder schleimigen Secretes auswarfen, dass der Gedanke an
eine durch den Katheter in seiner Integrität gestörten „Sack voll
Schleim" in den Kranken selbst wach wurde. — Nicht geringen Schrecken
flössten mir einmal solche Sputa ein, welche in ihrem rostbraunen Aussehen, in ihrer innigen Mengung von Schleim und älterem Blute,
ganz aussahen wie pneumonischer Auswurf. Der Kranke, ein älterer
Herr, hatte dieselben, nachdem ich ihn Vormittags katheterisirt, Abends
und den folgenden Morgen in grösseren Mengen durch „Ziehen aus
dem Halse" ausgeworfen. Als er mir zwei Schnupftücher voll derselben zeigte, war mein erster Gedanke der an Pneumonie. Der
Kranke mochte mir den Schrecken, mit dem ich das Schnupftuch und
dann ihn betrachtete, anmerken und befreite mich denn gleich von

---

*) Siehe *Virchow's* Archiv. B. XVII. S. 78. „Innere Wände der Geschwulst
glatt, der Inhalt zeigt durchaus keine Eiterzellen, sondern hauptsächlich Cholestea-
rinplatten mit wenigen zelligen Elementen, unter denen häufig grosse blasse, theils
runde, theils beim Aneinanderliegen polygonale Pflasterepithelien sich befanden."

meiner Besorgniss, indem er mit wahrer Stentorstimme ausrief: „Sie meinen doch nicht etwa, ich wäre brustkrank; ich war im Jahre 1848 erster Präsident unserer zweiten Kammer, da hat sich meine Brust erprobt und heute ginge ich wieder auf die Tribüne, den Lärm zu überschreien." Ich war vorläufig beruhigt; da wir indessen damals noch das Glück hatten, die erste Autorität in Sputis, *Biermer*, hier zu besitzen, so schickte ich den Kranken zu ihm, um seine Brust und seinen Auswurf genauer untersuchen zu lassen. *Biermer*, dem im ersten Augenblicke letzterer auch für pneumonisch imponirte, fand die Brust untadelhaft und erklärte nach gründlicher Prüfung sich bestimmt dahin, dass die schreckenerregenden Sputa entschieden der Nase oder dem Schlunde entstammen müssten. Wahrscheinlich kamen sie aus irgend einer Cyste oder einem Schleimbalge in der Rachenhöhle, der seinen aus Schleim und älterem Blut bestehenden Inhalt, wahrscheinlicherweise in Folge des Katheterismus, allmälig entleerte. Ich weiss nicht, ob dergleichen schon beobachtet wurde.

Von der Schädelbasis scheinen auch, wie mehrere rhinoskopische Untersuchungen *Semeleder's* zeigen,*) häufig die Rachenpolypen auszugehen. Die Rhinoskopie allein kann uns natürlich von all den genannten und anderen pathologischen Vorkommnissen im Nasenrachenraume auch zu Lebzeiten Rechenschaft geben. So neu und von Wenigen nur bearbeitet diese Untersuchungsmethode noch ist, so hat sie doch schon manche interessante Beiträge zur Pathologie des Nasenrachenraumes geliefert und wird sie sicherlich für die Pathologie der Krankheiten des Rachens wie der des Ohres eine immer grössere Bedeutung gewinnen.

Was die Symptome des chronischen Rachenkatarrhes im einzelnen Falle betrifft, so äussert sich derselbe in äusserst verschiedener und wechselnder Weise. Nicht selten, selbst bei intensiven Formen, hat der Kranke gar keine Ahnung, dass er überhaupt am Halse leide, kaum erinnert er sich bei genauerer Nachfrage, dass er allerdings schon seit Jahren, insbesondere Morgens, ziemlich viel Schleim ausräuspert. Andere sprechen von einer gewissen Trockenheit, oder einem unangenehmen Kitzel im Schlunde, der sie häufig störe und auffallend oft das Bedürfniss nach dem Trinken einer kalten Flüssigkeit oder nach einer Anfeuchtung mit Bonbons u. dgl. hervorrufe; Andere dass sie bei jeder noch so geringen Erkältung von einer gewissen Behinderung im Schlucken und einem verschieden starken Schmerze dabei,

*) „Zur Rhinoskopie" Zeitschr. der Wiener Aerzte 1860. N. 47.

138

„Schluckweh" befallen würden. Neben diesen geringfügigen Klagen
werden Sie aber auch wieder hören, wie Manche von dem im Halse
festsitzendem und sich immer wieder erneuerndem Schleime ungemein
gequält werden, indem sie nur mit grosser Mühe sich dieser Aus-
wurfsstoffe entledigen können und die zu diesem Zwecke eingeleiteten
Contractionen der Schlundmuskeln sich öfter zu krankhaftem Würgen
und fortgeleitet zu unwillkürlicher Entleerung des Mageninhaltes, zu
förmlichem Erbrechen, steigern. Solche unangenehme Szenen ereignen sich insbesondere Morgens nach dem Aufstehen. In Folge der
mehr wagrechten Lage, welche der Kopf während des Schlafens
einnimmt, und der langen Unthätigkeit der Schlundmuskulatur während der Nacht sammelt sich in dieser Zeit immer am meisten Schleim
in der Rachenhöhle an; derselbe ist dann Morgens zum grossen
Theile eingedickt und eingetrocknet und klebt halbverborkt in
zähen Klumpen der Schleimhaut um so fester an. Aus diesen Verhältnissen erklärt es sich, warum alle vom Rachenkatarrhe abhängen-
den Störungen frühmorgens immer am deutlichsten hervortreten
und um so stärker sich zeigen, je länger der Kranke geschlafen, in
je schlechterer Luft er die Nacht zugebracht, und je mehr er Abends
sich Schädlichkeiten ausgesetzt, z. B. stärker als sonst geraucht oder
reichlicher Spirituosa getrunken hat. Abgesehen von der Trockenheit des Mundes, welche bei solchen Kranken von dem gewöhnlich
mit dem Schlundkatarrhe verbundenem Stockschnupfen und der Nothwendigkeit, wegen behinderter Nasenrespiration mit halb offenem
Munde zu schlafen, herrührt, fühlen dieselben beim Erwachen häufig
sich auffallend abgeschlagen, den Kopf und das Gehör „belegt" und
eingenommen; auch hören sie fast constant um diese Zeit schlechter,
bis sie beim Waschen den Hals ausgegurgelt und ein Glas kaltes
Wasser oder das warme Frühstück zu sich genommen haben, nach
welchem Vornahmen sich auch meist der Schleim leichter löst und
sie eine kleinere oder grössere Menge ausräuspern können. Bei manchen Kranken indessen dauert der vermehrte Schleimauswurf aus
dem Schlunde und die schnarrenden Räuspergeräusche den ganzen
Vormittag über. Ein derartiger Kranker, der ausserdem durchaus
nüchtern und mässig zu sein schien, versicherte mir, das unangenehme
Gefühl im Halse frühmorgens und das fortdauernde Räuspern höre
nur dann bald auf, wenn er sogleich beim Erwachen ein starkes
Reizmittel, z. B. ein Glas Cognac trinke, der ihm sogleich „die Kehle
frei mache."

Nicht so gar selten trifft man neben chronischem Rachenkatarrh
auch andersartige krankhafte Erscheinungen von Seite des Magens,

als die, welche oben erwähnt wurden, Symptome, welche mehr denen eines gelinden chronischen Magenkatarrhes ähneln und welche wohl von dem Contacte der Magenschleimhaut mit dem Rachensecrete herrühren mögen. Dasselbe ist zuweilen ungemein reichlich, so dass wir von einer Pharyngoblennorrhö sprechen könnten, und wird jedenfalls ein guter Theil desselben nicht ausgeworfen, sondern verschluckt oder rinnt von selbst die Speiseröhre hinab. So wenig wir auch bisher die chemische Zusammensetzung der Rachensputa in allen Einzelheiten kennen, so sicher, glaube ich, vermögen wir doch anzunehmen, dass die Magenschleimhaut sich nicht gleichgültig gegen solche Ingesta verhalten wird, zumal wenn dieselben in grösserer Menge hinabgelangen und etwa schon halb zersetzt sind. — Mehrere Beobachtungen an Kranken mit chronischem Rachenkatarrh lassen mich ferner annehmen, dass manche Formen der so häufigen Neuralgien, welche gewöhnlich als Kopfschmerzen, als Stirn- und Hinterhauptsschmerzen bezeichnet werden, mit diesem Leiden in engem und ursächlichem Zusammenhange stehen. Um Ihnen die Möglichkeit eines solchen Zusammenhanges erklärlicher zu machen, habe ich Sie nur zu erinnern, wie oft Kopfschmerzen und gerade die lästigsten Arten desselben auf krankhaften Zuständen in anderen, näher oder entfernter liegenden Organen beruhen. Wie ungemein häufig sehen wir nicht consensuellen und reflectirten Kopfschmerz bei Augen-, bei Magen-, bei Nieren- und insbesondere bei Uterusleiden auftreten und wie oft zeigt uns nicht die Erfahrung, dass wir denselben nur durch Behandlung des ursprünglich leidenden Theiles zu beseitigen vermögen. Gerade Rachen und Gaumen sind ungemein nervenreiche Gebilde und betheiligen sich an der Innervation dieser Theile sogar auffallend viele Nervenstämme. So liefert der Trigeminus motorische wie sensible Fasern, die ersteren der Pterygoideus internus des dritten Astes, die letzteren sowohl der zweite (Nervi pterygo-palatini) als der dritte Ast (N. lingualis). Vom Trigeminus betheiligen sich hier ferner das Ganglion sphceno-palatinum mit den Rami pharyngei und den N. palatini descendentes und ebenso das Ganglion oticum mit dem R. ad tensorem palati mollis. Weiter sind hier zu nennen der Facialis, von welchem nach den meisten Autoren dem Gaumensegel ein Aestchen zukommt, der Glossopharyngeus, von welchem bekanntlich ein grosser Theil der sensiblen wie der motorischen Thätigkeit des Schlundes und Gaumens vermittelt wird, dann der Vagus, welcher zwei Aeste an die Schleimhaut und an die Muskeln des Rachens abgibt, mit welchen Schlundästen des Vagus der Accessorius Willisii mehrfache Verbindungen eingeht. Wie die vom Vagus und Glossopharyngeus ausgehenden Aeste cin Nervengeflecht im Rachen zusammensetzen, so wird auch vom Sympathicus ein eigener Plexus pharyngeus gebildet. Wenige Theile im menschlichen Organismus stehen somit wohl mit so verschiedenen und so zahlreichen Nervenbahnen in unmittelbarer Verbindung. Ist es nun wahrscheinlich, dass pathologische Zustände an Theilen, welche so reichlich und so mannichfaltig innervirt sind, sich ausschliesslich local äussern, oder lässt sich nicht a priori schon annehmen und vermuthen, dass dieselben auch auf andere Bahnen und auf andere Organe erregend und störend einwirken? Man beobachte die so häufigen Rachenaffectionen nur einmal genauer, statt dass man sie bisher kaum irgendwie eingehend gewürdigt hat, und man wird sicherlich immer mehr Thatsachen auffinden, welche ihre Bedeutung für den gesammten Organismus und ihre Rückwirkung auf die verschiedensten Theile desselben in viel ausgedehnterer Weise darthun, als ich Ihnen hier andeutete.

Noch wäre zu erwähnen, dass Affectionen der oberen und unteren Rachenhöhle nicht selten einen üblen Geruch aus dem Munde oder aus der Nase bedingen. Derselbe fällt manchmal schon aus einer gewissen Entfernung auf, sobald der Kranke mit offenem Munde ausathmet, häufiger trifft er unsere Geruchsnerven erst, wenn wir die obenerwähnte Untersuchung des Schlundes vornehmen und insbesondere wird derselbe beim Katheterisiren und beim Einblasen in den Katheter uns zur höchst directen unangenehmen Wahrnehmung gebracht. Derselbe hat etwas vom stinkenden Käse, wenn er von jenen weissen schmierigen Mandelpfröpfen herrührt; häufiger ist er unaussprechlich fade oder süsslich, nichts destoweniger aber oft recht widerwärtig für den Arzt, wenn derselbe in dieser Beziehung irgend empfindlich ist.

FÜNFZEHNTER VORTRAG.

Der einfache chronische Ohrkatarrh. (Fortsetzung).

Der chronische Nasenkatarrh. — Die Betheiligung des Warzenfortsatzes und der Ohrtrompete und die Bedeutung derselben für den ganzen Prozess. — Die Prognose der verschiedenen Formen.

Gehen wir nun zu dem chronischen Katarrhe der Nasenschleimhaut über, welcher ungemein häufig mit der gleichen Affection der Mucosa des Ohres und des Rachens verbunden ist, so können wir im Anschlusse an die zuletzt erwähnten Erscheinungen beim chronischen Rachenkatarrhe zuerst anführen, dass die bekannten an den Geruch zerdrückter Wanzen oder schwarzer Johannisbeeren erinnernden Nasengerüche ziemlich häufig, nicht nur bei sonst ausgesprochener Ozoena vorkommen. Insbesondere finden sie sich oft bei Frauen, fast stets verstärkt und manchmal auch nur während der Menstruationszeit. Die Kranken scheinen sich solcher abnormer Nasenexhalationen selten bewusst zu sein, auch auf Befragen äussern sie sich meist negativ. In Bezug auf die Secretion, so ist dieselbe bei den uns beschäftigenden chronischen Nasenkatarrhen viel seltener vermehrt, als sie im Gegentheil herabgesetzt ist. Die meisten Kranken befinden sich im Zustande des sogenannten Stockschnupfens, die Nase ist sehr trocken, sie bedürfen nur selten eines Taschentuches, dagegen klagen sie häufig über ein unangenehmes Gefühl von „Dicke" und Verstopftheit in der Nase, und dieselbe ist durch Anschwellung der Schleimhaut weniger durchgängig für die ein- und auszuathmende Luft. Ist die Secretion der Nase längere Zeit eine sehr reichliche, so muss man bei Erwachsenen an die Möglichkeit von polypösen Wucherungen denken, welche sich bei genauer Untersuchung auch in Fällen finden, wo die Patienten und früher behandelnde Aerzte keine Ahnung davon haben. Nasenpolypen werden sehr oft übersehen, wenn sie noch nicht so gross sind, dass sie beim stärkeren Ausathmen gegen die äussere Nasenöffnung zu liegen kommen oder die Durchgängigkeit der betreffenden Seite vollständig aufheben. Es fragt sich, ob dieselben nicht öfter in dem Antrum Highmori ihren Ursprung nehmen; *Luschka* und *Giraldès* *) haben wenigstens nachgewiesen, dass Cysten und eigentliche polypöse Schleimhaut-Wucherungen in der Oberkieferhöhle ziemlich häufig vorkommen. (*Luschka* fand bei 60 Sectionen 5mal weiche Polypen in der Highmorshöhle). Uebrigens lassen sich entzündliche Affectionen der Highmorshöhle manchmal auch am Lebenden erkennen; solche Kranken geben ein auf den „Backenknochen" beschränktes, umschriebenes Gefühl von Schwere und Druck an, das sich zeitweise zu schmerzhafter Empfindung an derselben Stelle, öfter zu Zahnschmerzen steigert — bekanntlich verlaufen die N. dentales superiores dicht unter der Auskleidung der Oberkieferhöhle, so dass sie bei Schwellung derselben leicht einen Druck erleiden. Zugleich entleeren sich in solchen Fällen öfter gelbliche Schleimmassen, meist in grösserer Menge auf einmal, und möchte ich vermuthen, dass dieselben aus dieser Nebenhöhle der Nase stammen. Zur Untersuchung der Nasenschleimhaut und zur Auffindung von Nasenpolypen fügt man einen Ohrtrichter in eine Nasenöffnung und beleuchtet die Nasenhöhle mittelst unseres Hohlspiegels. Da der Naseneingang ausdehnbare und erweiterungsfähige Wände besitzt, eignet sich auch der *Kramer*'sche Ohrenspiegel ziemlich gut für die Untersuchung der Nase; nur dürften seine Trichterhälften hiezu breiter und flacher gearbeitet sein. Der vordere Theil der unteren Nasenmuschel ist manchmal so enorm verdickt, dass Ungeübte diese Flächenverdickung für eine polypöse Wucherung halten könnten. —

Wir sagten oben Anfangs unserer Betrachtungen über den chronischen Ohrkatarrh, dass derselbe in einer wiederholten Schwellung und allmäligen Verdichtung und Verdickung der Schleimhaut des Mittelohres bestehe, welcher Prozess bei ebenstattfindender stärkerer Congestion gewöhnlich auch mit vermehrter Absonderung auf dieser Fläche einhergeht. Während ich Ihnen eben die verschiedenen objectiven und subjectiven Erscheinungen vorführte, unter welchen sich diese Vorgänge im Allgemeinen äussern, haben wir die einzelnen Abschnitte, welche das mittlere Ohr zusammensetzen, kaum auseinandergehalten, und im Bezug auf die für das Hören resultirenden Störungen vorzugsweise nur die Paukenhöhle, als den wichtigsten Theil, im Auge

---

*) S. *Virchow*'s Archiv. B. VIII. und B. IX.

gehabt. Es fragt sich nun, wie weit ist es überhaupt möglich, die
Vorgänge in den übrigen Abschnitten in einer gewissen Selbständigkeit zu beobachten und in wieweit äussern die Veränderungen in
jedem derselben einen bestimmten Einfluss auf das Verhalten und die
Functionsstörung des ganzen Mittelohres? In welcher Art nehmen
also Warzenfortsatz und Ohrtrompete Antheil an diesem Prozesse, was
bedeuten die Veränderungen in jedem einzelnen dieser Abtheilungen,
und wie wirken sie, soweit sie sich in ihnen getrennt gestalten, zurück auf die Leistungsfähigkeit und das Verhalten des mittleren Ohres,
als Ganzes betrachtet?

Was zuerst den Warzenfortsatz betrifft, so ist an und für
sich die Menge und Grösse seiner lufthaltigen Zellen, überhaupt die
Entwicklung und das gegenseitige Verhältniss von compacter und von
spongiöser Knochensubstanz in ihm so ungemein verschieden und
wechselnd, dass selbst bei gleichem Lebensalter bald die eine, bald die
andere vorwiegt und wir nach unseren jetzigen Kenntnissen uns häufig
nicht im Stande sehen, zu bestimmen, ob im einzelnen Falle der Befund
am Warzenfortsatz als krankhaft oder physiologisch bezeichnet werden
darf. Sie begreifen, wie schwierig es daher ist, bestimmtere Aufschlüsse
über die pathologischen Veränderungen in der Apophysis mastoidea
zu gewinnen und wie vorsichtig man hier zu Werke gehen muss.
In mehreren Fällen von einseitiger Verdickung der Paukenböhlen-
Schleimhaut fand ich den Processus mastoideus derselben Seite auffallend kleinzellig, mehr massiv, während er auf der anderen Seite
mehr und grössere Hohlräume besass. Es lässt sich zwar noch nicht
absolut sicher sagen, ob eine derartige Verschiedenheit der Zellenent-
wicklung auf beiden Seiten eines Individuums nicht auch ohne chronischen Ohrkatarrh vorkommt; indessen hat es schon eine grosse
Wahrscheinlichkeit für sich, dass, wenn das Mittelohr längere Zeit
in einem andauerndem Zustande von Congestion und Hyperämie sich
befindet, der lufthältige Raum des Zitzenfortsatzes allmälig an Umfang
und Ausdehnung abnimmt, einmal durch Verdickung und gesteigerte
Secretionsthätigkeit der seine Zellen auskleidenden feinen Membran,
dann durch vermehrte Bildung von Knochensubstanz, eine hyperosto-
tische Thätigkeit, wie wir sie bei chronischer Entzündung des Periostes
an allen Theilen des Körpers häufig sehen. In wieweit ein solches
Compacterwerden des Warzenfortsatzes auf die Integrität des übrigen
Ohres störend einwirkt, ob und inwieweit es insbesondere die Gehör-
schärfe herabsetzt, darüber lassen sich zur Zeit noch keine einzelnen
Beobachtungen vorlegen, zumal wir über die grössere oder geringere
Lufthältigkeit dieses Theiles zu Lebzeiten uns bis jetzt noch keine be-

stimmten Aufschlüsse verschaffen können. Möglich, dass wir solche durch die Auscultation des Ohres und durch die Percussion dieses Knochens, ferner durch ein vergleichendes Zusammenstellen des Hörens der Uhr vom Warzenfortsatze aus mit den übrigen Hörerscheinungen allmälig gewinnen können; bis jetzt ist es räthlicher, solche Beobachtungen zu vervielfältigen, bevor man aus ihnen Schlüsse zieht.

Wenden wir uns zur physiologischen Bedeutung des Warzenfortsatzes, um zu sehen, welche Folgen für das ganze Ohr aus den erwähnten Veränderungen seiner Lufthältigkeit hervorgehen müssen. Gewöhnlich nimmt man an, dass die luftführenden Räume der Knochen überhaupt den Nutzen hätten, diesen festen Stützen der Weichtheile auch eine gewisse Leichtigkeit zu geben. Soweit es sich um solche Räume am Gehörorgane und in seiner Umgebung handelt, müssen jedenfalls noch weitere Gesichtspunkte in's Auge gefasst werden. Einmal vergrössern die Zellen des Warzenfortsatzes die Luftmassen, welche durch in's Ohr dringende Schallschwingungen in Bewegung gesetzt werden, sie sind, wie jeder begrenzte feste Körper und jede begrenzte Luftmasse in der Umgegend des Labyrinthes einem Resonator oder Resonanzkasten zu vergleichen. In wieweit eine Verkleinerung dieser mitschwingenden Luftmengen, wie sie aus einer Ausfüllung des Zitzenfortsatzes resultirt, die Hörfähigkeit unter das Normale herabsetzt, lässt sich nicht angeben. Möglich, dass jene vorübergehende Verdumpfung, jenes Hohlwerden der eigenen Stimme, wie sie Kranke bei katarrhalischen Zuständen oft klagen, eine Erscheinung von verminderter Resonanz wäre und theilweise wenigstens auf einer zufälligen Erfüllung dieser Zellen mit Secret beruhte. — Eine grössere Bedeutung für das Individuum besitzen diese gewöhnlich mit der Paukenhöhle in offener Verbindung stehenden Hohlräume wohl dadurch, dass sie eine Art Luft-Reservoir derselben bilden, somit alle plötzlichen Luftdruckveränderungen, wie sie in der Paukenhöhle so oft vorkommen, sich auf grössere Massen vertheilen, und so weniger gewaltsam sich äussern. Wir sahen bereits mehrmals, dass schon beim einfachen Schlingen, zumal wenn Mund und Nase geschlossen sind, die Luft in der Paukenhöhle verdünnt wird und das Trommelfell etwas nach innen rückt, wie man durch Besichtigung dieser Membran oder durch Einfügen eines luftdicht schliessenden Manometers in den Gehörgang nachweisen kann. Dasselbe findet noch viel stärker statt bei starker Exspirationsthätigkeit, z. B. beim Niessen, bei krampfhaftem Husten oder beim gewaltsamem lautdröhnendem Schneutzen. Umgekehrt lässt sich, wie Sie wissen, eine starke Compression der Luft in der Paukenhöhle mit Auswärtsdrängung des Trommelfells nachweisen, wenn bei abge-

schlossenen Exspirationsöffnungen aus der Lunge die Luft in's Ohr
gepresst oder noch mehr, wenn durch den Katheter Luft eingeblasen
wird. Wiederum findet eine solche plötzliche Luftdrucksteigerung,
dagegen mit einwärtsgedrücktem Trommelfelle statt, wenn ein sehr
lauter Schall, explosiver oder sonstiger Natur, Kanonenschuss, Trom-
petenstoss, Trommelschlag u. dgl. unser Ohr in nächster Nähe trifft.
Denken Sie sich nun, die ganze Gewalt einer solchen jähen und plötzlichen Veränderung des Luftdruckes wirke nur auf die kleine in der
Paukenhöhle und im oberen Tubentheile befindliche Luftmasse, wie oft
könnte nicht, ja wie leicht müsste nicht eine Continuitätstrennung
nach irgend einer Seite stattfinden — sei es ein Einriss des Trommelfelles oder der Membran des runden Fensters, ein Hineinstossen des
Steigbügels in den Vorhof, oder eine Trennung in der äusserst zarten
Gelenkverbindung zwischen Ambos und Steigbügel, je nach der Art,
der Stärke und der Richtung der gewaltsamen Luftbewegung! Alle
diese misslichen Verletzungen werden vermieden oder wenigstens viel
seltener, überhaupt wird jede rasch eintretende Luftdruckveränderung
in ihrer Wirkung und ihren Folgen bedeutend abgeschwächt, sobald
die vermehrte oder verminderte Spannung auf eine grössere Menge
Luft sich vertheilen kann, wie es nothwendig der Fall ist, wenn der
Warzenfortsatz zum grossen Theile lufthältig und in offener Verbindung mit der Paukenhöhle steht.

Wenn im Verlaufe einer Otitis das Trommelfell einreisst, so geschieht dies fast immer im Momente einer stärkeren Exspiration z. B.
während der Kranke niesst. Ein solcher gewaltsamer Einfluss des
Niessens wird zum Theil gewiss auch dadurch ermöglicht, dass die
Zellen des Warzenfortsatzes bei eiteriger Otitis interna stets vollständig
durch Secret und hyperämische Schwellung ihrer Auskleidung ausgefüllt sind, während ausserdem, auch bei vollständiger Sklerosirung
dieses Theiles des Schläfenbeines, doch immer noch unmittelbar
hinter der Paukenhöhle einige grössere Hohlräume unausgefüllt und
in lufthältigem Zustande erhalten sind. Es scheint mir, als ob Perforationen des Trommelfelles im Verlaufe von Entzündung des Mittelohres häufiger auf diese Weise, als durch ein Andrängen des Secretes
gegen die dünne Membran entstehen und spricht hiefür auch, dass man
gewöhnlich zuerst einen feinen länglichen Einriss findet, kein rundliches
zackiges Loch, wie dies beim allmäligen Bersten eines Abszesses sich
bilden müsste, dessen Decke längere Zeit unter Druck und Spannung erhal
ten war, bis sie an der dünnsten Stelle endlich partiell nekrotisirt. —

Gehen wir nun zur Eustachischen Ohrtrompete über, so
haben wir oben bereits gesehen, dass die physiologische Bestimmung

der Tuba eine doppelte ist. Einmal soll sie das Secret der Trommel-
höhle nach abwärts führen, in welcher Function sie durch die Wimper-
bewegung ihres Epithels wesentlich unterstützt wird, und dann hat
sie die Luft in der Paukenhöhle und im Warzenfortsatze mit der äusseren Atmosphäre im Gleichgewicht zu erhalten. Wir haben dann ferner gefunden, dass den Muskeln der Tuba ein wesentlicher Antheil
in der Bethätigung dieser physiologischen Functionen der Ohrtrompete
zukommt, und dass diese nur dann in normaler Weise von Statten
gehen können, wenn jene Bewegungsapparate nicht insuffizient sind.
Diese Insuffizienz der Tubenmuskeln kann eine absolute sein durch
Degeneration ihrer Structur oder Lähmung des sie versorgenden Quin-
tusastes; oder aber, was wahrscheinlich häufiger, sie ist nur eine re-
lative, bei sonst normaler Beschaffenheit der Muskeln vermögen sie
den gesteigerten Ansprüchen nicht mehr zu genügen, wie sie durch
Massenzunahme der Mucosa und des Drüsenlagers der Tuba oder des
weichen Gaumens an seine bewegende Kraft gemacht werden. Nach
der Bedeutung der Tuba für das übrige Mittelohr kann letzteres jedenfalls nur dann ganz normal sich verhalten, wenn auch jene, ihre
Schleimhaut und ihre Muskeln, keiner krankhaften Störung unterliegen
und umgekehrt muss Jeder pathologische Zustand der Tuba und jeder
Leistungsmangel ihrer Muskulatur, wie sie wiederum insbesondere von
Alterationen der Rachenschleimhaut bedingt werden, nothwendig seine
Rückwirkung auf die Paukenhöhle ausüben. Diese gegenseitige Abhängigkeit all dieser Theile kann ich Ihnen nicht oft genug vorführen
und muss ich Ihnen die grosse Bedeutung derselben um so mehr ein-
zuprägen und klar zu machen suchen, als dieselbe bei der bisherigen
Auffassung des Ohrkatarrhes eine äusserst untergeordnete Rolle spielte,
ja von den meisten Autoren geradezu in Abrede gestellt wird.

Gewöhnlich sind alle Abschnitte des Mittelohres gemeinschaftlich
vom Katarrhe ergriffen und lässt derselbe insbesondere in der Paukenhöhle und auf der inneren Fläche des Trommelfelles nachweisbare
Spuren zurück. In manchen Fällen indessen localisirt sich der Katarrh vorzugsweise in der Tuba oder beschränkt sich ausschliesslich
auf ihre Schleimhaut. Wie wir schon wiederholt sahen, muss ein solcher
Tubenkatarrh auf die Paukenhöhle zurückwirken, auch wenn deren
Schleimhaut ursprünglich unbetheiligt an dem pathologischem Vorgange
blieb. Weniger wäre hier wohl die Retention des Paukenhöhlen-
Secretes in Betracht zu ziehen, da sein unter normalen Verhältnissen
geliefertes Quantum jedenfalls sehr gering ist; von weit grösserem
Belange wird dagegen jede Schwellung der Tubenschleimhaut oder
jede functionelle Mangelhaftigkeit der Tubenmuskeln durch ihren

Einfluss auf den Luftaustausch zwischen Pauken- und Rachenhöhle. Indem die in der Paukenhöhle abgesperrte Luft allmälig absorbirt wird und so nur noch vom Gehörgange aus der Atmossphärendruck das Trommelfell trifft, wird dieses immer mehr nach innen gedrückt, mit ihm die Kette der Gehörknöchelchen bis zum Fusstritt des Steigbügels und kommt zugleich, wie die geistvollen Versuche *Politzer's* erweisen, der Inhalt des Labyrinthes unter einen stärkeren Druck zu stehen. Wenn Sie durch wiederholtes Schlingen bei Verschluss der Athmungsöffnungen Ihre Paukenhöhle künstlich in einen ähnlichen Zustand versetzen, so entsteht ein unangenehmes Gefühl von Völle im Ohre, verbunden mit einem gewissen Grade von Schwerhörigkeit und von Ohrensausen. In ähnlicher, nur wegen des allmäligen Entstehens noch unmerklicherer Weise, wird sich der Tubenverschluss mit seinen Folgen auch beim Kranken äussern und stellt sich diese Symptomenreihe bekanntlich bei jedem Schnupfen und jeder stärkeren Angina ein. Dauert die Schwellung der Schleimhaut nur kurze Zeit, so wird das Gehörorgan und seine Function in der Regel wieder ad integrum restituirt, sobald eine Ausgleichung der Luftdruckdifferenz vor und hinter dem Trommelfell eintritt, wie sie insbesondere häufig während des Niessens, Schneuzens oder Gähnens *) plötzlich statthat, und sich meist durch ein krachendes Geräusch im Ohre des Kranken kundgibt. Der Kranke hört dann wieder so scharf wie früher, und ist des unangenehmen Gefühles von Druck und Völle und des Sausens im Ohre ledig. Hat dagegen der Tubenabschluss mit seinen Folgen länger, Monate oder Jahre lang gedauert, war das Trommelfell mit den Gehörknöchelchen längere Zeit nach innen, ebenso der Fusstritt des Stapes stärker gegen den Vorhof hineingedrängt, lastete die ganze Zeit über ein erhöhter Druck auf den zarten Gebilden des Labyrinthes, so müssen sich unter diesen abnormen Verhältnissen, während welcher sich ebensowenig eine normale Thätigkeit der zwei Binnenmuskeln des Ohres, des Tensor tympani und des Stapedius denken lässt, nothwendigerweise Structurveränderungen in allen den betheiligten Gebilden entwickeln, Veränderungen, welche bleibend sind und nicht verschwinden, auch wenn endlich die Ursache gehoben ist und sich die Verbindung zwischen Rachen- und Paukenhöhle wieder hergestellt hat.

---

*) Beim starken Gähnen findet eine Spannung der Ligamentum pterygomaxillare, eines plattrundlichen Bindegewebestranges, welcher dicht unter der Schleimhaut und von ihr überzogen vom Hamulus des Processus pterygoideus zum hinteren Ende des Unterkiefers geht, und somit auch mittelbar der Tubenschleimhaut selbst statt.

Am meisten charakterisirt sich diese Form dadurch, dass das Trommelfell gleichmässig stärker nach innen zu liegt, also die ganze Membran sehr stark concav, förmlich eingesunken ist. Die hintere Hälfte erscheint dabei oft auffallend klein im Verhältniss zur vorderen und der Reflex kürzer, aber breiter und sehr verwaschen. Farbe und Dichtigkeit des Trommelfells kann dabei gar nicht oder kaum verändert sein, im Gegentheil macht dasselbe öfter den Eindruck, als ob es sogar dünner, atrophirt wäre und sieht man dann den Ambosschenkel besonderes deutlich, welchem das Trommelfell förmlich aufliegt. Zu gleicher Zeit geht vom Processus brevis nicht selten eine hervorragende Leiste nach hinten, manchmal auch nach vorn oben. Presst der Kranke Luft in das Ohr, oder bläst man mit dem Katheter hinein, so sieht man das Trommelfell in einer auffallend starken Excursion sich nach aussen bewegen, aber nur um sogleich oder bald in seine frühere Lage zurückzusinken. Häufig hört man dabei mittelst des Otoskopes einen klappenden Doppelton, wie von einem Hin- und Herschwingen einer elastischen Membran. *Wilde* nennt diesen Zustand „collapsed membrana tympani," hineingesunkenes Trommelfell; dieses Hineinsinken ist aber seltener wohl Folge einer primären Schwäche, einer selbständigen Atrophie der fibrösen Trommelfellschichte, als vielmehr Folge eines längerdauernden einseitigen Druckes, welcher auf die Aussenfläche der Membran eingewirkt und so im Laufe der Zeit ihre Gleichgewichtsstellung bleibend verändert hat, wobei allerdings, wie mir scheint, öfter eine Verdünnung und Atrophirung ihrer fibrösen Platte eintritt. Dass ein ähnlicher Zustand sich auch durch abnorme Adhäsionen des Trommelfells und durch peripherische Dickenzunahme seiner Schleimhautplatte entwickeln oder sein Zustandekommen wenigstens durch solche Umstände begünstigt werden kann, lässt sich kaum bezweifeln. Wo Sie also eine Concavitätszunahme des Trommelfelles treffen, müssen Sie an verschiedene Entstehungsmöglichkeiten denken; dasselbe kann durch Verlöthungen oder Adhäsivbänder nach innen gezogen *) und befestigt, es kann aber auch nur seine Gleichgewichtsstellung eine veränderte sein, und zwar entweder in Folge länger dauernden Tubenabschlusses oder durch Structurveränderungen der Membran selbst. Sache der weiteren Untersuchung ist es, den Fall genauer zu analysiren.

---

*) Eine krankhaft gesteigerte Thätigkeit des *M.* tensor tympani müsste ebenfalls eine stärkere Conavität, eine vermehrte Spannung des Trommelfelles, hervorbringen.

Die Fälle, wo dem Katarrhe der Tuba eine mehr selbständige Rolle zufällt und derselbe eigentlich der bleibende Mittelpunkt des ganzen Leidens bildet, sind indessen höchstwahrscheinlich die viel selteneren. Gewöhnlich sind die katarrhalischen Veränderungen in der Paukenhöhle, wenn auch vielleicht nicht zeitlich das erste, doch für die bleibende Störung des Hörvermögens das Wesentlichste und geht eine zeitweise Anschwellung der Trompetenschleimhaut nur als Nebenerscheinung mit, von welcher häufig die mancherlei Schwankungen im Befinden solcher Kranken abhängen. Jede Tuba ist durchgängiger bei trockenem Wetter und enger bei grossem Feuchtigkeitsgehalte der Luft. Dieselbe geringe Schwellung der Schleimhaut, welche bei einem ohrengesunden Individuum keine Erscheinungen setzt, übt bereits störenden Einfluss auf das Ohr von Jemanden, dessen Tuba durch chronische Verdickung des Mucosa für gewöhnlich nur noch ein sehr geringes Lumen hat, oder bei dessen Schwerhörigkeit jede weitere, wenn auch geringe Verminderung der Hörschärfe, wie sie vorübergehend durch den Abschluss der Paukenhöhle von der äusseren Luft bedingt ist, sich bereits bemerkbar macht. Daher solche Kranke immer gut thun, durch täglich mehrmaliges Einpressen der Luft, „Aufblasen des Trommelfells" wie es *Wilde* nennt, die Communication zeitweise herzustellen. Wenn man gemeiniglich die chronischen Ohrkatarrhe „Tubenkatarrhe" nennt, so liegt eine zu grosse Meinung von der Bedeutung und Selbstständigkeit der Tuba und ihrer Erkrankungen zu Grunde. Die hauptsächlichste Störung des Hörvermögens in Folge des Ohrkatarrhes wird ohnstreitig durch die Localisationen desselben in der Paukenhöhle, und zumeist an der Labyrinthwand derselben, resp. an den beiden zum Labyrinth führenden Fenstern, hervorgebracht, von mehr vorübergehender Bedeutung ist in der Regel die Betheiligung der Tuba von dem krankhaften Prozesse, wenn wir auch den Einfluss des Tubenabschlusses, insbesondere wenn er länger angedauert, durchaus nicht gering anschlagen dürfen. —

Was die P r o g n o s e beim chronischen Ohrkatarrhe betrifft, so ergibt sie sich insoferne als eine günstige, als wir dem Sitze des Leidens unmittelbar beikommen und mit Hülfe des Katheters auf die Schleimhaut des Mittelohres in der verschiedensten Weise direct einwirken können. Allein nach zwei Richtungen trübt sich diese günstige Anschauung sehr wesentlich. Einmal kennen wir überhaupt keine Radicalbehandlung des katarrhalischen Prozesses, bei anderen Schleimhäuten ebensowenig wie am Ohre, und sind Rezidive daher ungemein häufig. Nur zu oft bildet sich bei Personen, welche einmal von einem Ohrenkatarrh befallen wurden, die Schleimhaut des Mittelohres zu

einem Locus minoris resistentiae aus und wirft sich dann jede Schädlichkeit auf diesen Theil. Es gibt manche Kranke, die eigentlich einer
fortdauernden Behandlung bedürfen, damit nur die Folgen der immerwährenden Rezidiven getilgt werden. — Ein weiterer misslicher Umstand
ist der, dass die subjectiven Störungen beim Ohrkatarrhe in der Regel
so gering, der Verlauf ein so schleichender und die Schwerhörigkeit,
welche oft das einzige Merkmal der Ohrenerkrankung ist, meist so
unmerklich und langsam zunimmt, dass die überwiegende Mehrzahl
der Kranken erst nach längerer Zeit, nach Ablauf von Jahren, ihrem
Uebel grössere Aufmerksamkeit zuwenden und gegen dieselbe die
ärztliche Hülfe in Anspruch nehmen. Wie viel oder eigentlich wie
wenig wir gegen alte und eingewurzelte Katarrhe wirksam einzugrei-
fen vermögen, wissen Sie m. H.; wie bei andern Organen, so verhält
es sich ungefähr auch beim Ohre. Je älter der Kranke, je länger der
Katarrh besteht, und je mehr Veränderungen sich bereits in der Paukenhöhle ausgebildet haben, desto weniger werden wir natürlich den
Zustand bessern können; indessen vermag man doch häufig selbst in
Fällen, die von vornherein in jeder Beziehung ungünstig aussehen,
durch eine längere örtliche Behandlung Manches zu erzielen. Häufig
freilich lassen sich vernünftigerweise nur noch sehr mässige Erwartungen
hegen von dem, was die Kunst vermag und dürfen wir gar oft zufrieden sein, wenn wir den Prozess, der ohne ein directes örtliches
Verfahren unfehlbar allmälig zu vollständiger Taubheit geführt hätte,
in seinem Fortschreiten aufhalten und das noch übrige Hörvermögen
für die Dauer retten. Schätzen Sie einen solchen Grad des ärztlichen
Könnens nicht zu gering m. H.; es heisst schon etwas, Jemanden, der
seit 10 oder 20 Jahren an fortwährend zunehmender Schwerhörigkeit
leidet und ohne uns sicher in wieder 10 Jahren für jeden mündlichen
Verkehr abgestorben wäre, vor dem gänzlichem Verfall und Verlust
seines Hörvermögens zu bewahren und ihm das zu erhalten, was ihm
noch geblieben. Vergleichen Sie nur einmal, was der Arzt bei intensiven Schleimhauterkrankungen auf anderen Gebieten vermag, trotzdem
dass dieselben seit Dezennien und noch länger sich einer gründlichen
Bearbeitung von Seite der Wissenschaft erfreuen und trotzdem, dass
die Kranken hier in der Regel sehr bald an den Arzt sich wenden.
Hegen Sie etwa sehr sanguinische Hoffnungen für einen Kranken,
der schon mehrere Jahre lang an einem ausgesprochenen Lungen-
oder Blasenkatarrhe leidet? Werden Sie sich nicht meist Glück wünschen, wenn Sie einen solchen Zustand noch länger auf den Status quo
erhalten, oder werden Sie nicht häufig genug, auch bei aller Sorgfalt
und aller Gunst der Verhältnisse, einen weiteren Fortschritt zu ver-

hindern ausser Stande sein? Der Ohrenkatarrh gehört schon in sofern nicht zu den prognostisch schlimmeren Erkrankungsformen, als man doch wenigstens in der Regel, wenn die Verhältnisse des Kranken nicht zu ungünstig sind, der steten Zunahme des Leidens Einhalt thun und die Wirkungen der Nachschübe wieder ausgleichen kann; in frischeren oder nicht zu alten Fällen indessen lässt sich sehr oft noch der Zustand wesentlich bessern und würde sich die Prognose im Allgemeinen daher viel günstiger stellen, wenn immer mehr die frischen statt der alten abgelaufenen Fälle Gegenstand der ärztlichen Behandlung werden. Dass die Sache sich in dieser Weise günstiger gestalte, dazu müssen Sie, meine Herren, Ihren Theil redlich beitragen, denn neben der Geringfügigkeit der subjectiven Störungen, welche der chronische Ohrenkatarrh in der Regel hervorruft, ist namentlich der Mangel an Einsicht und der Mangel an — Aerzten, die der Kranken sich annehmen können, Schuld daran, dass dieselben ihr Leiden so oft zu einem unheilbaren Grade heranentwickeln lassen. Wenn das Publicum einmal weiss, dass Ohrenleiden am Anfange mindestens ebensogut wie andere Krankheiten sich heilen und bessern lassen, dies aber später ebensowenig wie bei den meisten anderen Affectionen der Fall mehr ist, und wenn den Leidenden allenthalben genügend Aerzte zu Gebote stehen werden, welche ein Ohrenleiden ordentlich zu untersuchen und zu beurtheilen wissen und insbesondere auch mit dem Katheter umzugehen verstehen, so wird es mit der Prognose des Ohrenkatarrhes ganz anders stehen, als dies leider jetzt noch im Allgemeinen der Fall ist.

Wollen wir die verschiedenen Formen des chronischen Ohrkatarrhes in prognostischer Beziehung von einander absondern, so sind nach meiner bisherigen Erfahrung diejenigen Fälle die ungünstigsten, wo die Veränderungen am Trommelfell mehr diffus und dasselbe gleichmässig dichter ohne wesentliche Farben- und Oberflächenveränderung erscheint; in solchen Fällen, wo es sich gewöhnlich um eine allgemeine, seit Dezennien sich langsam heraus entwickelnde Verdichtung und Verdickung der ganzen Paukenhöhlenschleimhaut, eine Art Sklerose, zu handeln scheint, dürfen wir oft froh sein, wenn wir das lästige Sausen etwas mindern. Spricht der Befund am Trommelfell dagegen mehr für partielle und umschriebene Veränderungen, insbesondere adhäsiver Natur, erscheint dasselbe mehr weisslich gefärbt, so stellt sich der Erfolg der Behandlung oft viel günstiger heraus, als die sonstigen Verhältnisse, Alter und Allgemeinbefinden des Kranken, Dauer und Grad des Leidens beim ersten Blick hätten erwarten lassen. Je mehr überhaupt die abnorme Beschaffenheit der Theile durch die mechanische Wirkung der Luftdouche corrigirt werden kann, je weniger patholo-

gische Veränderungen an dem runden und ovalen Fenster bereits eingetreten sind, und je mehr im Gegentheile ein krankhafter Zustand
der Tubenschleimhaut in den Vordergrund tritt, desto günstiger stellen
sich im Ganzen die Aussichten für unser therapeutisches Eingreifen.
Bei hochgradigen und ausgedehnten Synechieen, welche sich einer theilweisen oder vollständigen Obliteration der Paukenhöhle annähern, habe
ich fast nie eine wesentliche Besserung erzielt; *) ebenso gestatten höhergradige Schwerhörigkeiten in der Regel eine sehr ungünstige Prognose,
wenn bereits Verkalkungen am Trommelfell sichtbar sind, und möchten
mit ihnen dann gewöhnlich auch Verirdungsprozesse am runden oder
ovalen Fenster verbunden sein. Schwerhörigkeiten, die, wenn auch
hochgradig, doch noch nicht lange dauern und solche, welche in steter
Verschlimmerung begriffen sind, lassen für die Behandlung immer noch
eine bessere Vorhersage zu, als solche, welche schon vor sehr langer
Zeit begonnen und insbesondere als solche, welche seit Jahren auf
gleicher Höhe stehen geblieben, also mehr abgeschlossen erscheinen.
Indessen auch im ersteren Falle hüte man sich vor zu grosser Bestimmtheit und Zuversicht in Bestimmung des Grades, bis zu welchem
der Zustand sich unter der Behandlung bessern wird. Wir können
ja nie sagen, welche Ausdehnung und welchen Charakter bereits die
Veränderungen an den wichtigsten Theilen der Paukenhöhle, am runden und ovalen Fenster, angenommen haben, und in wieweit nicht
bereits der Inhalt des Labyrinthes an dem Prozesse theilgenommen hat.

Manche Fälle und zwar oft gerade solche, deren Zustand durch
einfache zeitweise Luftdouche bereits bedeutend gebessert wird, gestalten sich in soferne prognostisch ungünstig, als sie eine stete Nachhülfe
nöthig haben. Solchen Kranken kann man nur dadurch nachhaltig
nützen, wenn man ihnen das Katheterisiren lernt, damit sie stets im
Stande sind, sich selbst Luft einzublasen (mittels eines Kautschukschlauches) oder sich dies von einem Anderen thun zu lassen.

---

*) In neuerer Zeit versuchte ich bei solchen Fällen einigemale die Luft aus dem
Gehörgange auszuziehen resp. daselbst zu verdünnen mittelst eines luftdicht in die
Ohröffnung eingeführten Kautschukschlauches. Einmal verband ich mit diesem Zug
von aussen einen Druck von innen, indem ich zu gleicher Zeit die Luft hinter dem
Trommelfell durch schwache Luftdouche verdichtete. Die Wirkung war nicht unbe-
deutend, aber nur vorübergehend.

SECHZEHNTER VORTRAG.

Die Behandlung des chronischen Ohrkatarrhes.

Die örtliche Behandlung des Ohres. Luftdouche. Dämpfe. Mechanische Erweiterungsmittel. — Behandlung der Rachenschleimhaut. Aetzungen. Das Gurgeln und seine mechanische Bedeutung. Schlunddouche. Abkappen der Mandeln. — Berücksichtigung des Allgemeinzustandes.

Nachdem wir nun das Wesen des chronischen Ohrkatarrhes nach allen Richtungen kennen gelernt haben, wenden wir uns heute schliesslich zu seiner Behandlung. Dieselbe muss bestehen in einer örtlichen des Ohres, in einer Correction der erkrankten Schlundschleimhaut und in Rückichtsnahme auf die allgemeinen Gesundheitsverhältnisse des Kranken. In der Mehrzahl der Fälle genügt nicht das eine oder das andere, sondern haben wir nach allen drei Richtungen hin thätig zu sein.

Was zuerst die rein örtliche Behandlung des Ohres betrifft, so kann dieselbe in ausgiebiger und sicherer Weise, wie es sich von selbst versteht, nur mittelst des Katheters stattfinden. Es kommen Fälle vor, namentlich bei jungen Leuten und Kindern, wo es genügt, durch öfter wiederholte Luftdouche den in Tuba und Paukenhöhle etwa befindlichen Schleim in Bewegung zu setzen, die sich berührenden geschwellten Schleimhautflächen der Ohrtrompete von einander zu entfernen und so die Möglichkeit eines geregelten immerwährenden Luftaustausches zwischen Pauken- und Rachenhöhle wieder herzustellen. Dieser rein mechanische Einfluss der Luftdouche ist bei allen Fällen am Anfange der Behandlung immer nöthig; meistens muss man ausserdem noch in weiterer Weise auf die erkrankte Schleimhaut einwirken und dieselbe zu verändern suchen. Dies geschieht hauptsächlich durch Eintreiben von Dämpfen in das Mittelohr. — So lange noch anhaltendesRasseln bei der Luftdouche entsteht und wir eine vermehrte Absonderungsthätigkeit und eine mehr feuchte Schwellung des ganzen Schleimhautstriches annehmen können, sind insbesondere Salmiak-Dämpfe von sehr grossem Nutzen, wie deren Inhalation ja bekanntlich bei Kehlkopf- und Bronchialkatarrhen sehr allgemein jetzt mit Erfolg angewendet wird. Ihre Schmerzhaftigkeit ist ungemein verschieden, manche Kranken fühlen kaum mehr als eine „angenehme Wärme," Andere ein mässiges Beissen, Viele dagegen klagen über sehr heftige, gewöhnlich aber nur kurzdauernde Schmerzen, theils mehr im Ohre, theils mehr im Schlunde. Wenn der Kranke die Dämpfe nur „im Halse" fühlt, dürfen wir desshalb noch nicht sicher sein, dass sie nicht in's Ohr eindringen. Das Otoskop und nachher die Untersuchung des Trommelfells, dessen grössere Gefässe am Hammergriff meist nach der Application von Salmiakdämpfen mehr oder weniger injizirt sich zeigen, sprechen häufig genug deutlicher und richtiger als die Aussagen und die Gefühle des Kranken. Man nehme umkristallisirten Salmiak (Ammonium muriaticum depuratum) und wende nur geringe und wenig comprimirte Luftmengen zur Weiterbeförderung des weissen feinen Dampfes an, fülle also die Pumpe nur schwach und öffne den Hahn nur wenig, damit das Salz nicht in grösseren Stückchen, sondern nur in feinvertheiltem sublimirten Zustande übergeführt werde. Wie lange die einzelnen Sitzungen, ob jedes Ohr täglich oder seltener vorgenommen werden muss, lässt sich im Allgemeinen nicht sagen und richtet sich nach der Wirkung der Dämpfe. Gewöhnlich wird sehr bald die Schleimabsonderung viel lockerer, die Verengerung der Tuba nimmt ab und geht ein mehr kräftiger und voller Luftstrom bei der Douche in's Ohr. In älteren Fällen dienen die Salmiakdämpfe oft nur als Vorbereitungsmittel, welches die Theile für eine weitere Behandlung zugänglicher macht. Diese, welche längere Zeit, mehrere Wochen, manchmal auch mehrere Monate fortgesetzt werden muss, besteht weitaus am häufigsten im Eintreiben von warmen Wasserdämpfen, denen man verschiedene Stoffe zusetzen kann. Feuchte Wärme gilt allenthalben als das wichtigste erweichende und resorptionsbefördernde Mittel, und so sind auch die warmen Dämpfe für die Behandlung der Verdickungsprozesse der Mittelohr-Schleimhaut von sehr grosser Bedeutung. Je nach den Umständen wählt man eine niedere oder höhere Temperatur derselben, am häufigsten benütze ich sie zwischen 35⁰ und 45⁰ R.; je wärmer sie angewendet werden, desto häufiger muss man Pausen eintreten lassen in ihrer Application, damit das Silber des Katheters sich nicht zu sehr erwärmt und nicht ein unangenehmes Brennen in der Nase entsteht. Da die Hitze des Katheters stets am Naseneingange am meisten belästigt, so pflege ich in den Fällen, wo ich sehr warme Dämpfe, z. B. 50⁰—60⁰, anwende oder der Kranke besonders empfindlich ist, diesen Theil durch ein Stückchen Gummiröhre zu schützen, das über den Katheter vor seiner Einführung gezogen wird. An der Rachenmündung der Tuba und in der Paukenhöhle selbst ist das Hitzegefühl in der Regel viel weniger störend. Die Dauer einer Sitzung, während welcher theils mit starkem unterbrochenem, theils mit fortwährendem schwachem Luftstrome — wenn der obere Hahn der Pumpe geöffnet bleibt — solche Wasserdämpfe in die Paukenhöhle getrieben werden, dauert von einigen bis zu zehn Minuten und noch länger. In manchen Fällen muss man während dieser Behandlung mit warmen Wasserdämpfen tagweise wieder zum Salmiak zurückkehren, wie es sich überhaupt nicht so bestimmt für alle Vorkommnisse bestimmen und sagen lässt, wann die einen, wann die anderen besser vertragen werden und grösseren Nutzen bringen. Ich habe eine grosse Menge von Flüssigkeiten rein oder mit Wasser in verschiedenem Verhältnisse vermischt in Dampfform bei der Behandlung des chronischen Katarrhes versucht; wenn ich von der Jodtinktur und etwa noch dem Essigäther absehe, möchte ich die feuchte Wärme, d. h. die Wasserdämpfe allein weitaus für das Wesentlichste halten. Unter den Stoffen, welche ich zu mehr oder weniger ausgedehnten Versuchen benützte, und theilweise noch anwende, wären ausser den verschiedenen Aetherarten, Schwefel- Essig- und den von *Rau* so warm empfohlenen Jodwasserstoff-Aether das Chloroform zu nennen, dann Essigsäure, Aceton (Essiggeist, eines der Producte, welche bei der trockenen Destillation des Holzes gewonnen werden) Holzessig (Acidum pyrolignosum) und endlich das Terpenthinöl, ohne dass ich von einem derselben, oder vom Zusatze von narkotischen Extracten, wie Extr. Hyoscyami, das bei Ohrensausen so sehr nützen soll, Besonderes rühmen könnte. Doch darf man hier nicht aufhören, immer wieder neue Versuche anzustellen, indem doch das eine oder andere Mittel für einzelne Fälle von besonderem Nutzen sein könnte und die Wirkung derselben auf die erkrankte Schleimhaut erst durch eine grössere Menge von Beobachtungen und Versuchen genauer gewürdigt werden kann. — Von anderen Stoffen, die ich in Dampfform, natürlich ohne Wasserzusatz, versucht, müsste ich erwähnen das Ammonium carbonicum, welches ungleich reizender wirkt als

der Salmiak, das Calomel, von dessen Dämpfen dies noch weit mehr
gilt, und den Campher, der fast indifferent zu wirken scheint. Von
Gasen gebrauchte ich öfter die von *Rüte* zuerst empfohlene Kohlensäure, welche ich mir in einem grossem, feststehenden enghalsigen
Glase aus zerklopften Chausséesteinen, in hiesiger Gegend Muschelkalk
(CaO, CO_2) oder Dolomit, $(CaO, CO_2 + MgO, CO_2)$ und verdünnter Salzsäure bereite. Der Pfropf des Glases ist dreifach durchbohrt
für einen langen Glastrichter zum allmäligen Zusatz der Säure und für
zwei rechtwinklig gebogene Glasröhren, welche in früher geschildeter
Weise in Verbindung mit der Compressionspumpe und dem Katheter
gesetzt werden. Kreide gibt eine zu rasche und stürmische Entwicklung des Gases. Man kann die Kohlensäure mit Luft oder auch mit
warmen Wasserdämpfen vermischt benützen. Wie bei allen diesen
gas- und dampfförmigen Applicationen eine Vis a tergo, Compressionspumpe oder dgl. vorhanden sein muss, wenn wir sicher sein wollen,
dass dieselben nicht blos dem unteren Theil der Tuba, sondern auch
der Paukenhöhle selbst zu Gute kommen, haben wir bereits oben gesehen. Immer wird es rathsam sein, wenn man zeitweise während
dieser Einwirkungen das Otoskop anlegt, um sich zu überzeugen, ob
die Dämpfe wirklich eindringen und der Katheter sich nicht etwa
verschoben hat. Diese Vorsicht ist doppelt nöthig, wenn man sich
auf die Geschicklichkeit und die Aussagen des Kranken nicht recht
verlassen kann, dem man den Katheter halten und an die Nasenscheidewand andrängen lässt.

Sie werden es natürlich finden, dass nach längerer Anwendung
von warmen Dämpfen, denen etwa noch ein reizender Stoff, wie Jodtinktur, zugesetzt ist, eine bedeutende Durchfeuchtung und Gefäss-
überfüllung in der davon berührten Schleimhaut eintritt, somit die
Kranken in der ersten Zeit nachher oft schlechter hören, der Kopf
ihnen sehr eingenommen ist, und sie im Ohre das Gefühl von Völle,
Schwere und von vermehrtem Sausen klagen. Es ist mir viel lieber,
wenn solche Erscheinungen von Hyperämie im Ohre eintreten, als
wenn die Schleimhaut selbst gegen energische Medicationen sich ganz
gleichgültig verhält. Wenn die künstlich erzeugte Schwellung der
Schleimhaut auf die Durchgängigkeit der Tuba und den Zustand des
Rachens sehr störend einwirkt, was manchmal unangenehm leicht sich
einstellt, so muss man einen oder einige Tage die Wasserdämpfe einstellen und inzwischen entweder nur einfache Luftdouche oder Salmiak-
dämpfe einschalten. Ausserdem lässt man die Kranken mehrmals im
Laufe des Tages selbst Luft einpressen bei Verschluss von Mund und

Nase[*]) und überzeugt sich auch jedesmal vor der Anwendung der Dämpfe durch einfache Luftdouche von der Durchgängigkeit der Tuba. Aus dem genannten Grunde kann man insbesondere die Essigsäure nur selten brauchen, von der sich sonst wohl manch guter Einfluss erwarten liesse.

Gestützt auf die wiederholte Erfahrung, dass Individuen, welche durch langjährige chronische Katarrhe schwerhörend geworden, auffallend günstige Behandlungsresultate ergaben, nachdem sie zufällig von einem acuten Ohrkatarrhe befallen wurden, versuchte ich öfter acute Katarrhe künstlich zu erzeugen. Ich benützte hiezu sehr heftig reizende Dämpfe, z. B. von reiner Jodtinktur oder concentrirter Essigsäure, welche ich mit starkem Luftstrom stossweise in die Paukenhöhle trieb. Die Schmerzen und übrigen Reizerscheinungen waren meist sehr beträchtlich, ohne dass ich gerade immer durch solche Eingriffe gleich bedeutend günstige Wirkungen für das Hörvermögen erzielt hätte.

Veranschaulichen wir uns nur die Veränderungen, welche die Section häufig an solchen Kranken mit chronischem Ohrkatarrh ergibt, und messen wir darnach die Erwartungen ab, die wir von unseren therapeutischen Eingriffen vernünftigerweise hegen dürfen. Wenn z. B. unglücklicherweise der ganze zur Membrana fenestrae rotundae führende Kanal mit einem Bindegewebspfropfe ausgefüllt ist, wie ich dies mehrmals bei meinen Sectionen fand und beschrieb, oder diese Membran selbt um das Mehrfache verdickt, ganz unelastisch und starr geworden oder gar in eine dünne Kalkplatte verwandelt ist, lässt sich solchen Desorganisationen gegenüber noch von einem anderen, als höchstens von einem rein operativen Verfahren reden? Ich bin der festen Ueberzeugung, dass auch in der Ohrenheilkunde sich nothwendigerweise dem blutig-operativen Einschreiten ein weiteres Feld eröffnen wird; die gegenwärtige Stellung der Ohrenheilkunde ist indessen nicht dazu angethan, vorläufig zu solchen Experimenten und zur Ausführung solcher Ideen zu ermuthigen, und müsste jeder Schritt vorwärts hier doppelt vorsichtig und erst nach wiederholten Versuchen an der Leiche und an Thieren gemacht werden. Nirgends wird noch heutzutage so viel frecher frivoler Schwindel getrieben und so viel dem unwissenschaftlichsten Schlendrian gehuldigt, als in der Ohrenheil-

---

[*] Bei diesem Einpressen von Luft in's Ohr beobachtete ich bisher ein einzigesmal, dass dieselbe zu einem Thränenpunkte herauszischte und der Kranke sie nur dann im Ohre fühlte, wenn er einen Druck auf den inneren Augenwinkel anwandte.

kunde und nirgends tritt daher dem ärztlichen Handeln sowohl von Seite der Laien als der Collegen im Ganzen so viel Misstrauen — und oft genug leider nicht ohne Grund — entgegen, als gerade hier. Wer es daher mit der Sache redlich meint und ihr nachhaltig nützen will, muss auch jeden Schein eines diese Spezialität discreditirenden Gebahrens vermeiden. Vergessen wir weiter nicht, dass auf der Spitze oder der Schärfe des Instrumentes immer auch ein Theil Wagniss liegt. Sogar in der am meisten ausgebildeten Spezialität, der Augenheilkunde, misslingt selbst den Ersten des Faches manche Operation, auch bei den richtigsten Anzeigen und der untadelhaftesten Ausführung. Im schlimmsten Falle verliert der Kranke dadurch das Auge, bei Operationen in der Tiefe des Ohres dagegen möchte leicht etwas Wichtigeres gefährdet werden — das Leben. —

Bevor wir die reinörtliche Behandlung des chronischen Ohrkatarrhes verlassen, hätten wir noch der mechanischen Erweiterungsmittel der Tuba zu gedenken. In Fällen, wo trotz öfterer Luftdouche und etwa auch nach der Anwendung von Salmiakdämpfen der Luftstrom immer noch sehr schwach oder nur unter Mithilfe des Schlingactes in's Ohr dringt, wo also die hochgradige Verengerung der Tuba nicht auf einer hyperämischen Schwellung der Schleimhaut, sondern auf einer bereits organisirten bindegewebigen Hypertrophie derselben beruhen muss, und wir es daher mit einer Art narbiger Strictur zu thun haben, bleibt uns nichts übrig, als mittelst Darmsaiten oder Fischbeinsonden durch dieselbe zu dringen und sie so allmälig zu erweitern resp. durch Druck zur Schmelzung zu bringen. Fischbeinsonden, wie Darmsaiten müssen vorne stumpfkonisch zulaufen und muss die Länge des Katheters, durch welchen dieselben hindurchgeführt werden, und die durchschnittliche Länge der beiden Tubenabschnitte, zuerst 24 Mm. für den knorpeligen, dann 11 Mm. für den knöchernen Theil, auf ihnen vorher bezeichnet sein. Gut ist es, einen starkgekrümmten Katheter zu benützen und denselben möglichst an die Nasenscheidewand anzudrücken, damit sein Schnabel so weit es geht, zwischen die Lippen der Rachenmündung hineinragt und die Sonde weniger leicht in den Schlund abirrt. Sobald die Mitte der Tuba erreicht ist, gibt der Kranke bereits ein schmerzhaftes Gefühl „im Ohre" an; kommt die Sonde zum letzten Drittel, dem Uebergange des knorpeligen in die knöcherne Tuba, wo der Kanal an und für sich am engsten ist, und wo jedenfalls krankhafte Verengerungen auch am häufigsten vorkommen, so steigert sich der örtliche Schmerz beträchtlich und wird ein solcher nicht selten nun auch in den Zähnen — oberen oder unteren — angegeben. Ein Kranker gab stets einen heftigen ausstrahlenden Schmerz „im Hinterkopfe" an. Will die Sonde oder Saite nicht mehr vorwärts dringen, so kommt man oft nach einem schwachen Zurückziehen derselben oder mit einer sie um ihre Axe drehenden Bewegung wieder weiter. Interessant ist die meist sehr deutliche Bewegung der Saite im Momente, wenn der Kranke eine Schluckbewegung macht. In den meisten Fällen gibt die Darmsaite, wenn sie längere Zeit in der Tuba gelegen, nach dem Herausziehen ein deutliches Bild von dem eigenthümlich spiralig-gewundenen Verlaufe derselben, welcher ziemlich grosse individuelle Verschiedenheiten darbietet. Manchmal macht sich die Sonde bei Besichtigung des Trommelfells hinter demselben bemerklich und zwar etwas über der Mitte der vorderen Hälfte, schief von unten nach oben gehend.

Die engste Stelle der Tuba, die Tubenenge oder Isthmus tubae, besitzt im Normalen kaum 1 Mm. Weite, daher auch die stärkste Sonde oder Saite nicht dicker sein darf. Fischbeinsonden lässt man nach dem obersten Zoll an immer dicker werden, wodurch ihre Widerstandskraft bedeutend zunimmt. Selbstverständlich beginnt man mit dünneren Instrumenten, mit solchen von $1/3$ und $1/2$ Mm. und steigt erst allmälig. Ich habe bisher noch nie ein Emphysem des Halses nach solchen Sondirungen entstehen sehen; um ein solches möglichst zu vermeiden, verbiete ich den Kranken, die nächsten Stunden Luft einzupressen, was sie sonst öfter thun müssen. Einiger Schmerz beim Schlingen bleibt häufig mehrere Stunden lang zurück. Gewöhnlich geht nach einigen Sondirungen der Luftstrom und auch die Sonde oder Saite selbst viel besser durch. *Rau* empfiehlt mit Höllensteinlösung getränkte und dann getrocknete Darmsaiten, um mit der Erweiterung zugleich die Cauterisation der Tubenschleimhaut zu verbinden. Im Ganzen sind diese Erweiterungsversuche der Tuba nicht sehr häufig nöthig; es gibt aber Fälle, in welchen man ohne sie durchaus nichts erreicht. In Fällen, wo das Hinderniss in der Tuba ein sehr beträchtliches, konnte ich mehrmals mit Fischbeinsonden durchdringen, nachdem mir dies mit Darmsaiten von geringerer und gleicher Dicke stets missglückt war. Letztere sind natürlich biegsamer und nachgiebiger, knicken daher leichter als die festeren Fischbeinstäbchen und sind diese öfter vorzuziehen. —

Von medicamentösen Einwirkungen auf den äusseren Gehörgang und die Aussenfläche des Trommelfells, auch die in Badeorten so häufig verordneten Einströmungen von Kohlensäure, habe ich, wenn sie für sich allein angewandt wurden, beim chronischen Ohrkatarrhe noch nie einen Nutzen gesehen. Da *Toynbee* Bepinselungen des Gehörganges mit einer starken und des Trommelfelles mit einer schwachen Höllensteinlösung sehr warm empfiehlt, hielt ich es für Pflicht, dieselben wiederholt zu versuchen — ich sah nie einen anderen Erfolg davon, als den, dass die bepinselten Theile sich schwarz färbten. Als Adjuvans mag man Jod in Lösung oder in Salbenform hinter dem Ohre einpinseln oder einreiben lassen. —

Wenden wir uns nun zur Behandlung der Rachenschleimhaut, welche in keinem Falle unberücksichtigt bleiben darf, in dem wir überhaupt glauben, noch etwas eingreifen zu können. Selbst in Fällen, wo auf keine Besserung mehr zu hoffen ist, kann man dadurch am häufigsten noch den weiteren Fortschritt des Uebels aufhalten. Nichts unterhält so oft die chronische Hyperämie der Ohrschleimhaut, als ein alter sich selbst überlassener Congestivzustand der Rachenschleimhaut. Die verschiedenen Beziehungen dieser Theile zu einander lernten wir oben bereits ausführlich kennen. Ganz vorzüglich günstig wirken Aetzungen auf die erkrankte Schleimhaut. Der Lapis in Substanz eignet sich mehr bei einzelnen umschriebenen Wulstungen und Granulationen oder bei sehr intensiver allgemeiner Schwellung. Aber auch im letzterem Falle darf man nie grössere Strecken in Einer Sitzung mit dem Lapisstifte berühren, indem die Schlingbeschwerden und der Einfluss auf das Respirationsrohr sonst leicht eine drohende Höhe erreichen. Man begnüge sich mit Einem oder zwei Strichen, insbesondere an den Seiten des Rachens, wo sich die schon erwähnten rothen Wülste von der Tubengegend nach unten erstrecken. Um auch die Schleimhaut des oberen Rachenraumes mit Höllenstein in Substanz ätzen zu können, liess ich mir einen Aetzträger machen, ähnlich den bei Harnröhren-Stricturen üblichen, einen seitlich offenen Platintrog am Ende eines starken Silberdrathes. Derselbe wird im Ohrkatheter gedeckt eingeführt und dann vorgeschoben. Er eignet sich insbesondere für umschriebene Wulstungen, wie sie das Rhinoskop öfter in der Nähe der Tubenmündung nachweist. Häufiger rathe ich Ihnen, den Höllenstein in Lösungen anzuwenden, in der Stärke von 20—50 und selbst 60 Gran auf die Unze Wasser. Für den unteren Theil der Rachenhöhle (Mund-Rachenhöhle) trägt man dieselbe am besten mit starken Pinseln auf, wogegen man sich für die ober der Gaumenklappe gelegenen Parthien, also die Nasen-Rachenhöhle, auf gebogenem Fischbeinstabe angebrachter Schwämmchen bedient. Je nach der Gegend, welche man ätzen will, lässt sich dem Fischbeine über der Flamme eine be-

liebige Krümmung geben und kann man so, wäh- Fig. 9.
rend der Kranke tief einathmet, nicht nur die Gegend
der Tuba erreichen, sondern selbst bis zur Decke des
Schlundkopfes, dem Schädelgrunde, gelangen, wenn
man cito et tute verfährt. Die einer solchen Aetzung
des oberen Rachenraumes folgende Reizung äussert
sich sehr verschieden, selten ist der Schmerz ein
längerdauernder, in welchem Falle er sich beim Schlingacte am längsten bemerklich macht; sehr oft folgt
eine reichliche Schleimabsonderung oder ein vollständiger wässeriger Speichelfluss, manchmal heftige Niess-
krämpfe, in seltenen Fällen regelmässiges Nasenbluten. Kleinere Mengen von Blut sind dem Auswurfe
nachher sehr oft beigemengt. Wo das Schwämm-
chen besonders nach der seitlichen Rachenwand, also gegen die Tubenmündung zu, gelenkt wurde, sah ich in einigen Fällen für einige Stunden eine merkliche Steigerung der Schwerhörigkeit eintreten, jedenfalls
durch vermehrte congestive Schwellung der Schleimhaut bedingt. Selten
ist es nöthig, dass die Kranken nach einer solchen Aetzung mit kaltem
Wasser gurgeln. Die Veränderung der Rachenschleimhaut zum Besseren tritt manchmal überraschend schnell, schon nach wenigen Aetzungen, in der Regel aber erst nach längerer Zeit ein. Je nach den Umständen müssen dieselben täglich oder mit grösseren Pausen gemacht
werden.

Von grossem Einflusse auf die Schlundschleimhaut ist ferner häufiges G u r g e l n, theils mit blossem kalten Wasser, theils mit zusammengesetzten Gurgelwässern. Unter diesen verordne ich solche von
Alaun oder von Jod am häufigsten, z. B. Rp. Alum. dep. ʒi—ʒij Aq.
destill. ʒviij Spiritus Vini gallici ʒi—iij. Ein spirituöser Zusatz, also
Cognac, (Spir. Vini gall.) oder Arrak (Spir. Oryzae) passt am besten
und verdeckt auch am ehesten noch den widrigen Geschmack des
Alauns, der durch die üblichen Honig- und Zuckerzumischungen nur
noch unangenehmer wird. Jodgurgelwässer eignen sich namentlich
bei Kindern und da, wo eine starke Schwellung der drüsigen Bestandtheile der Schleimhaut sichtbar ist; je nachdem lässt man mehr
das Jodkali oder die Jodtinktur vorherrschen, z. B. Tinct. Jod. Ɔi
Kali jod. Ɔij Aq. destill. ʒviij. Spir. Vini gall. ʒi—iij. Jod als Gurgelwasser wirkt indessen nicht nur örtlich; Kröpfe sah ich mehrmals
dabei merklich sich verkleinern, wie mich auch Damen öfter auf ein
Schmälerwerden ihrer „Figur" resp. gelinden Schwund der Brüste
aufmerksam machten. Wo, wie nicht gar selten, die secundäre Syphi-

lis am Gaumensegel, an den Mandeln und am Zungenrande sich in
Form von Papeln oder auch von Ulzerationen zeigt, erweisen sich
ausser den Jodgurgelwässern solche mit Sublimat (gr. i—iij auf ʒviij)
sehr wirksam. Ausser diesen Stoffen lassen sich je nach dem Zustande der Rachenschleimhaut noch eine Menge reizender, adstringirender und schleimlösender Zusammensetzungen als Gargarismata mit
Nutzen anwenden.

Nach meiner Ansicht kommt beim Gebrauche eines Gurgelwas-
sers neben der unmittelbaren Einwirkung seiner Bestandtheile auf die
davon bespülte Schleimhaut noch der Act des Gurgelns selbst sehr
wesentlich, wenn nicht vorzugsweise, in Betracht. Untersuchen wir
den Bau der Rachenschleimhaut nämlich genauer, so überzeugen wir
uns, dass das reichliche Drüsenlager derselben nicht nur über den
Muskelfasern liegt, wodurch allein schon die Drüsen von den Zusam-
menziehungen der Muskeln beeinflusst würden, sondern dass an vielen Orten, insbesondere am weichen Gaumen, die Anordnung der
Muskelfasern eine solche ist, dass sie sich nicht nur zwischen den
ungemein zahlreichen Drüsen hinziehen, sondern dieselben zum grossen
Theile auch vollständig umgreifen. Jede energische Muskelcontraction
im Schlunde muss somit einen gewissen Druck auf die Drüsen ausüben und werden kräftige Schlingbewegungen die Ausstossung des in
denselben vorhandenen Secretes um so mehr befördern können, als
die Ausführungsgänge dieser Drüsen auffallend weit sind, (zumal am
Zäpfchen und an der vorderen Fläche des Gaumensegels.)

Soll das Gurgeln nützen, so muss es auch passend gemacht werden. Wie man es gewöhnlich ausführt, stehend mit zurückgebogenem
Kopfe und unter dem bekannten brodelndem Geräusche, werden jedenfalls ausser den Zähnen und dem Zungenrücken nur das Zäpfchen
und der unterste Theil der beiden Gaumenbögen mit den Mandeln
von der Gurgelflüssigkeit berührt und besteht die ganze Muskelaction
wohl hauptsächlich in einem schwachen Hin- und Herwerwerfen des
Zäpfchens. Von einem Benetzen der hinteren Rachenwand und einer
energischen Muskelcontraction kann hiebei keine Rede sein. Zu diesem Zwecke muss das Gurgeln anders geübt werden. Man setze,
oder noch besser lege sich bei zurückgebeugtem Kopfe, bewege ein
tüchtiges Mundvoll Flüssigkeit möglichst tief nach hinten und mache
nun fortwährend starke Schlingbewegungen, ohne aber die Flüssigkeit
wirklich in die Speiseröhre gelangen zu lassen und sie hinabzuschlucken.
Versuchen Sie nur diese verschiedenen Arten des Gurgelns mit einfachem Wasser und Sie werden einmal dem Gefühle nach beurtheilen
können, wie bei dem letzteren Verfahren viel mehr Theile in den

Kreis der Berührung gezogen werden, als bei dem üblichen lärmen-
den Gurgeln und werden ferner in der Regel finden, dass eine mehr
oder weniger bedeutende Menge Schleim während des Actes oder
nachher ausgeräuspert wird, namentlich wenn Ihre Schleimhaut eben
in einem congestiven Zustande sich befindet. Häufiges Gurgeln, wenn
auch nur mit kaltem Wasser, ist daher ein ganz ausgezeichnetes Mittel bei chronischen Rachenkatarrhen; nicht nur dass dadurch jeder
Ansammlung von Secret vorgebeugt und dessen normale Excretion
wesentlich begünstigt wird; es findet dabei auch eine gewisse Gym-
nastik der Schlingmuskulatur statt. Jeder quergestreifte Muskel nimmt
durch häufige und methodische Uebung an Volumen und Leistungsfähigkeit zu, wie dies Jeder von Ihnen auf dem Fechtboden und dem
Turnplatze beobachten konnte. Wenden Sie dieses Ergebniss der
allgemeinen Erfahrung auf die Schlingmuskulatur an, so begreifen Sie
den Werth solcher Uebungen, zumal wenn Sie sich die Bedeutung
dieser Muskeln für die Function der Ohrtrompete und für die Normalität des Mittelohres aus dem früheren vergegenwärtigen und sich
erinnern, wie wir gesehen haben, dass aus einem chronischem Rachenkatarrhe grössere Kraftansprüche für die Tubenmuskeln nothwendig
hervorgehen, denen dieselben nur dann genügen können, wenn sie
entsprechend an Masse und Leistungsfähigkeit zunehmen. Diese Gur-
gelungen oder Schlingübungen sind somit das beste Mittel gegen eine
Insuffizienz der Tubenmuskeln, wie sie im Verlaufe von chronischen
Ohr- und Rachenkatarrhen jedenfalls sehr häufig sich ausbildet und
wie sie für den weiteren Fortschritt des Ohrenübels gewiss häufig
bedingend wirkt. Sie sehen, ich fasse das Gurgeln insbesondere von
der mechanischen, wenn Sie wollen von der heilgymnastischen Seite
auf, und kann ich Sie versichern, dass dies keine theoretischen und
aprioristischen Speculationen sind, sondern dass ich vom einfachen
Gurgeln mit kaltem Wasser, wenn täglich mehrmals in passender
Weise vorgenommen und Monate lang fortgesetzt, öfter unverkennbar bedeutende Resultate gesehen habe. Patienten, welche in
Folge eines verjährten Rachen- und Ohrkatarrhes an fortwährendem Ohrensausen und Schlundbeschwerden, welche bei der geringsten Erkältung an Schluckweh, vermehrter Schleimabsonderung im Halse und Zunahme ihrer Schwerhörigkeit gelitten, welche jeden Morgen mit ausgebrannter trockener Kehle, düsterem
Kopfe und Gefühl von Völle im Ohr erwachten und erst nach
vielen Bemühungen den nächtlicherweile angesammelten Schleim her-
ausräusperten, wurden, insbesondere unter consequenter Anwendung
dieses Verfahrens, von all diesen Unannehmlichkeiten zum grossen

Fig. 10.

Theile befreit, befanden sich nach jeder Richtung viel besser und wurde so auch dem von Jahre zu Jahre bisher zunehmendem Ohrenübel Einhalt geboten. Wenn nicht öfter, muss ein solches Ausgurgeln mindestens frühmorgens und vor dem Schlafengehen vorgenommen werden.

In Verbindung damit lässt man solche Kranke auch täglich öfter Wasser in die Nase einziehen. Bei manchen Individuen ist die Schleimproduction im oberen Rachenraume, insbesondere um und hinter der Tubenmündung, so bedeutend, dass fast jedesmal reichliche grünlichgraue Schleimmassen mit dem Katheter herausgezogen werden und stets am Anfange der Luftdouche ein lautrasselndes Geräusch im Halse entsteht. In solchen Fällen habe ich regelmässigen Einspritzungen von kaltem Wasser in die Nase öfters bedeutende Erleichterung folgen sehen und minderte sich hiebei auch der in der Regel mit solchen Zuständen verbundene üble Geruch aus Nase und Rachen. Werden solche Einspritzungen mit einer gewöhnlichen Ohrenspritze, die man direct in die Nase einführt, vorgenommen, so wird häufig die hintere und seitliche Rachenwand zu wenig bespült und bekamen manche Kranke auch heftige Stirnschmerzen nach der jedesmaligen Operation, insbesondere wenn die Spritzenöffnung mehr nach oben gerichtet war.

Ich liess mir daher eine silberne Röhre von der Form und Länge eines Ohrkatheters machen, nur dass dieselbe nicht gekrümmt, an ihrem vorderem Ende geschlossen und eine Strecke weit mehrfach durchlöchert ist. Mittelst einer solchen Röhre lässt sich die Schlundwand bequemer und sicherer direct bespült. Damit der Kranke mit der Spritze besser beikömmt, und er sich eine solche regenartige

Schlunddouche bequem selbst appliziren kann, ist der vordere trichterförmige Theil im rechten Winkel etwa abgebogen. Das Einführen
einer solchen geraden Röhre lernt auch der Ungeschickteste sehr
bald. Wenn anders die Gaumenklappe schlussfähig ist, so läuft
durchaus kein Wasser in den Hals, sondern rinnt dasselbe durch die
beiden Nasenlöcher wieder heraus. Oefter gaben mir Kranke an,
dass sie sich unmittelbar nach der Schlunddouche stets auffallend frei
und leicht im Kopfe fühlten und ihr Ohrensausen für eine Zeitlang
sich merklich verminderte, auch berichten sie häufig von erstaunlichen
Massen zusammenhängenden Schleimes, welche während und nach der
Vornahme aus Mund und Nase sich entfernen lassen.

Sind die Mandeln abnorm gross, so müssen sie abgetragen werden, indem sonst die übrige Behandlung des Rachenkatarrhes nicht von dauern-
dem Einflusse bleibt. Hypertrophirte Tonsillen, auch wenn sie selbst nicht
mehr der Sitz häufiger Entzündungen und Abszedirungen sind, unterhalten den chronischen Reizzustand des Rachens schon durch ihre
Anwesenheit, indem sie sich wie fremde Körper verhalten und die
normale Thätigkeit der Schlundmuskulatur behindern, ausserdem drängen sie den breiten Theil des Gaumensegels immer mehr oder weniger nach oben und pressen so — nicht in directer Weise, wie man
häufig annimmt — die vordere Lippe der Tubenmündung gegen die
hintere. Nur bei frischen Ohrenkatarrhen und bei Kindern sah ich
bisher der Abtragung der vergrösserten Mandeln öfter eine unmittelbare Besserung im Hören folgen, dagegen bessert sich auch bei älteren Fällen gewöhnlich damit der chronische Rachenkatarrh und verliert sich die Neigung zu fortwährenden neuen Verschlimmerungen
des Ohres. Auch in Fällen, wo die Mandelvergrösserung noch keinen
Einfluss auf das Gehörorgan genommen hat, die Kinder also noch
ganz gut hören, rathe ich Ihnen entschieden zur Abtragung dieser
Geschwülste. Abgesehen davon, dass eine solche Rückwirkung auf
das Ohr dadurch verhütet wird, üben vergrösserte Mandeln als ein
mechanisches Athmungshindesniss einen entschiedenen Einfluss auf die
ganze Constitution, insbesondere auf die Entwicklung des Brustkorbes.
Bei Kindern insbesondere erweist sich das *Fahnenstock'*sche Tonsillo-
tom äusserst brauchbar. Begnügen Sie sich, den Theil der Mandel
abzutragen, welcher über den Gaumenbögen hervorragt, indem Sie
sonst sehr heftige, ja unstillbare Blutungen riskiren können und
schrumpft gewöhnlich die so abgekappte Mandel nach einiger Zeit
vollständig ein. Einschnitte, Scarificationen nützen blos bei frischen
Entzündungen oder zur Entleerung von Abszessen. Bepinselungen
mit Jod, Bestreichen mit Höllenstein, selbst wochen- und monatelang

fortgesetzt, bringen nach meiner Erfahrung keine merkliche Verkleinerung einer vergrösserten Mandel zu Stande. —

Gehen wir schliesslich zur Berücksichtigung des Allgemeinzustandes der an chronischem Ohrkatarrhe Leidenden über, so lässt sich natürlich alles Einzelne, was hier in's Auge zu fassen ist, auch bei der grössten Weitschweifigkeit nicht aufzählen und werde ich hier im Vertrauen darauf, dass Sie jeden Fall für sich auffassen werden, sehr kurz sein. Machen Sie jeden Kranken aufmerksam auf die Momente, welche günstig und welche ungünstig auf seinen Zustand einwirken. Wenn Jemand den ganzen Tag in einem überheizten und übervollen Bureau oder Comptoir mit vorgebeugtem Oberkörper schreibt, vielleicht nur alle Sonntage mehr als eine halbe Stunde frische Luft geniesst, Abends dann in einem qualmenden, dumpfen Wirthshause viel raucht und viel trinkt, um schliesslich in einem kleinen, nicht ventilirten Zimmerchen bis in den späten Morgen zu schlafen, so erfüllt er im Laufe eines Tages möglichst viele Bedingungen, um einen ewigwährenden Ohren- und Rachenkatarrh zur gedeihlichen Entwicklung zu bringen und wird dieser bei einem solchen Verhalten sich nie mindern, man mag ausserdem gebrauchen, soviel man nur will und kann. Frische gute Luft und reichliche Bewegung im Freien, der äusseren Temperatur entsprechende, fürsorgliche Kleidung, im Winter insbesondere Wolle oder Seide auf blossem Leibe, Sorge für trockene und warme Füsse sind bei unseren Leidenden äusserst wichtige Dinge; ausserdem vermeide der Kranke Alles, was den freien Blutumlauf hemmt, beengende, den Brustkorb zusammenschnürende Kleidungsstücke (Offiziere und Frauenzimmer), anhaltende Leibesverstopfung und längerandauerndes, vorgebeugtes Sitzen. Der Individualität entsprechende Molken- und Mineralwassercuren sind oft von sehr grossem Nutzen, insbesondere nach und mit einer örtlichen Behandlung. Ohne letztere sind sie in der Regel nicht einmal im Stande, dem steten Fortschritte des Leidens Einhalt zu thun. Von inneren Mitteln scheint mir der Leberthran, insbesondere mit einem Zusatze von Ol. terebinthinae rectific., noch am meisten die Neigung zu Katarrhen zu mindern. Nehmen Sie einen halben bis einen ganzen Skrupel Terpenthin auf eine Unze Leberthran und können Sie des Geschmackes wegen etwas Zimmt- oder Fenchelöl zusetzen. Sehr wichtig erweist sich eine geregelte Hautcultur; in der kalten Jahreszeit wöchentlich ein warmes Bad, am besten im eigenen Hause, um Verkältungen zu vermeiden, im Sommer kalte Flussbäder mit Schutz der Ohren gegen das Eindringen des Wassers und nachfolgendem starken Abreiben des Körpers. Von Seebädern habe ich bis jetzt solche Kranke stets nur schlechter zurückkommen gesehen. Soviel verständig geleitete Kaltwassercuren und insbesondere kalte Abreibungen in den Anstalten zur Abhärtung der Haut zu leisten vermögen, ebensoviel und noch mehr Schaden richten die häufigen Perforcecuren mit kaltem Wasser und insbesondere die kalten Uebergiessungen frühmorgens an, mit denen so viele Menschen, insbesondere Beamte, glauben, eine Panacee gegen sonst unvernünftige Lebensweise gefunden zu haben. Von ihnen gehen nicht so selten die prognostisch schlimmsten Verdichtungsprozesse der Paukenhöhlen-Schleimhaut aus.

SIEBZEHNTER VORTRAG.

Der acute eiterige Ohrkatarrh oder die acute Otitis interna.

Die verschiedenen Formen des Ohrkatarrhes überhaupt. — Vorkommen und Erscheinungen der acuten Otitis interna. Wird häufig verkannt, übersehen oder nicht berücksichtigt. Fall von Parazentese des Trommelfells.

Die Entzündung der Schleimhaut des Mittelohres, welche wir bisher betrachtet haben, war der einfache oder schleimige Katarrh. Wie alle Entzündungen verläuft dieser Katarrh bald mehr im Innern des Gewebes, also interstitiell, und bedingt so vorwiegend eine Verdichtung und Verdickung des Parenchymes, bald äussert er sich neben der Schwellung und Dickenzunahme des Gewebes auch nach aussen durch Vermehrung der Secretion, durch Exsudation, wenn Sie es so nennen wollen. Dieses nach aussen gesetzte Entzündungsproduct besteht beim einfachen Ohrkatarrhe vorwiegend aus Schleim und aus massenhaft abgestossenem Epithel, welch letzteres insbesondere in der mit flimmerndem Cylinderepithel ausgekleideten Tuba in grossen Mengen sich nachweisen lässt.

Die höhergradige Steigerung des katarrhalischen Prozesses führt bekanntlich zu überwiegender Entwicklung von freier Zellenbildung, zu Eiterung auf der entzündeten Schleimhaut. Die Beobachtung am Lebenden wie die an der Leiche ergibt, dass auch im Mittelohre der eiterige oder zellige Katarrh vorkommt, wenn auch unendlich seltener, als der einfache, schleimige Katarrh; und zwar gibt es auch von ihm eine acute und eine chronische Form. Dabei enthält das entzündliche Product neben den puriformen Elementen gewöhnlich noch Schleim und epitheliale Massen, wie ja in der Regel die entzündliche

Absonderung der Schleimhäute einen gemischten Charakter zeigt und zwischen den zwei verschiedenen Entzündungsstufen eine Reihe Misch-formen und Uebergänge vorkommen. Die Benennung „schleimiger" oder „eiteriger Katarrh" bedeutet nur, dass das eine Product vorwiegt, ohne dass dadurch das andere vollständig ausgeschlossen ist. — Ob auf der Schleimhaut des Mittelohres auch croupöse und diphtheritische Entzün-dungsformen vorkommen, lässt sich nicht sagen; beobachtet sind sie meines Wissens noch nicht. Ich untersuchte zweimal das Ohr von Kindern, die an Kehlkopfcroup gestorben waren; in dem einen Falle war die Schleimhaut der Paukenhöhle nur mässig hyperämisch, in dem anderen war sie beidseitig sehr stark geschwellt und das Cavum voll Eiter; von fibrinösem Exsudat in Tuba oder Paukenhöhle fand ich in keinem auch nur eine Andeutung. —

Den acuten eiterigen Katarrh des Mittelohres finden wir häufig an der Leiche von Kindern — hievon später noch — dann beobachten wir ihn als Theil- und Folgeerkrankung bei den acuten Exanthemen, Masern, Scharlach und Blattern, bei Typhus und bei Lungentuberculose; ferner steigert sich öfter ein schon länger bestehen-der, ein chronischer Entzündungszustand der Paukenhöhle, insbesondere bei vorhandener Perforation des Trommelfells zu der acuten Form. Unter sehr ungünstigen Verhältnissen des Kranken oder bei sehr un-passender Behandlung kann sich schliesslich diese Form wohl auch aus dem einfachen acuten Ohrenkatarrh herausbilden. Ebenso entwickelt sich der eiterige Katarrh bei kränklichen, scrophulösen, überhaupt zu Eiterbildung geneigten Individuen bereits nach Schädlichkeiten, welche bei gesunden Menschen wahrscheinlich nur einen einfachen Ohrenkatarrh erzeugt hätten.

Dieses Leiden wurde von den Autoren bisher gewöhnlich unter dem Namen der acuten Trommelfell-Entzündung beschrieben. In den Symptomen hat es am meisten Aehnlichkeit mit dem schon früher an-geführten einfachen acuten Ohrkatarrh, nur dass alle Krankheitser-scheinungen viel heftiger sind und das Allgemeinbefinden des Kranken stärker beeinträchtigt ist. Die in der Regel äusserst heftigen Schmer-zen strahlen vom Ohre über die ganze Kopfseite aus, und steigern sich bei jeder Erschütterung, schon beim Gehen auf dem Pflaster in's Unerträgliche; gewöhnlich ist die ganze Umgegend und auch der Gehörgang leicht serös infiltrirt, etwas geschwollen und empfindlich; ebenso wird ein sehr lästiges Hitzegefühl in der Tiefe des Ohres von den meisten Kranken angegeben. Der fieberhafte Zustand des Kran-ken führt oft zu heftigen Delirien oder dumpfer Betäubung. In der Regel werden die vom Ohre ausgehenden Erscheinungen im Verlaufe eines acuten Exathemes oder bei Typhus der Gefährlichkeit des übrigen Zustandes gegenüber wenig beachtet und anfangs durchaus nicht aufs Ohr bezogen; der Spezialist bekommt diese Formen daher im Beginne seltener zu sehen, abgesehen von den Fällen, wo ein älterer eiteriger Katarrh bei Perforation des Trommelfells sich plötzlich zu der acuten Form steigert. Was wir früher von einer möglichen und auch öfter vorkommenden Verwechslung des einfachen acuten Katarrhes mit einem Leiden des Gehirnes und seiner Hüllen bemerkten, gilt in erhöhtem Maasse für diese stets mit einer beträchtlichen Hyperämie der über dem Felsenbeine liegenden Dura mater und entsprechenden Rückwirkungen auf das Sensorium verlaufenden Form, zumal bei der allgemeinen Erkrankung des Individuums die Aufmerksamkeit um so weniger auf das Ohr gelenkt wird, solange dasselbe noch nicht eitert, und der delirirende und soporöse Kranke oft genug nicht mehr im Stande sein wird, über seine Gefühle selbst Rechenschaft zu geben. Der gewöhnliche Ausgang dieses Leidens ist Durchbruch des Trommelfells, mit welchem gewöhnlich die Schmerzen beträchtlich nachlassen und ein eiteriger Ohrenfluss sich einstellt, wenn derselbe durch die Betheiligung des äusseren Gehörganges an dem Prozesse nicht schon vorhanden war.

Nicht selten entwickelt sich nämlich zu gleicher Zeit mit der eiterigen Paukenhöhlen-Entzündung eine Otitis externa, entsprechend der starken Hyperämie, in welcher alle Gebilde sich befinden, welche das Gehörorgan zusammen setzen. Nach mehreren Sectionsberichten scheint häufig auch das Labyrinth bei Typhösen im Zustande der Congestion sich zu befinden. *)

In Fällen, wo eine chronische Otorrhö mit Perforation des Trommelfells sich zu einer acuten Entzündung steigert, mindert sich öfter die Eiterung Anfangs oder hört ganz auf. Diese Erscheinung wird häufig falsch gedeutet; die acute Entzündung entsteht nicht, weil der Ausfluss sich in Folge etwaiger Behandlung oder durch eine zufällige

---

*) Die umfassendste und gediegenste Arbeit über die Erkrankungen des Gehörorganes beim Typhus verdanken wir Dr. *Hermann Schwartze*. (S. deutsche Klinik 1861 N. 28 und 30). Derselbe spricht sich dahin aus, dass den beim Typhus vorkommenden Gehörstörungen insbesondere drei Prozesse zu Grunde liegen, zwischen denen nicht selten Combinationen vorkommen mögen. Es sind dies 1) die eiterige Entzündung der Paukenhöhle mit ihren Ausgängen und Folgen, 2) Katarrh des Pharynx mit Verschluss der Rachenmündung der Tuba und 3) central bedingte Gehörstörungen, wobei insbesondere an die eigenthümliche Einwirkung des typhösen Blutes auf das Gehirn zu denken wäre.

Schädlichkeit, Verkältung, Schlag auf das Ohr u. s. w. verminderte, oder wie man sich auszudrücken pflegt „unterdrückt" „zurückgetrieben" wurde, sondern umgekehrt die bisher reichliche Absonderung wurde in Folge des Eintrittes der acuten Entzündung der sie liefernden Mucosa geringer, wie wir eine solche Secretverminderung ja gewöhnlich bei chronischen Katarrhen wahrnehmen, welche sehr plötzlich in ein acutes Stadium treten. Da auch einfache chronische Ohrkatarrhe nach Typhen, wie nach Scharlach und Masern sehr häufig in Behandlung kommen, so wäre es möglich, dass diese gefährlichere Form auch öfter ohne Perforation des Trommelfells verlaufe, sich rückbilde und nur einen gewöhnlichen geschwellten und hyperämischen Zustand der Ohrschleimhaut zurückliesse. Hiebei dürfen wir freilich nicht übersehen, dass bei denselben Krankheitsformen auch die mildere und einfachere Form des Ohrkatarrhes vorkommt. Die allerheftigsten und gefährlichsten Formen des acuten eiterigen Katarrhes sind die, wo durch einen vorhergehenden Verdichtungsprozess das Trommelfell sehr widerstandsfähig geworden ist und so der Ohrabzess nicht nach aussen durchbrechen kann. Es sind eine Reihe solcher Fälle beschrieben, wo nach den fürchterlichsten Schmerzen und den heftigsten Erscheinungen die Entzündung sich auf die Meningen oder das Gehirn fortsetzte und der Fall meist rasch tödtlich endete. Solche Fälle insbesondere können ohne Untersuchung des Ohres kaum richtig gedeutet werden und mögen sie viel häufiger vorkommen, als sie bisher an der Leiche nachgewiesen wurden. Der Durchbruch des Trommelfells darf unter Umständen noch als eine verhältnissmässig günstige Wendung angesehen werden. Indessen auch wo Perforation dieser Membran vorhanden ist, kann immer noch durch Fortsetzung des Prozesses auf wichtige benachbarte Theile der tödtliche Ausgang herbeigeführt werden. Am häufigsten ereignet sich dies bei Kindern nach Exanthemen. Im Einzelnen werden wir einen solchen Verlauf und Zusammenhang später ausführlicher kennen lernen.

Der objective Befund am Ohre ähnelt im Beginne dem eines heftigen Falles von einfachem acuten Ohrkatarrhe im congestiven Stadium. Das Trommelfell erleidet sehr häufig Unregelmässigkeiten in seiner Ebene durch den dahinter angesammelten Eiter, welcher einzelne Theile der Membran vorwölbt, und nach aussen drängt. Seltener sind einzelne Gefässe zu sehen, als dass der mattgrauen Farbe der Membran ein feines Roth, entsprechend des Hyperämie seiner Schleimhautplatte, beigemischt ist, öfter lassen sich auch einzelne rothe Flecke, Extravasate, im Trommelfelle beobachten. Die Schwellung und Durchfeuchtung der Membran ist meist eine sehr bedeutende und nimmt der knöcherne Gehörgang in der Regel sehr starken Antheil daran. In intensiveren Fällen ist der Warzenfortsatz bei stärkerem Drucke nicht nur schmerzhaft und empfindlich, sondern gewinnt seine leicht infiltrirte Bedeckung auch ein glänzendes und geröthetes Aussehen. Sehr häufig ergibt die Untersuchung ferner eine beträchtliche Schwellung und Röthung der Rachenschleimhaut und erweist sich die Tuba bei allen ohne Katheter angestellten Versuchen durchaus undurchgänglich.

Was die Prognose betrifft, so erweist sich dieselbe hier viel ungünstiger als bei der einfachen Form des acuten Katarrhes. Eines müssen wir aber vor Allem bedenken. Die wenigsten Aerzte können es über sich bringen, bei den genannten Erkrankungen neben den Rücksichten, welche die Gefährlichkeit des Zustandes im Allgemeinen erfordert, der Ohrenaffection auch nur die mindeste Sorgfalt zu schenken. Nie werden eben Ohrenentzündungen mit so vollständiger Gleichgültigkeit betrachtet und dieselben so gänzlich in den Hintergrund gestellt oder geradezu übersehen, als wenn das Individuum auch sonst noch darniederliegt. Wie viel Aerzte denken bisher daran, sich bei einem Typhuskranken oder einem armen Tuberculösen oder gar bei Kindern, die an Morbillen und Scharlach erkrankt sind, von selbst auch noch um das Ohr zu bekümmern! Ein amerikanischer Arzt, Dr. *Edward Clarke* in *Boston*, sagt in einem sehr gediegenen Aufsatze über die Perforationen des Trommelfells, ihre Ursachen und Behandlung: *)
„So nothwendig ist eine gehörige Aufsicht auf den Zustand des Ohres während des Verlaufes von acuten Exanthemen, dass jeder Arzt, welcher solche Fälle behandelt, ohne Rücksicht auf das Ohr zu nehmen, für einen gewissenlosen Arzt erklärt werden muss." Wie hart wird dies den meisten deutschen Aerzten klingen! Gewiss ist aber, dass, könnte man sich in der gewöhnlichen Praxis entschliessen, bei den acuten Exanthemen ausser auf Haut und Niere, Puls und Darm, sich auch nach dem Befinden des Ohres zu erkundigen — vom Untersuchen desselben will ich vorläufig noch gar nichts sagen — so würde manches Kind nicht taubstumm werden, manche unheilbare Schwerhörigkeit und viele lebenslängliche Otorrhöen mit allen Gefahren, welche dieselbe mit sich bringen, würden vermieden werden. Es gibt eine Reihe acuter Erkrankungen, bei denen das Ohr so häufig, ja fast so regelmässig mitleidet, dass sich der Arzt von selbst um den Zustand desselben bekümmern sollte, ohne erst auf die Klagen des Kran-

---

*) The American Journal of the medical Sciences. Januar 1858. im Auszuge von mir mitgetheilt in den mediz.-chirurgischen Monatsheften. Januar 1859.

ken oder die Mittheilungen seiner Umgebung zu warten. Auf diese
Weise könnte unendlich viel Unheil verhütet werden.

Selbst bei der sorgsamsten Behandlung, und auch wenn der sonstige
Zustand des erkrankten Individuums uns jede Rücksicht auf das Ohrenleiden zu nehmen gestattet, werden wir wohl sehr oft den Durchbruch des
Trommelfels bei dem eiterigen Katarrhe des Mittelohres nicht verhüten
können. Doch damit wäre noch nicht soviel verloren, und bleibt der
ärztlichen Thätigkeit immerhin noch ein weites Feld, um das Chronisch-
werden der Otorrhö und weitere Folgezustände zu verhüten.

Die B e h a n d l u n g muss hier natürlich vor Allem eine antiphlogistische sein; je nach dem allgemeinen Kräftezustand des Kranken setzt man
eine Anzahl Blutegel um die Ohröffnung herum und zwar sobald als
möglich, damit die im Ohre stattfindende Hyperämie herabgesetzt und
so der Entzündungsprozess überhaupt von vornherein abgeschwächt wird.
Zugleich wird durch die örtliche Blutentziehung, sowie durch nach-
folgendes öfteres Füllen des Gehörganges mit warmen Wasser, der
heftige Schmerz und die Spannung im Ohre in der Regel gemindert.
Wenn die Otitis, wie insbesondere bei Masern und Scharlach sehr
häufig der Fall ist, mit einer beträchtlichen Entzündung der Rachenschleimhaut einhergeht oder der ganze Prozess dort sogar seinen Ausgangspunkt genommen hat, so muss auf diese die gröste Sorgfalt verwendet werden. Man mache kalte Umschläge um den Hals, lasse
sehr häufig gurgeln, wenn dies möglich ist, sorge durch Wasserein-
spritzungen in die Nase, entweder mittelst der früher erwähnten Röhre
für die Schlunddouche oder mittelst eines elastischen Katheters für
fleissige Entfernung des Secretes aus dem Nasopharyngealcavum, welche
Vornahme selbst bei kleinen Kindern anwendbar ist; im Nothfalle kann
man mit dem Schwämmchen oder Pinsel den Schlund ätzen. Man
achte dieses Verfahren nicht für zu eingreifend und zu gewaltsam,
sondern bedenke, dass von einem günstigen Ausgange des Leidens
häufig das ganze spätere Lebensglück, ja möglicherweise das Leben
des Kranken abhängt, daher kein Eingriff zu energisch sein kann.
Gerade die Ohrenentzündungen bei Masern und Scharlach liefern einen
grossen Theil der Insassen der Taubstummen-Anstalten und ebenso
stammt eine grosse Prozentzahl aller hochgradigen Schwerhörigkeiten,
namentlich solcher mit Perforation des Trommelfells und Otorrhoea
interna von dem Antheil, den das Ohr an dem exanthematischen Prozesse genommen und gestehen wir es nur zugleich — von der Gleichgültigkeit der Aerzte gegen diese Complication.

In Fällen, wo die Entzündung und Eiterbildung bereits sehr vor-
geschritten und der Durchbruch des Trommelfells aller Wahrschein-

lichkeit nach nicht mehr zu verhüten ist, ja dieses Ereigniss sogar ein erwünschtes sein muss, kann man denselben befördern durch Auflegen von feucht warmen Umschlägen auf das Ohr, welche indessen wegzulassen sind, sobald die Perforation eingetreten ist, oder man parazentesirt das Trommelfell an einer Stelle, welche gegen aussen vorgewölbt ist. In einem Falle konnte ich die ganz merkwürdige augenblickliche Erleichterung beobachten, welche eine solche Parazentese des Trommelfells hervorrief, obwohl dabei durchaus keine Eiterentleerung eintrat. Eine 27jährige, sehr kränklich aussehende Fabrikarbeiterin kam zu mir, nachdem sie bereits 10 Tage an einer äusserst schmerzhaften Ohrenentzündung mit vorübergehendem Ausflusse gelitten. Ich erblickte hinten unten am Trommelfell, da wo dasselbe auf den Gehörgang übergeht, eine kleinerbsengrosse, helle, stark vorgewölbte Blase, ganz einer Brandblase gleichsehend, wie man sie auch am Trommelfell manchmal zu beobachten bekommt, wenn Kranke sich durch unvernünftig starkes Erwärmen eines Ohrenwassers verbrannt haben. Dies konnte hier indessen nicht stattgefunden haben, indem Patientin noch gar nichts in's Ohr gegossen haben will. Das übrige Trommelfell ganz matt, grau-röthlich und sehr stark verdickt. Dabei fürchterliche Schmerzen im Ohre und um dasselbe herum, insbesondere auch hinter dem Ohre; der Warzenfortsatz fühlt sich wärmer an, ist leicht geröthet und bei Druck sehr empfindlich. Ich steche sogleich die Blase mit einer gewöhnlichen Nadel für die Parazentese der Hornhaut an und entleert sich ein Tropfen Serum. In demselben Augenblicke athmete die Kranke frisch auf, erklärte, dass die heftigen reissenden Schmerzen im Ohre fast ganz verschwunden wären, und was höchst merkwürdig, der Warzenfortsatz zeigte sich weniger empfindlich gegen Druck, und wollte Patientin den Mund nun ohne Schmerz öffnen können, was unmittelbar vorher nicht der Fall war.

ACHTZEHNTER VORTRAG.

Der eiterige Ohrkatarrh der Kinder.

Bisher nur anatomische Thatsache. Versuche einer Erklärung und der Verwerthung
für die Praxis.

Ich habe Ihnen nun eine Form des eiterigen Ohrkatarrhes vorzuführen, die ich nur nach dem Befunde an der Leiche kenne und
welche auch am Lebenden nachzuweisen ich den Aerzten überlassen
muss, welche hinreichend Gelegenheit haben, die Erkrankungen des
kindlichen Alters zu beobachten. Im Laufe meiner Untersuchungen
über die normale und pathologische Anatomie des Ohres stiess ich
nämlich zufällig auf einen eigenthümlichen Zustand im Ohre kleiner
Kinder, der mir um so mehr auffiel, als er sich ungemein häufig in
ähnlicher Weise wiederholte, ja sich eigentlich in der überwiegenden
Mehrzahl von kindlichen Gehörorganen fand, die ich Gelegenheit
hatte, zu seziren. — Ich untersuchte bisher 48 kindliche Felsenbeine,
25 Individuen gehörend; wenn ich absehe von einem Falle von doppelseitiger Caries des Schläfenbeines, so fanden sich von den übrigen
46 Felsenbeinen, 24 Kindern angehörend, das Mittelohr nur bei 7
Kindern, und zwar 13 mal im normalen Zustande, die übrigen 33 Gehörorgane, von 17 Kindern stammend, boten sämmtlich in verschiedenen
Graden das anatomische Bild eines eiterigen Katarrhes des mittleren
Ohres dar. Es fand sich nämlich die Paukenhöhle, der obere Theil
der Tuben und die Zellen des Warzenfortsatzes, soweit sie bereits
vorhanden waren, angefüllt mit einer grünlich-gelben, bald mehr rah-
migen, bald mehr gallertigen Flüssigkeit, die dem Eiter durchaus

ähnlich sehend, unter dem Mikroskope auch alle Eigenthümlichkeiten desselben darbot. Sie zeigte sich nämlich zusammengesetzt aus massenhaften rundlichen Zellen mit einem, und dann öfter bisquitförmigem, oder mehreren Kernen, welche häufig auch ohne Essigsäure-Zusatz bereits sichtbar waren; der trübe Inhalt der Zellen, unter der Einwirkung der Säure sich klärend, enthielt ausserdem häufig noch kleine Fettkörnchen. Diese Eitermasse erfüllte alle Räume, soweit die stark geschwellte wulstige Schleimhaut noch ein Cavum übrig gelassen hatte. Die Mucosa stets sehr hyperämisch, manchmal sehr zierliche Gefässnetze darstellend, war in der Regel so entwickelt, dass die Gehörknöchelchen zum Theil fast vollständig in sie eingebettet und in ihren Umrissen kaum genauer zu erkennen waren. Ebenso zeigte sich das Trommelfell an seiner Innenfläche, wo es von der Schleimhaut überzogen ist, leicht durchtränkt und mit reichlichen in einer bestimmten Weise stets verlaufenden Gefässnetzen überzogen. Dasselbe war nie durchlöchert oder in Ulzeration begriffen. Neben diesem Befunde zeigten sich in 8 Fällen und zwar stets in solchen, wo der Inhalt der Paukenhöhle ein mehr sulziger, gallertiger, also von grösserer Cohärenz war, eigenthümliche rothe Kugeln von Stecknadel- bis Hanfkorngrösse, die ziemlich derb anzufühlen waren und an der geschwellten Schleimhaut festsassen. Bei näherer Untersuchung ergaben sie sich als aus einer reichlich vascularisirten Hülle und einem Inhalte bestehend, der bald mehr körniges Fett, bald mehr Zellen enthielt. Ueber das Wesen dieser räthselhaften rundlichen Gebilde, für die ich eigentlich kein Analogon kenne, fehlen vorläufig alle weiteren Aufschlüsse.

Die zu diesen Untersuchungen dienenden Objecte waren ohne alle Auswahl den Kinderleichen entnommen, wie sie innerhalb $3\frac{1}{2}$ Jahren zum Theile aus der Stadt, zum Theile aus der Entbindungsanstalt in die hiesige anatomische Anstalt geliefert wurden; das jüngste Kind hatte 17 Stunden, das älteste ein Jahr gelebt. Von den Kindern mit normalem Mittelohr waren zwei 14 Tage, und je eines 17 Stunden, 4 Tage, 3, 6 und 11 Monate alt. Die Kinderleichen werden häufig, wie Sie wissen, den Studenten zu normal-anatomischen Arbeiten überliefert, daher die Sectionsprotokolle der pathologisch-anatomischen Anstalt nur über einen Bruchtheil derselben berichten, von der obigen Anzahl 12 mal. Dieser weitere Sectionsbefund ist sehr mannichfach, bewegt sich aber in den Ergebnissen, welche die Leichenuntersuchung gewöhnlich bei der Klasse der meist halbverhungerten und schlechtversorgten unehelichen Pflegekinder ergibt: Atrophie, Darmkatarrhe, häufig Atelektase einzelner Lungenpartien, Bronchitis; constant fand sich in allen verzeichneten Fällen venöse Hyperämie der Hirnhäute und Blutüberfüllung des Gehirnes. Gerade in den Fällen, bei denen sich kein Eiter in der Paukenhöhle fand, fehlt jeder weitere Sectionsbericht. Soweit das Thatsächliche.*) — Wenn die Anzahl der unter-

---

*) Da in der hiesigen Anatomie Leichen von Kindern, die über Ein Jahr alt sind, zu den Seltenheiten gehören, so muss ich Anderen überlassen zu bestimmen, ob dieser Befund bei älteren Kindern in gleicher Häufigkeit vorkommt. Mir fehlt jedes Material hiezu und ist mir bisher nur ein einziger solcher Fall von einem älteren Kinde bekannt, welchen ich um so mehr ausführlich beifüge, als ich hier auch im Besitze einer genauen Krankengeschichte bin. Ich verdanke diese Beobachtung der Güte meines verehrten Freundes Professor *Streckeisen* in *Basel* und darf ich die epikritische Uebersicht des Falls mit seinen eigenen Worten geben.

„Ein gesundes, gut entwickeltes, lebhaftes, 6jähriges Kind wird nach einer Spazierfarth von Kopfschmerz, Mattigkeit und galligem Erbrechen befallen. Nach einem unruhigen Schlaf ist sie Tages über wieder wohl und munter.

Am 2ten Tage Abends wiederholt sich das Erbrechen, die Haut wird heiss und trocken; Stirn und Kopf heiss; Puls 130; Mattigkeit und Kopfschmerzen; es treten überhaupt die Erscheinungen einer zu starken Blutfüllung des Kopfes hervor. Blutegel zwischen Unterkiefer und Processus mastoideus, Kälte auf den Kopf und Ableitung auf den Darmkanal bringen einen natürlichen Zustand wieder zu wege, welcher den

3. und 4ten Tag dauert, so dass man glauben konnte, es sei ein leichtes Unwohlsein gewesen, für welches die eingeleitete Medication eher zu energisch schien. Nach einer ziemlich ruhigen Nacht traten am

5ten Tage Störungen in der Hirnthätigkeit schärfer hervor, welche auf entzündliche Reizung hindeuten (Unruhe, Weinerlichkeit, schmerzlicher Gesichtsausdruck, leichtes Irrereden, heisser Kopf, besonders in der Gegend der Basis cranii). Als Andeutung von Hirndruck langsames Zurückziehen der vorgestreckten Zunge. Auf Blutentziehung in der Nase, Eisumschläge auf den Kopf und Calomel traten diese Erscheinungen wieder zurück, um

am 6ten Tage allmälig sich zu steigern, so dass bereits Erscheinungen des Hirndruckes (Schläfrigkeit, schwere Erwecklichkeit) bleibend auftreten. Dasselbe dauert nun auch am

7ten Tage an, wo Uebergiessungen mit kaltem Wasser die freie Function des Gehirnes wieder herstellen, jedoch nicht auf die Dauer und endlich auch ihren Dienst versagen.

Am 8ten Tage traten die Lähmungserscheinungen in den Vordergrund (lallende Sprache und Stöhnen, Klacken des Gaumensegels, schlaffes Harabfallen der erhobenen Arme, Beschränktheit der Bewegungen auf Ober- und Vorderarm bei Schlaffheit der Hand und des Fingers) neben welchen indess Reizungserscheinungen (Zähneknirschen, Würgen, Unruhe) zugleich fortbestehen.

Am 9ten Tage entwickeln sich die Lähmungserscheinungen immer vollständiger, um am Morgen des 10ten Tages mit dem Tode zu schliessen.

Die Section ergab vorwaltend seröse Durchtränkung des Gehirnes, reichliche Blutfülle desselben, Schwellung der Hirnsubstanz und Compression derselben durch das Schädelgewölbe. Beide Querblutleiter strotzend mit Gerinnungen erfüllt. Beid-

suchten Felsenbeine auch keine sehr grosse ist, so ist sie doch bedeutend genug, zumal die Objecte ganz ohne Auswahl und binnen eines ziemlich grossen Zeitraumes benützt wurden, um sagen zu können: sehr häufig, ja in der Mehrzahl der Fälle befindet sich bei kleinen Kindern, wenn sie zur Section kommen das Mittelohr im Zustande des eiterigen Katarrhes.

Was soll man nun von diesem jedenfalls sehr unerwarteten Factum denken? Liesse sich vielleicht annehmen, es handle sich hier überhaupt nicht um einen pathologischen, sondern mehr um einen natürlichen und physiologischen Zustand? Eitermassen, wo im Normalen Luft vorhanden, eine hyperämische, stark geschwellte Schleimhaut statt einer glatten, dünnen und mässig vascularisirten bilden einen Befund, den man der Natur der Sache nach nur für krankhaft halten kann, um so mehr aber dafür halten muss, als nicht alle kindlichen Felsenbeine sich in diesem Zustande befanden, sondern mehr als ein Viertheil (13 unter 46) keinen Eiter und keine gewulstete hyperämische Mucosa enthielten. Die Erfahrungen der Kinderärzte deuten bisher nirgends darauf hin, dass eiterige Ohrenentzündungen so ungemein häufig bei kleinen Kindern vorkommen. Oder sollte eine solche Otitis interna, wie sie uns die anatomische Untersuchung vorführt, auch nur eine rein anatomische sein und sie sich

---

seitig die Paukenhöhle und die Zellen des Warzenfortsatzes mit dicklichem Eiter erfüllt. Die Mucosa des Ohres stark injizirt und gewulstet. Trommelfell leicht eingezogen. Besonders bemerkenswerth erscheint bei diesem Krankheitsverlaufe:

1) Das sehr schwache Hervortreten des Kopfschmerzes im Anfange (1. und 2ter Tag). Beim Wiederaufflammen der Krankheit am 5ten Tage wurde dieses Symptom durch mürrische Stimmung und Weinerlichkeit vertreten.

2) Gänzlicher Mangel der convulsivischen Erscheinungen in der Reizungsperiode, schnelles Vorwiegen der Hirndrucksymptome und der Lähmung.

3) Mangel jeglicher Schmerzen im Bereich der Gehörorgane. Obgleich hierauf nicht speziell geachtet wurde, so ist doch soviel sicher, dass das Kind keinen Schmerz klagte und am 6ten und 7ten Krankheitstage noch ganz gut hörte, wenigstens während der klaren Augenblicke im Gespräche mit seinen Geschwistern ganz richtige Antworten gab.

Auf dem Felsenbeine wiess keinerlei Veränderung darauf hin, dass dieser Prozess vom Gehörorgane ausgegangen sei — doch darf man diesen Gedanken nicht abweisen, da die Entzündungserscheinungen innerhalb der Paukenhöhle den weitest gediehenen Entwicklungsgrad zeigten. „Soweit die gütigen brieflichen Mittheilungen *Streckeisen*'s, welche mir leider erst während des Druckes zukamen. — Möchten doch mehr Kinderärzte sich für diese räthselhafte und jedenfalls höchst merkwürdige Sache interessiren und sie durch genaue Beobachtungen zu einem gewissen Abschlusse bringen! Ich selbst wäre für jede solche, mir gemachte Mittheilung sehr dankbar.

zu Lebzeiten keineswegs durch entsprechende Erscheinungen äussern? Wie schon gesagt, kann ich auf diese Frage keine positive, auf Erfahrungen gestützte Antwort geben; allein ist es wahrscheinlich, dass die gleichen Gewebsveränderungen, welche beim Erwachsenen, wie wir oben gesehen, in äusserst tiefgreifender Weise sich aussprechen und welche beim Erwachsenen nicht nur den einzelnen erkrankten Theil, sondern den ganzen Organismus in die grösste Aufregung und Erschütterung versetzen, — sollten dieselben Gewebsveränderungen am zarten Kinde spurlos und ohne jeden Einfluss vorübergehen, während doch sonst sein Nervensystem und seine Gesammtgesundheit auf jede noch so geringe Schädlichkeit und jeden Entwicklungvorgang bekanntlich so stürmisch reagiren? So lange nicht bestimmte Beweise für eine so seltsame Umkehrung der Reizempfänglichkeit der kindlichen Natur und der des Erwachsenen vorliegen, sollte man es nicht von vornherein für wahrscheinlicher halten, dass eben eine ganze Reihe von Erscheinungen am kranken Kinde bisher falsch gedeutet oder mangelhaft beobachtet, übersehen worden? Fast in jedem Abschnitte, den wir bisher gemeinschaftlich beobachtet haben, musste ich Sie auf mehr oder weniger wichtige Thatsachen hinweisen, welche in ganz ungenügender, wenn nicht geradezu unwahrer Weise aufgefasst wurden, oder auf solche, welche, trotzdem sie sich dem aufmerksamen und ruhigen Beobachter als unumstössliche und sich oft wiederholende Facta aufdrängen, bisher der Aufmerksamkeit der Praktiker und grösstentheils auch der Ohrenärzte vollständig entgangen sind. Um Sie nur an Eines zu erinnern, was besonders hier zu nennen wäre, wieweit waren die Aerzte sich bisher bewusst, dass Behinderungen im Denkvermögen, betäubungsartige Zustände des Kopfes und insbesondere lästige Schwindelzufälle irgend etwas mit krankhaften Zuständen im Ohre gemein hätten und von solchen abhängen könnten, während einem beschäftigtem Ohrenarzte fast täglich Fälle vorkommen, welche die häufige Zusammengehörigkeit der beiden Leiden mit absoluter Sicherheit beweisen? Und doch haben die Praktiker, ja wie ich Sie versichern kann, selbst die gebildesten Kliniker, keine Ahnung hievon und finden sich selbst in den Schriften der deutschen Ohrenärzte kaum Andeutungen, dass dergleichen zu beobachten ist.

Nirgends dürfen wir uns weniger auf Autoritäten verlassen, nirgends uns mit dem Ueberlieferten und bisher Gelehrten so wenig begnügen und nirgends kann die nüchterne und unverdrossen fortgesetzte Beobachtung klinischer und anatomischer Thatsachen so viel Neues schaffen und Unerwartetes finden, als dies in der Pathologie der Ohrenkrankheiten noch heutzutage der Fall ist. Die bisher hier arbeiteten, haben wahrlich viel zu thun übrig gelassen. Wie ungenügend und mangelhaft bisher am Lebenden beobachtet wurde, darauf musste ich Sie schon öfter hinweisen. Die Beobachtung an der Leiche aber fehlt streckenweise noch vollständig und im Uebrigen ist sie lückenhaft. Hätte sich z. B. schon öfter die anatomische Untersuchung der kindlichen Leichen auch auf die Schläfenbeine erstreckt, so hätte der auffallende Befund daselbst gewiss schon längst die Aufmerksamkeit der behandelnden Aerzte auf diesen Punkt gelenkt. Das Eine wurde bisher unterlassen, das Andere ist desshalb nie geschehen und denkt ein Arzt heutzutage bei einem Kinde, das keinen Aufschluss über den Sitz seiner Schmerzen zu geben vermag, wohl nur höchst ausnahmsweise an die Möglichkeit einer Ohrenentzündung, bis er gelegentlich durch die Folgen derselben, eine reichliche Eiterung aus dem Ohre, auf diese Gegend hingewiesen wird.

Sieht man sich indessen genauer in der Literatur um, so findet man zu verschiedenen Zeiten doch einzelne denkende und scharf beobachtende Männer, welche sich klar machten, dass die Perforation des Trommelfells und die Otorrhö ja nur Ausgänge der inneren Otitis sind, somit jedenfalls die innere Ohrenentzündung noch weit häufiger vorkommen müssen, als die Otorrhö, nnd es vor Allem darauf ankomme, diese Krankheitsform schon früher zu erkennen, um so möglicherweise die Eiterung verhüten und den ganzen Prozess zu einem mildern Verlaufe bringen zu können. So sprach sich schon 1825 ein Arzt in *Fulda,* Dr. *Schwarz,*[*] dahin aus, dass bei Kindern, die nicht reden können, Ohrenentzündungen sehr häufig übersehen würden und machte derselbe auf die Symptome aufmerksam, durch welche dieselben von anderen sich ähnlich äussernden Leiden, insbesondere von Affectionen des Gehirnes und seiner Häute, sich unterscheiden liessen. Ebenso sagt *Friedr. Lud. Meissner* in seinem Lehrbuche über die Kinderkrankheiten (*Reutlingen 1832*) „die Ohrenentzündung ist sicherlich eine derjenigen Krankheitsformen, welche bei Kindern in dem zartesten Lebensalter am häufigsten übersehen wird, da diese sich über den Ort, die Art und die Heftigkeit der Schmerzen nicht auszudrücken vermögen." Am häufigsten würde sie mit Gehirnentzündung verwechselt. Aehnliche Mittheilungen über diesen

---

[*] „Ueber die Ohrenentzündung der Kinder" in *Siebold's* Journal für Geburtshilfe B. V. Hft. I. Wieder abgedruckt im 3ten Hefte der *Linke*'schen „Sammlung auserlesener Abhandlungen und Beobachtungen aus dem Gebiete der Ohrenheilkunde." (*Leipzig 1836.*)

Gegenstand gibt *Helfft* (1847)*) nach welchem ebenfalls die Symptome der Otitis interna bei kleinen Kindern denen der genuinen Meningitis gleichen. „Immer muss bei kleinen Kindern ein lautes, von Zeit zu Zeit ausgestossenes Geschrei bei vollkommener Integrität der Brust- und Bauchorgane auf den Sitz des Leidens in der Kopfhöhle hinweisen. Dass jedoch keine merkliche Hirnentzündung vorhanden sei, dafür spricht der Mangel des Erbrechens und der Stuhlverstopfung, sowie die geringe febrile Reaction." Diese verschiedenseitigen Andeutungen scheinen indessen wenig oder gar nicht beachtet worden zu sein, und erfolgte seitdem eher ein Rückschritt in dieser Beziehung, indem man die einmal angeregte Sache ganz ausser Acht liess, so kann ich in dem bekannten Werke von *Rilliet* und *Barthez*, (1853) und in dem von *Bouchut* (1852) nichts hieher Bezügliches auffinden; ebensowenig in anderen neueren Lehrbüchern über Kinderkrankheiten, selbst nicht in denen, welche seit 1858 erschienen sind, in welchem Jahre ich meine ersten Mittheilungen über diesen eigenthümlichen Sectionsbefund an den Gehörorganen kleiner Kinder unserer hiesigen physikalisch-medizinischen Gesellschaft vorlegte.**)

Indessen nicht blos die anatomische Thatsachen, auch die tägliche praktische Erfahrung weist uns auf die ungemeine Häufigkeit von Ohrenentzündungen im kindlichen Alter hin. Ohrenschmerzen kommen bei Kindern, welche den Sitz des Schmerzes bereits bezeichnen können, so unendlich häufig vor, dass fast die meisten Kinder das eine oder das andere Mal daran gelitten haben; die Untersuchung des Ohres ergibt aber, dass Ohrenschmerzen vorwiegend häufig von entzündlicher Thätigkeit im äusseren oder mittleren Ohre abhängen und nur verhältnissmässig selten nervöser, neuralgischer Natur sind. Von den zur Behandlung kommenden Otorrhöen ferner stammen ein sehr grosser Theil, sicher die grössere Hälfte, aus den Kinderjahren und sehr viele nachgewiesenermassen aus der allerfrühesten Zeit des Lebens, selbst den ersten Tagen oder Wochen nach der Geburt. Ebenso werden Schwerhörigkeiten verschiedenen Grades bei Kindern, an denen sich Hörprüfungen anstellen lassen oder bei denen wenigstens ein sicheres Urtheil über die Hörschärfe gefällt werden kann, sehr oft beobachtet. Erweist es sich so als eine allgemein anerkannte Erfahrung, dass entzündliche Ohrenleiden im vorgerückteren kindli-

---

*) Journal für Kinderkrankheiten, Dezember 1847. auszugsweise mitgetheilt in *Schmidt*'s Jahrbüchern 1848. B. 58. S. 337.
**) Siehe deren Verhandlungen. IX. B. Sitzungsberichte LXXVII.

chen Alter sehr häufig sind, so ist es doch von vornherein wahrscheinlich, dass dieselben ebenso oft in der ersten Kinderzeit vorkommen
und es blos an der dann eintretenden Schwierigkeit, dieselben zu
erkennen, liegt, wenn sie der Aufmerksamkeit der Aerzte bisher entgehen, so lange keine Eiterung nach aussen eingetreten ist. Aber
auch die beschreibende Anatomie und die Entwicklungsgeschichte
führen uns Thatsachen vor, welche beweisen, wie günstig gerade in
der frühesten Lebenszeit die Bedingungen zur Entwicklung von Ernährungsstörungen in der Paukenhöhle gestaltet sind. Einmal habe
ich Sie zu erinnern an jenen Ihnen früher mehrfach vorgewiesenen
gefässreichen Fortsatz der Dura mater, welchen dieselbe beim Kinde
längst der ganzen Fissura petroso-squamosa in Paukenhöhle und Warzenfortsatz entsendet, und durch welchen die harte Hirnhaut und die
Schleimhaut des Mittelohres in noch engere Ernährungsbeziehungen
treten, als dies bereits beim Erwachsenen der Fall ist. Jede Ernähr-
ungs- und Circulationsstörung in den Meningen, wie solche im Kindesalter ja erfahrungsgemäss ein so ungemein häufiges Ereigniss sind,
muss sich somit auch nach dem unter gleicher Blutzufuhr stehenden
Mittelohr erstrecken, und umgekehrt wird beim Kinde jede primäre
Ohrenaffection umsomehr Erscheinungen von Seite des Schädelinhal-
tes hervorbringen. In jener Beziehung wäre zu erwähnen, dass ich
bei allen Kindern, welche die erwähnte Otitis interna ergaben, auch
venöse Hyperämie und Blutüberfüllung des Gehirnes verzeichnet fand,
soweit mir eben die weiteren Sectionsberichte zu Gebote standen. —
Weiter habe ich Ihnen den Zustand vorzuführen, in welchem wir
die Paukenhöhle beim Foetus und Neugebornen antreffen. Wie ich
zeigte,*) enthält dieselbe nicht Amniosflüssigkeit oder schleimiges
Secret, wie man bisher allgemein annahm, sondern ist dieselbe ausgefüllt von einer polsterförmigen Wucherung des Schleimhautüberzu-
ges der Labyrinthwand, welche bis zur glatten Innenfläche des Trommelfells hinüberreicht. Sehr bald nach eingeleitetem Athmungspro-
zesse verkleinert sich diese Schleimhautwucherung theils durch Ein-
schrumpfung, theils durch vermehrte Desquamation und macht der
Luft Platz.**) In der ersten Lebenszeit der Kinder finden somit

---

*) Würzburger Verhandlungen. B. IX. Sitzungsberichte LXXVIII.

**) Nach mehreren Untersuchungen an Kindern, welche während des Geburts-
actes oder nicht lange vorher zu Grunde gingen, wird die Verkleinerung dieses die
Paukenhöhle ausfüllenden Polsters schon vor der Geburt eingeleitet und findet man
an solchen Individuen auffallend viele mit Fettkörnchen erfüllte Epithelialzellen in
der Paukenböhle.

jedenfalls sehr umfangreiche Entwicklungs- oder besser Rückbildungs-
vorgänge im mittleren Ohre statt. Nun lehrt uns aber die tägliche
praktische Erfahrung, dass allenthalben, wo eine gesteigerte Thätigkeit
im physiologischen Sinne besteht und eingreifende Metamorphosen und
Evolutionen vor sich gehen, um so leichter auch durch eintretende
Schädlichkeiten Ernährungsstörungen pathologischer Art, krankhafte
Zustände, Entzündungen und Neubildungen sich einstellen. Ich erinnere Sie beispielweise nur daran, wie häufig Krankheiten des weiblichen Geschlechtssystems während der Entwicklungszeit, während der jedesmaligen Menstruation und insbesondere während der puerperalen Vorgänge ihren Anfang nehmen. Fügen wir zu allen diesen Angaben noch
die Bemerkung, dass Nasen- und Rachenkatarrhe, welche so häufig
zu Katarrhen des Ohres Veranlassung geben, bei Kindern zu den all-
täglichen Vorkommnissen gehören, so werden Sie sich wohl weniger
über die ungemeine Häufigkeit des anatomischen Bildes der Otitis interna an Kindesleichen wundern und fragt sich nur, ob wir im Stande
sein werden, eine solche zu Lebzeiten mit einiger Sicherheit oder
doch wenigstens Wahrscheinlichkeit zu erkennen.

Sie begreifen die Schwierigkeiten, welche der Diagnose eines
ohne Ausfluss einhergehenden Ohrenleidens bei kleinen Kindern ent-
gegenstehen, die den Sitz des Schmerzes noch nicht angeben können,
und bei denen eine einigermassen genügende Untersuchung der Theile
oder Bestimmung des Hörvermögens fast zu den Unmöglichkeiten gehören. Sie sehen, es fehlen uns hier nahezu alle positiven Anhaltspunkte, welche beim Erwachsenen ein entzündliches Ohrenleiden zu
erkennen geben. Indessen täuschen wir uns nicht, m. H., wir müssen
gar oft bei inneren Krankheiten, insbesondere in der Kinderpraxis,
uns mit sehr geringen positiven Hinweisungen behelfen und in der
Deutung der vorliegenden Symptome vorzugsweise auf dem Wege
der Exclusion, auf dem Wege der grösseren und geringeren Wahrscheinlichkeit, uns bewegen, pflegen auch gewöhnlich Rückschlüsse aus
dem Erfolge unserer Therapie auf die Richtigkeit unserer Diagnose
gar nicht zu verachten. Wir sind also hier strenggenommen in einer
nicht viel schlimmeren Lage, als die ist, in welcher der eine Diagnose suchende Arzt gar oft sich befindet. Die Hauptschwierigkeit der
richtigen Erkenntniss liegt hier darin, dass der an's Bett des kranken Kindes tretende Arzt nicht-eiternde Ohrenentzündungen kaum
je zu den verschiedenen Möglichkeiten zählt, welche er zur Erklärung
der Krankheitserscheinungen in Gedanken abzuwägen pflegt. Wenn
wir uns nur einmal bewusst sind, dass innere Ohrenentzündungen zu
den häufigeren Vorkommnissen bei Kindern gehören, wenn wir zu-

gleich die uns bekannten Erscheinungen, unter welchen eine solche
Otitis an Erwachsenen sich äussert, unter Berücksichtigung der Eigenthümlichkeiten des kindlichen Organismus auf dieses Alter übertragen, so werden wir sicherlich häufig genug in die Lage kommen,
mit allmäligem Ausschluss aller übrigen Organe, deren Erkrankungen
in ähnlicher Weise sich kundgeben, unsre Kreise immer enger zu ziehen, bis wir endlich mit immer grösserer Wahrscheinlichkeit beim
Ohre stehen bleiben. Zur grösseren Sicherheit aber mögen auch hier
gar oft die Schlüsse ex juvantibus et nocentibus und vor Allem eine
öfter auf richtige Bahnen geleitete Erfahrung führen.

Gestatten Sie mir, auf die Erscheinungen, unter denen eine Otitis interna bei kleinen Kindern sich wohl äussern wird, weiter einzugehen; wobei ich indessen ausdrücklich erkläre, dass ich eine solche
Construction eines Krankheitsbildes aus der Analogie nur unter den
ganz besonderen Verhältnissen, in denen wir uns hier bei fehlendem
klinischen Nachweise eines feststehenden anatomischen Befundes bewegen, einigermassen erlaubt und gerechtfertigt erachte. Ich glaube
aber, dass ich Ihnen auf diese Weise die wirkliche Beobachtung dieses Krankheitszustandes erleichtere und wir so das wahre Krankheits-
bild vielleicht am raschesten kennen lernen. Uebrigens liefern Eltern,
welche Kinder mit Otorrhö zum Arzte bringen, oft ganz entsprechende
Berichte über das Befinden und das Benehmen des Kindes die Tage
vor dem Beginne der Eiterung. — Wo die Eiteransammlung eine beträchtliche ist, können abnorme Erscheinungen von Seite der Empfin-
dungssphäre kaum fehlen und würde das Leiden durch eine krankhafte Unruhe, ausgesprochene Weinerlichkeit und insbesondere durch
deutliche Schmerzensäusserungen und heftiges Schreien sich kundgeben. Manche Kinderärzte wollen dem Schmerzensschrei des Kindes
bei Otitis besondere charakteristische Eigenschaften beilegen; ob dies
richtig, wollen wir dahin gestellt sein lassen. Jedenfalls wird das
Schreien dem gewöhnlichen Grade der Ohrenschmerzen entsprechend,
die ja oft genug von ertragungsfähigen Männern als die fürchterlichsten geschildert werden die es gibt, äusserst heftig und durchdringend
sein, dasselbe wird in manchen Fällen ganze Stunden, selbst Tage
ohne längere Unterbrechungen bis zu völliger Heiserkeit und Erschöpf-
ung andauern und zeitweise, namentlich Nachts, plötzliche Steigerun-
gen erfahren. Schon dadurch wird sich das Schreien von dem
bei Erkrankungen der Lungen, der Pleura oder des Kehlkopfes
unterscheiden, indem bei diesen Affectionen die Kinder niemals laut
und noch weniger anhaltend schreien können. Am ehesten wird es
sich mit dem bei Darmaffectionen und bei Meningitis vorkommendem

vergleichen lassen, das Fehlen der übrigen für diese Erkrankungen charakteristischen Zeichen aber eine Unterscheidung ohnschwer zulassen. Von Bedeutung werden die Bedingungen sein, unter denen die Schmerzensäusserungen zu- und abnehmen; ersteres würde bei jeder Bewegung und Erschütterung des Körpers und namentlich des Kopfes, also bei jeder Veränderung der Lage stattfinden, bei jeder Schluckbewegung und am meisten gewiss beim Säugen; das Kind würde somit die Brustwarze oder das Kautschukhütchen auf seiner Milchflasche unter Geschrei nach dem ersten Versuche fahren lassen und von sich stossen, während es aus einem Löffel seine gewohnte Nahrung vielleicht leichter und eher nimmt. Kälte, äussere Geräusche würden die Schmerzensäusserungen sicherlich vermehren oder von neuem hervorrufen, während umgekehrt vollkommene Ruhe, Wärme, insbesondere feuchte Wärme, wie Eingiessen von warmem Wasser in den Gehörgang oder Kataplasmen auf's Ohr, den Schmerz lindern und beruhigen würden. Eine häufige Complication würde jedenfalls ein Nasenkatarrh, ein Schnupfen sein. — Was die mit der Eitererfüllung der Paukenhöhle verbundene Schwerhörigkeit betrifft, so wird man sich hierüber am schwierigsten irgend einen Aufschluss verschaffen können. Es lassen sich zwar im zartesten Kindesalter schon unzweideutige Versuche darüber anstellen, ob ein Kind ein bestimmtes Geräusch hört oder nicht hört; allein wer will bei einem mit Depression des Sensoriums einhergehenden Krankheitsprocesse unterscheiden, ob ein Kind wegen mangelhafter Schallleitung in seinem Gehörorgane oder wegen mangelhafter Auffassung von Seite seines Centralnervensystems auf erzeugten Schall nicht reagirt? — Bei der mehrmals erwähnten innigen Gefässbeziehung, welche beim Kinde zwischen Dura mater und Paukenhöhlen-Schleimhaut stattfindet und bei der auffälligen Rückwirkung entzündlicher Ohrprozesse auf den Schädelinhalt, wie wir sie beim Erwachsenen schon kennen gelernt haben, werden wir uns nicht wundern, wenn bei dem ungemein impressionablen Gehirn und Rückenmark der Kinder diese meningealen und cerebralen Aeusserungen hier noch ungleich stärker, als beim Erwachsenen hervortreten und sicherlich häufig anhaltende Betäubungszustände oder Krampfzufälle, Convulsionen der Gliedmassen oder Zuckungen der Gesichtsmuskeln durch eine Otitis interna hervorgerufen werden.

Es mag Ihnen bei Vorlage der Sectionsbefunde aufgefallen sein, dass das Trommelfell nie durchbrochen und überhaupt verhältnissmässig wenig an dem Prozesse betheiligt war. Dies wird wohl am meisten von der viel geringeren Enge der kindlichen Tuba herrühren, indem dieselbe nicht nur relativ sondern selbst absolut weiter als beim Erwachsenen ist und an ihrer engsten Stelle immer noch c. 3 Mm. misst. Dadurch wird ein vollständiger Abschluss der Paukenhöhle nach unten und eine stärkere Ansammlung des Secretes in derselben mit allen ihren Folgen für die Wände derselben und insbesondere für das Trommelfell, hier verhältnissmässig seltener vorkommen und erlauben uns diese anatomischen Verhältnisse die Annahme, dass bei der kindlichen Otitis die Aussichten für Erhaltung des Trommelfells sich viel günstiger gestalten, als dies beim Erwachsenen der Fall ist und mag desshalb überhaupt im kindlichen Alter diese Krankheitsform viel häufiger einen ganz günstigen Ausgang nehmen, öfter vielleicht auch ohne ausgesprochene Schmerzen verlaufen.

Wie werden wir uns nun therapeutisch einer solchen mit einiger Wahrscheinlichkei diagnostizirten Otitis ganz kleiner Kinder gegenüber verhalten? Ein oder zwei Blutegel hinter das Ohr können bei einem kräftigen Kinde jedenfalls die Schmerzen wie die Hyperämie im Ohre und innerhalb des Schädels am besten mässigen. Zu Kataplasmen auf das Ohr möchte ich, abgesehen von einem kurzen Versuche der Diagnose halber, nicht gerne greifen, indem sicherlich sehr bald eine profuse Otorrhö hervorgerufen würde und wahrscheinlich öfteres Einträufeln von warmen Wasser in's Ohr ebenfalls die Schmerzen beruhigen wird. Einspritzungen von kaltem oder laulichem Wasser in die Nase würden gewiss günstig auf die Entfernung von Schleim aus Nase und oberen Rachenraume wirken, und wären insbesondere bei starkem Schnupfen zu empfehlen, wie er jedenfalls neben dieser Otitisform sehr häufig sich finden und zur Erleichterung der Diagnose dienen wird. Hiebei möchte ich eines Volksmittels Erwähnung thun, das in manchen Formen von Schnupfen recht gute Dienste leistet: es ist dies das zeitweilige Einführen eines beölten, spitzen Taubenfederchens durch die Nase bis in den Schlund, durch welche Prozedur die Wege bedeutend freier gemacht und in der Regel auch öfteres Niessen erregt wird. Bei der geringen Gefahr für das Trommelfell und der grossen Leichtigkeit, mit der das Paukenhöhlensecret durch die weite und kurze Tuba mittelst Erschütterungen des Kopfes entleert werden wird, würde sich ausserdem ein Brechmittel gewiss nur nützlich zeigen. Ob je die genügende sichere Anzeige zum Einführen des Katheters vorliegen wird, wage ich vorläufig weder mit ja noch nein zu beantworten.

Jedenfalls, m. H. bitte ich Sie, verfolgen Sie in Ihrer künftigen Praxis diese Sache weiter und denken Sie an die Häufigkeit des Ihnen geschilderten anatomischen Bildes, wenn Sie für das Schreien und

Wehklagen eines Kindes oder für seine Betäubungszustände und Convulsionen im übrigen Befinden keinen genügenden Anhaltspunkt besitzen
und Sie ein intensiver Schnupfen an und für sich auf eine katarrhalische Erkrankung in der Gegend des Ohres hinweist. Nur noch
Eines. Bisher herrscht bei den meisten Aerzten noch die Sitte, die
meisten Störungen in den ersten Lebensjahren eines Menschen in unmittelbare Abhängigkeit vom „Durchbruch der Zähne" zu setzen.
Dass diese Anschauung das historische Recht und die Vox populi für sich
hat, auch dass sie äusserst bequem ist, lässt sich nicht in Abrede
stellen; weniger scheint mir bewiesen, wie weit ihre wissenschaftliche
Berechtigung reicht, denn ist es nicht von vornherein äusserst un-
wahrscheinlich, dass ein physiologischer, schon lange und gründlich vor-
bereiteter und mit so geringen örtlichen und plötzlichen Veränderungen einhergehender Vorgang fast regelmässig zu pathologischen Allgemeinstörungen führe? Dem sei, wie ihm wolle, — ich denke nicht
daran, in dieser Streitfrage mir eine entscheidende Stimme anmassen
zu wollen — gewiss ist, dass in praxi mit der Dentitio difficilis grauen-
hafter Missbrauch getrieben und über diesem bequemen Auskunftsmittel oft genug die genauere objective Untersuchung unterlassen und die
weit wichtigeren Localerkrankungen übersehen werden. Und sollte
unter letztere nicht häufiger vielleicht auch unsere ebenbetrachtete
Otitis zu rechnen sein?

NEUNZEHNTER VORTRAG.

Der chronische eiterige Ohrkatarrh oder die chronische Otitis interna.

Die objectiven und subjectiven Erscheinungen. Behandlung. — Die Perforation des Trommelfells, ihre Bedeutung für das Individuum und ihre mögliche Heilung. — Das „künstliche Trommelfell" und seine Wirkungsweise.

M. H. Wir wenden uns heute zur chronischen Form des eiterigen Ohrkatarrhes. Dieselbe ist viel häufiger, als die acute; sie entwickelt sich entweder aus dieser heraus oder entsteht durch die Fortpflanzung einer Otitis externa oder einer Myringitis auf die Paukenhöhle; am häufigsten scheint sie Folge vernachlässigter Eiterungen des äusseren Gehörganges zu sein. Eine länger bestehende suppurative Entzündung der Paukenhöhle ohne Durchbohrung oder Zerstörung des Trommelfells lässt sich nicht wohl annehmen; der Eiter wird daher aus der Tiefe immer nach aussen abfliessen und könnte man diese Form auch Otorrhoea interna nennen zum Unterschiede von der Otorrhoea externa, bei welcher das Trommelfell noch erhalten ist. In der Mehrzahl der Fälle verliert sich der Anfang dieses Leidens in das kindliche Alter zurück. Die Erscheinungen beschränken sich meist auf Schwerhörigkeit und Eiterung aus dem Ohre, beide sehr verschiedenen Grades; Schmerzen treten in der Regel nur nach bestimmten Schädlichkeiten oder bei subacuten Schüben vorübergehend auf, oder auch, wenn eine ulzerative Thätigkeit, insbesondere Caries, vorhanden ist. Im letzteren Falle sind die Schmerzen gewöhnlich äusserst heftig und sehr lange andauernd.

Spritzt man das Ohr aus, so lässt sich zweierlei Secret unterscheiden, einmal eiteriges, das sich dem Spritzwasser gleichmässig beimengt und dasselbe gelblich trübt, dann schleimiges, das sich im Wasser nicht auflöst und in meist länglichen und zackigen grauen Flocken im Gefässe herumschwimmt. Bald herrscht mehr der Eiter, bald mehr der Schleim vor. Zusammengeballte Klümpchen, welche auf diese Weise entleert werden, bestehen entweder aus vertrocknetem Secrete oder aus Epidermis des Gehörganges.

Bei der Untersuchung zeigt sich der Gehörgang nach unten namentlich oberflächlich erweicht und aufgelockert, nicht selten im knöchernen Abschnitte verschiedentlich verengt, oben und seitwärts mit missfärbigen, häufig ganz harten und nur allmälig zu entfernenden Krusten und Borken besetzt, welche aus vertrocknetem und eingedicktem Secrete oder aus geschichteten Epidermislamellen bestehend oft in solcher Ausdehnung vorhanden sind, dass sie in der Besichtigung des Hintergrundes beträchtlich stören und ihre Entfernung allein bereits das Hören verbessert. Das Trommelfell, soweit es noch vorhanden, erscheint in allen seinen Schichten verdickt, nicht selten zum Theil verkalkt, oberflächlich meist mit etwas Secret bedeckt, oder wenigstens durchfeuchtet und matt. Die Ränder der Perforation sind meist in grösserer oder kleinerer Breitenausdehnung geröthet, dieselbe vorwiegend rundlich und mit scharfem Rande versehen, erscheint nierenförmig mit nach oben gegen das Ende des Griffes gewandten Hilus, wenn sie die Mitte des Trommelfells einnimmt. Nicht selten ist der Hammergriff selbst an seinem unteren Ende angeätzt, und liegt dasselbe somit innerhalb der Perforation; fehlt das Trommelfell zum grösseren Theile, so ist gewöhnlich nur der oberste Theil des Griffes noch vorhanden. Dieser mit Processus brevis mallei sowie der äusserste Rand des Trommelfells in der Breite von etwa 1 Mm. ist fast immer noch erhalten, wenn er auch oft nur schwer zu erkennen und vom benachbarten geschwellten Gewebe zu unterscheiden ist. In allen Fällen, wo um den Umbo herum das Trommelfellgewebe zerstört ist, kommt der untere Theil des Hammergriffes, der nun seines Haltes beraubt ist, tiefer nach innen in die Paukenhöhle hinein zu liegen.

Die blosliegende Schleimhaut der Paukenhöhle erscheint in manchen Fällen äusserst wenig gewulstet und hyperämisch, während sie dies in anderen wieder in hohem Grade ist; gewöhnlich ist sie wenigstens nach unten mit Secret bedeckt, wovon sich, wenn die Tuba wegsam, unter zischendem Geräusche nach aussen pressen lässt. In manchen Fällen, wo die ganze Paukenhöhle von dicklichem Eiter erfüllt und das Loch im Trommelfell nur klein ist, kann der Kranke denselben tropfenweise durch das Trommelfell hindurchpressen, ohne dass das geringste Geräusch entsteht. Im Momente, wo der Kranke mit dem Pressen nachlässt, rückt dann der Tropfen, der eben die Oeffnung erfüllt, wieder zurück in die Paukenhöhle. Manchmal sieht man die Ränder der Perforation, auch wenn sie eben keinen Flüssigkeitstropfen enthalten, ganz deutlich eine mit dem Herzschlage gleichzeitige, pulsirende Bewegung machen. Regelmässig ist dies der Fall, wenn etwas Wasser oder Eiter sich innerhalb der Oeffnung befindet, und ist dann die Pulsation wegen des starken, wechselnden Lichtglanzes des Tropfens doppelt deutlich.

Am häufigsten liegt in Folge des Trommelfelldefectes die der Mitte oder dem unteren vorderen Abschnitte des Trommelfelles gegenüberliegende Parthie der Labyrinthwand, das Promontorium, blos, und lassen sich, wenn anders die Schleimhaut eben nicht stark geschwellt ist, die einzelnen an demselben sich ausbreitenden Gefässverzweigungen ganz gut von aussen erkennen. Häufig kann man auch die vordere Kante des Einganges zum runden Fenster wahrnehmen. Die Membran desselben wird der schiefen Lage der Nische wegen, an deren Ende sie sich erst befindet, von aussen nie sichtbar, auch wenn das ganze Trommelfell fehlt, es müsste denn die Nische eine für den Erwachsenen abnorm geringe Neigung haben. Befindet sich die Perforation im hinteren oberen Theile dieser Membran oder ist das Trommelfell zum grösten Theile zerstört, so liegt der lange Schenkel des Ambosses viel seltener offen zu Tage, als dass er ganz fehlt. Im letzteren Falle mangelt dann natürlich auch die Verbindung mit dem Steigbügel und ist die Kette der Gehörknöchelchen durch dieses Fehlen des Ambosschenkels unterbrochen. Auch vermag man manchmal das Köpfchen des Steigbügels zu unterscheiden, meist als eine mit geröther Schleimhaut überzogene kleine Erhöhung am hintersten obersten Rande der sichtbaren Labyrinthwand. Als häufigerem Befund begegnen wir endlich noch am Lebenden und an der Leiche einer verschiedengradigen Verwachsung der Perforationsränder mit den Gehörknöchelchen oder mit dem Promontorium.*)

Was die mit diesen Zuständen verbundene Hörweite betrifft, so ist sie eine ungemein verschiedene, von vollständiger Taubheit bis zu ungehindertem Verstehen im gewöhnlichen Leben gehend; sehr häufig unterliegt sie auch im einzelnen Individuum nach dem jeweiligen Grade der Secretion und der Schwellung sehr grossen Schwankungen. Dass eine Durchlöcherung des Trommelfells an sich keineswegs Taubheit oder nur hochgradige Schwerhörigkeit bedingt, ist Ihnen bekannt,

*) Einen in mehrfacher Beziehung sehr lehrreichen Fall dieser Art beschrieb ich in *Virchow's* Archiv. B. XXI. H. 3.

doch werden Sie der gegentheiligen Ansicht nicht blos bei Laien, sondern oft genug auch bei Aerzten begegnen. Häufig ist das Gehör bei Perforation des Trommelfells sogar recht leidlich, so dass der Kranke eine gewöhnliche, für Normalhörende auf c. 6′ hörbare Cylinderuhr noch auf 1—2′ weit vernimmt und im gewöhnlichen Verkehre nur selten gestört ist. Ich kenne mehrere Menschen mit doppelseitiger Perforation des Trommelfells, die in ihren Kreisen durchaus nicht für schwerhörend gelten, sowenig sind sie im Umgange behindert. Selbst ein vollständiger Verlust des Trommelfells hebt das Hören keineswegs ganz auf, obwohl dasselbe hiebei doch immer sehr bedeutend leidet. Bei mittelgrosser Oeffnung hören die Kranken in der Regel relativ besser, als bei ganz kleinen Perforationen. Jede Perforation des Trommelfells hat aber immer die Bedeutung — und insofern darf dieser Zustand schon nie mit Gleichgültigkeit aufgefasst werden — dass die Schleimhaut der Paukenhöhle des natürlichen Schutzes gegen äussere, insbesondere atmosphärische Einflüsse entbehrt, und dadurch meist in einem abnormen Reizzustande erhalten wird, welcher gelegentlich sich zu acuten Erkrankungen von grosser Tragweite steigert. Die Perforation an sich ist daher häufig die Ursache, dass eine chronische Otitis mit Otorrhö sich durch das ganze Leben des Kranken hinzieht und nie bleibend geheilt werden kann.

Im Ganzen verlaufen solche Formen nicht selten lange Jahre, ja Dezennien hindurch ohne alle weiteren Störungen, als dass der Kranke einen Ohrenfluss hat und etwas schwerhörig ist — Zustände, welche gewöhnlich um so weniger einer besonderen Berücksichtigung werth erachtet werden, wenn sie nur einseitig sind. Die Eiterung wechselt oft in Stärke und Beschaffenheit, hört wohl auch zeitenweise vollständig auf. Häufig bekommt der Arzt solche Kranke erst zu sehen, wenn sich nach irgend einer Verkältung oder Verletzung ein schmerzhafter acuter Zustand eingestellt hat. Wenn wir absehen von den Fällen, wo bereits bedenkliche Complicationen, insbesondere Ulzeration des Knochens, eingetreten sind, so sind die Schmerzen und die sonstigen Erscheinungen bei einer solchen subacuten Otitis interna gewöhnlich weniger heftig, als wie wir sie bei der primären acuten Otitis kennen gelernt haben und dies desshalb, weil in Folge der Perforation seltener Eiteransammlung in der Paukenhöhle eintritt, und das Secret zum guten Theile nach aussen gelangen kann, wenn nicht etwa zufällig die Oeffnung im Trommelfell durch Epidermismassen oder eine dicke Kruste verlegt ist.

Wenn vernachlässigt und sich selbst überlassen, führt die chronische Otitis interna nicht selten zur Bildung von Polypen, zu Caries und zu verschiedenen Allgemeinerkrankungen, die wir in ihrer grossen Bedeutung für das Leben des Individuum noch ausführlich besprechen werden. Dagegen gelingt es sehr häufig durch eine passende und lange fortgesetzte Behandlung solche Prozesse zum Stillstehen zu bringen, die Eiterung und die hyperämische Schwellung der Theile allmälig zu mässigen und erzielen wir hiemit gar nicht selten auch eine bedeutende Besserung im Hörvermögen.

Die Behandlung muss vor Allem streben, die hyperämische Schwellung der Paukenhöhlenschleimhaut herabzusetzen und ihre Secretion wieder mehr zu normalisiren. Fleissige und möglichst gründliche Entfernung des Secretes ist insbesondere wichtig. Die nöthigen Einspritzungen mit lauem Wasser müssen indessen in der Regel sehr vorsichtig gemacht werden, indem ein kräftiger Strahl aus starker Spritze bei der Empfindlichkeit und der allgemeinen Lockerung der Theile leicht Schaden stiften kann. Auch bei der grösten Vorsicht rufen dieselben oft Schwindel und ohnmacht-ähnliche Zufälle hervor. Vor den Einspritzungen thut man gut, das Ohr einige Zeit mit lauem Wasser gefüllt zu erhalten, damit das Secret möglichst beweglich gemacht und auch durch einen gelinden Wasserstrahl herausgespült werden kann. In manchen Fällen kommt man besser zum Ziele, wenn der Kranke das Ohr öfter mit einem feinen Pinsel reinigt. Am schwierigsten lässt sich eine gründliche Entfernung des Secretes bewerkstelligen, wenn die Oeffnung im Trommelfell nur klein und daher beim Spritzen nur wenig Wasser in die Paukenhöhle eindringt. Der Kranke muss insbesondere in solchen Fällen angehalten werden, öfter Luft per tubas einzupressen, um so den Eiter und Schleim möglichst nach aussen zu schaffen, wo er ihn dann durch Spritze oder Pinsel entfernen kann. In solchen Fällen nützen natürlich Einträufelungen von adstringirenden Ohrenwässern äusserst wenig, während es sonst am ehesten durch längeren Gebrauch derselben gelingt, die krankhafte Schwellung und Hypersecretion der Paukenhöhlenschleimhaut zu verringern und sie allmählig ganz zu beseitigen. Sehr vortheilhaft wirken öfteres Ausblasen der Tuba und Paukenhöhle mit dem Katheter, schon weil dadurch das Secret am gründlichsten entfernt und der natürliche Abflusskanal, die Ohrtrompete, möglichst durchgängig gemacht wird. Von Salmiakdämpfen durch den Katheter sah ich beim eiterigen Katarrh durchaus keinen günstigen Einfluss, dagegen erwiess sich das tägliche Einpressen von lauen Wasserdämpfen ($30-35^0$) in mehreren Fällen von ganz ausgezeichnetem Nutzen. Nie darf man dabei die Rücksicht auf den Zustand der Rachenschleimhaut vergessen; schon häufiges Gurgeln wirkt unverkennbar günstig, indem dadurch die Thätigkeit der Tuba geregelt und der Abfluss des Eiters nach unten befördert wird. Der Constitution entsprechende innere Behandlung darf selten unterlassen werden; insbesondere wirken Badecuren, Luftveränderungen und längerer Aufenthalt in einem warmen Klima oft auffallend günstig auf die erkrankten Schleimhäute. Mehrmals kamen Patienten, welche ich lange Zeit mit sehr geringem Erfolge an einer solchen chronischen Blennorrhö der Paukenhöhle behandelt hatte, nahezu geheilt von Kreuznach etwa oder Madeira zurück oder erwies sich nach einer solchen Cur auf einmal die örtliche Behandlung rasch wirksam. Indessen muss man die örtliche Behandlung noch lange fortsetzen, auch wenn kein Eiterausfluss mehr vorhanden und höchstens noch in der Tiefe etwas Eiterung nachzuweisen ist. Nur lässt man dann die Einspritzungen und das Einträufeln von adstringirenden Ohrenwässern immer in grösseren Zwischenräumen vornehmen.

Unter günstigen Verhältnissen gelingt es bei frischeren Fällen öfter, auf diese einfache Weise den Prozess zur völligen Heilung und die Oeffnung des Trommelfells zum Verschluss zu bringen. Zweiflern, welche nicht glauben, dass Trommelfellperforationen zuheilen können, vermöchte ich bereits eine ganze Reihe solcher Fälle aus meiner eigenen Beobachtung, darunter zwei Collegen, vorzuführen. Es kamen mir einige Fälle vor, wo ich in meinen Krankengeschichten nachsehen musste, an welchem Theile denn das Trommelfell früher durchlöchert war — so wenig Spuren der früheren Perforation zeigte dasselbe. Letzteres ist indessen die Ausnahme und in der Regel lässt sich die Narbe später sehr gut unterscheiden. Dieselbe erscheint selten verdickt und schwielig, wie dies gewöhnlich nach traumatischen Längseinrissen der Fall ist, sondern das Trommelfell stellt sich gewöhnlich sogar dünner dar an der Stelle, an welcher früher der Substanzverlust vorhanden war. Einmal untersuchte ich eine solche linsengrosse, geheilte Perforation an der Leiche*) und begegnet man selbst noch

*) S. *Virchow's* Archiv, B. XVII. S. 16. „Dicht unter dem Umbo zeigte sich eine linsengrosse Stelle, die sich vom übrigen Trommelfell durch eine auffallende Durchsichtigkeit und grössere Dünne unterscheidet. Dieselbe, rundlich mit nach oben ausgeschweiftem Rande, scheint bei näherer Betrachtung blos aus dem Epidermisüberzuge zu bestehen, welcher sich am scharfen Rande dieser Stelle nach innen vertieft. Eine genauere mikroskopische Betrachtung ergibt, dass es sich in der That um einen Substanzverlust, um eine geheilte Perforation handelt, indem die fibröse Platte des Trommelfells hier vollständig fehlte. Die Ränder sind nicht verdickt, sondern verdünnen sich allmälig bis zum gänzlichen Mangel der Tunica propria

umfangreicheren nicht selten in der Praxis. Sie stellen sich meist
als dünnere, scharf begränzte, flach eingesunkene Stellen dar, welche
manchmal einen eigenen diffusen, perlmutterartigen Reflex besitzen und
beim Aufblasen des Trommelfells sich ihrer ganzen Ausdehnung nach
über ihre Umgebung vorbauchen.

Wenn eine Perforation sich schliesst, so wird der Kranke sehr
häufig dadurch auffallend schwerhöriger; man lasse sich aber dadurch
nicht verleiten, die Heilung der Oeffnung zu verhindern oder dieselbe
mit der Sonde etwa wiederherzustellen. Sobald man die frisch ver-
einigte Stelle durchstösst, wird der Kranke allerdings augenblicklich
besser hören, allein auch nachdem die Narbe sich consolidirt hat, tritt
unter günstigen Verhältnissen entweder von selbst eine wesentliche
Besserung im Hörvermögen ein oder kann man in der Regel eine
solche durch nachfolgende Einleitung von warmen Dämpfen wie beim
einfachen chronischen Katarrhe hervorbringen. Eine solche Behandlung
mit Dämpfen darf indessen erst einige Zeit später und immer mit grosser
Umsicht eingeschlagen werden, indem sonst wieder Otorrhö und Schmelzung der frischvernarbten Stelle eintritt. Durch Verschluss der Perforation ist dem Kranken am wesentlichsten und nachhaltigsten genützt,
daher man einen solchen immer möglichst anstreben soll. Verkleinert
man nur die Oeffnung, ohne dass die eiterabsondernde Fläche hinter
dem Trommelfell zugleich beträchtlich normalisirt, die Eiterung also
vermindert wird, so gestaltet der Zustand sich nicht besser, sondern
eher schlimmer, indem der Weg nach aussen für den Eiter, nach innen
für die reinigenden Einspritzungen und adstringirenden Ohrenwässer
verengert wird. Man denke immer daran, dass man es hier gewissermassen mit einer Fistelöffnung zu thun hat, die sich von selbst oder
unter geringer Nachhilfe schliesst, sobald einmal die krankhafte Absonderung im Fistelkanale beseitigt ist, durch deren Zuheilung aber
ohne gleichzeitige Normalisirung der eiternden Fläche dahinter man
die Sachlage nur verschlimmert, indem man Eiteransammlung mit allen
ihren Folgen herbeiführt. Durch passende Behandlung der eiternden
Entzündung der Schleimhaut hinter dem Trommelfell, wie wir sie oben
angeführt haben, erzielt man daher in nicht zu alten Fällen noch am
ehesten und sichersten die allmälige Verschliessung der Perforation
und kann man den Ansatz neuer Substanz gleichzeitig durch eine ge-

---

membranae tympani. An diesen Rändern sind die Trommelfellfasern etwas unregelmässig angeordnet, nicht in der normalen Weise parallel oder concentrisch,
zeigen häufige Unterbrechungen in ihrer Continuität und liegen oft isolirt oder
gekreuzt."

linde und wohlüberwachte Reizung der Ränder befördern. Von letzterer Behandlung allein, mittelst Bestreichen des Perforationsrandes mit Höllenstein in Substanz oder Lösung, oder Auftragen von Zinkpulver u. dgl. berichten mehrere Autoren sehr günstige Erfolge, indem sie selbst ältere und ziemlich umfangreiche Substanzverluste sich allmälig wieder ersetzen sahen. Soweit ich bis jetzt diese Methode anwandte, kann ich sie nicht sonderlich rühmen — in einem Falle wurde die Oeffnung sogar umfangreicher, obwohl ich mit der grösten Vorsicht verfuhr — und möchte sie jedenfalls nur da anzuwenden sein, wo die Eiterung in der Paukenhöhle sehr gering und der Kranke lange unter Aufsicht bleibt. Jedenfalls ist sie durchaus rationell, indem man auch manchmal ältere Perforationen nach zufällig eintretenden entzündlichen Reizungszuständen des Ohres sich auffallend verkleinern sieht. —

Um die Nachtheile auszugleichen, die ein grösserer Substanzverlust des Trommelfells für die Paukenhöhle und das Gehör mit sich bringt, hat man mehrfach versucht, durch ein künstliches Trommelfell das fehlende zu ersetzen resp. durch ein solches die vorhandene Oeffnung zu verschliessen. Der erste hieher gehörende Vorschlag ging von *Autenrieth* in *Tübingen* aus, welcher 1815 bereits anrieth, in den Gehörgang solcher Kranken ein kurzes elliptisches Bleiröhrchen einzulegen, über dessen inneres Ende zuvor ein Stückchen Schwimmblase von einem kleinen Fische nass gezogen und nach dem Trocknen gefirnisst worden war. In wieweit dieser Vorschlag auch ausgeführt wurde, kann ich nicht sagen. In neuerer Zeit (1853) gab *Toynbee* ein „künstliches Trommelfell" an; ein solches besteht aus einem dünnen Plättchen von vulkanisirtem Gummi, in dessen Mitte ein feiner über 1″ langer Silberdrath festgenietet ist, welcher an Fig. 11.
seinem äusseren Ende in ein feines Ringchen ausläuft,
damit man das Instrumentchen leichter entfernen kann.
Ein solches „künstliches Trommelfell" wird gegen den
Rest des natürlichen Trommelfelles angedrückt, und übt
in manchen Fällen eine wahrhaft zauberartige Wirkung
auf das Gehör aus. Ich habe schon Kranke gesehen,
mit denen man ohne Erhebung der Stimme nur in
nächster Nähe sich unterhalten konnte, und welche, nachdem das Kautschukplättchen richtig angelegt war, auf
mehrere Schritte auch leise Gesprochenes Wort für Wort
wiederholen konnten. In Fällen, wo die Perforation nur klein, also
sehr viel Trommelfell noch erhalten ist, reizt es häufig zu stark; ebenso
darf es da, wo noch frischere Entzündungserscheinungen und eine

13*

starke Eiterung vorhanden sind, nicht für längere Zeit getragen werden.

Im Voraus lässt sich nie bestimmen, ob das Instrumentchen dem Kranken Nutzen bringt oder nicht und muss man auch stets durch öftere Versuche diejenige Lage herausfinden, in welcher es am wenigsten genirt und das Hören dadurch am meisten gewinnt. Worin der wirklich oft auffallende Nutzen dieses Kautschukplättchens bedingt ist, lässt sich bis jetzt nicht feststellen; es scheinen mir verschiedene Wirkungsweisen angenommen werden zu müssen. Am seltensten beruht sie sicherlich in dem Abschlusse der Paukenhöhle, wodurch *Toynbee* stets die erzielte Hörverbesserung zu erklären sucht. Letztere kommt häufig zu Stande, auch wo die Ränder des Kautschukplättchens sich falten und umkrämpen, also kein dichtes Anliegen des Kautschuks an dem Trommelfellreste statt hatte; sie blieb dieselbe unverändert in mehreren Fällen, ob ich ein Stückchen Kautschuk abschnitt und so die Oeffnung nur theilweise verschloss oder ob ich sie ganz bedeckte. In allen Fällen bringt aber der der dadurch verbesserte Abschluss der Paukenhöhle nach aussen den Vortheil für den Kranken mit sich, dass ihre Schleimhaut nun den fortdauernden atmosphärischen Einflüssen weniger ausgesetzt ist und lasse ich das Kautschukplättchen öfter nur zu diesem Zwecke tragen. In solchen Fällen darf der Silberdrath kürzer sein, indem der Kranke das Instrument nicht bis zu dem Reste des Trommelfells einzuführen hat. Dass der Verschluss der Oeffnung nicht das Wesentliche ist in dieser räthselhaften, durch das *Toynbee*'sche Instrumentchen entstehenden Hörverbesserung, sah ich ferner in einem Falle sehr deutlich, wo ich die nur kleine Oeffnung durch Auftragen von Collodium oder einer dicken Gummilösung vollständig schliessen konnte, ohne dass der Kranke dadurch besser hörte, was sogleich eintrat, sobald das Kautschukplättchen oder ein anderer fremder Körper an das Trommelfell angedrückt wurde. Dieser Druck auf das Trommelfell oder auf den Hammergriff scheint es in den meisten Fällen zu sein, welcher die wunderbare, plötzliche Zunahme der Hörschärfe hervorbringt. Dies beweist auch die Thatsache, dass man dieselbe Wirkung auf das Hörvermögen, welche man durch das *Toynbee*'sche Gummiplättchen bewirkt, nicht selten auch durch Andrücken eines feuchten Baumwollkügelchens an einen bestimmten Theil des Trommelfellrandes erzielt. *Yearsley* in *London* empfahl dieses einfache Mittel zuerst (1848) und ist dasselbe dem „künstlichen Trommelfell" in Fällen vorzuziehen, wo letzteres reizt oder wo noch starke Eiterung vorhanden ist, welche sich unter Anwendung des Wattekügelchens oft wesentlich mindert, zumal wenn man dasselbe mit einem Adstringens befeuchtet. Manchen

Patienten gelingt es nach wenigen Versuchen ein solches Kügelchen mittelst einer stumpfspitzen Pinzette an den richtigen Punkt anzulegen. Bei weniger geschickten Patienten empfiehlt sich das Kautschukplättchen mehr, indem es sehr leicht einzuführen, und wenn es sich verschiebt, mit geringer Mühe und ohne weitere Beihülfe sogleich wieder in Ordnung zu bringen ist. Daneben sind öftere Reinigung des Ohres und regelmässiges Eingiessen eines die Secretion beschränkenden Wassers um so mehr nöthig, als dieselbe durch die Gegenwart des fremden Körpers häufig allerdings etwas vermehrt wird. Indessen ist die dadurch bedingte Reizung bei gehöriger Vorsicht eine äusserst geringe und bekomme ich zeitweise Nachricht von mehreren Patienten, welche dieses Instrumentchen seit Jahren ohne jeden Nachtheil und stets mit gleichem unzweideutigen Nutzen tragen. Selbstverständlich muss dasselbe zeitweise erneuert werden; indessen tritt die Abnützung eines gut gefertigten und passend behandelten „künstlichen Trommelfells" in der Regel erst nach mehrmonatlichem Gebrauche ein. *)

Ich sagte Ihnen eben, am wahrscheinlichsten scheine es, dass der Druck, den der fremde Körper auf das Trommelfell oder auf den Hammer ausübe, in den meisten Fällen es sei, der die plötzliche Hörverbesserung zu Stande bringe. Man könnte hier an verschiedene, durch einen solchen Druck hervorgerufene Veränderungen denken, zumeist muss man sich der Continuitätstrennungen erinnern, welche insbesondere bei Eiterungsprozessen öfter die Kette der Gehörknöchelchen erleidet. Dieselben treffen am häufigsten das Ambos-Steigbügelgelenk; sei es durch einfache Lösung ihrer sehr zarten Gelenkkapsel, eine Art Luxation oder Desarticulation, oder durch ein Zuverlustgehen des langen Ambosschenkels, der, wie wir bereits sahen, nicht selten durch Caries zum Theil oder ganz zerstört wird. Indem das Trommelfell oder der Ambos dann gegen den Steigbügel angedrückt würde, wäre die Verbindung wieder hergestellt. **)

---

*) Instrumentenmacher *Herrmann* hier macht dieselben ganz gut und kostet eines 36 kr. Man hat manchmal viel Mühe, passenden Gummi zu erhalten, indem derselbe sehr dünn und doch von einer gewissen Widerstandskraft, nicht zu nachgiebig sein muss.

**) Der Erste, welcher die plötzliche Hörverbesserung, welche bei perforirtem Trommelfell öfter durch Anlegen eines fremden Körpers an dessen Ränder zu Stande kommt, auf den hiebei hervorgebrachten Druck bezog, war *Erhard*, der diese Formen als „Schwerhörigkeiten heilbar durch Druck" beschrieb (1856) und den Befund an einer beliebigen Kinderleiche, wo Ambos und Steigbügel von einander getrennt waren, mit der ihm eigenen Schlussfertigkeit als „Schlüssel" für alle diese räthselhaften Beobachtungen benützte. Derselbe will den Nutzen eines an die Trom-

Solche auf den ersten Blick allerdings seltsam erscheinende Veränderungen müssen nicht so ausserordentlich selten sein. *Toynbee* gibt in dem Verzeichnisse seiner Ohrpräparate an, dass unter der allerdings sehr grossen Anzahl von Ohrensectionen, die er gemacht, der Ambos 4mal ganz, 10mal sein langer Schenkel vollständig oder zum Theil fehlte und 15mal fand er ausserdem die Gelenk - Verbindung desselben mit dem Steigbügel gelöst. Ich selbst fand letzteres bereits 3mal an der Leiche; *) in dem einen Falle, wo die Paukenhöhle mit Eiter gefüllt und ich das Felsenbein erst 8 Tage nach dem Tode herausnehmen konnte, mag diese Trennung Macerationserscheinung gewesen sein; die übrigen Fälle liessen diese Erklärung nicht zu, ebensowenig die, dass beim Eröffnen der Paukenhöhle irgend eine Verletzung vor sich gegangen sei. Eine solche Trennung der immerhin sehr zarten Verbindung zwischen Ambos und Steigbügel könnte sich zu Lebzeiten bei heftiger Erschütterung des Kopfes und Ohres und insbesondere bei sehr rascher und plötzlicher Luftdruck - Veränderung im Mittelohre ereignen, ähnlich wie öfter ein Einreissen des Trommelfells stattfindet und erinnere ich Sie nur an das, was wir früher bei Betrachtung der physiologischen Bedeutung des Warzenfortsatzes in dieser Beziehung gesehen. Ausserdem könnte durch Ansammlung von eiterigem Exsudat auf ulzerativem oder auf mehr mechanischem Wege, durch Zerrung, eine solche Lösung eintreten, wie wir ja öfter bei Otorrhöen ganze Gehörknöchelchen aus allem Zusammenhange gelöst mit dem Eiter nach aussen kommen sehen. Eine allmälige oder plötzliche Berstung der zarten Membran, welche diese Knöchelchen verbindet, könnte ferner, sei es von selbst oder bei einer starken Exspirationsthätigkeit, zu Stande kommen, wenn das eine von ihnen durch Adhäsivbänder oder Anchylose unbeweglich oder beide nach verschiedenen Seiten fixirt wären. Diese letztgenannten Verhältnisse fanden sich in verschiedener Weise bei meinen zwei Fällen und in einer Reihe von den *Toynbee*'schen.

Wie sich die Trennung zwischen Ambos und Steigbügel in der Leiche keineswegs blos bei Eiterung in der Paukenhöhle und neben Perforation des Trommelfells findet, so kommt die unmittelbare Hörverbesserung durch Andrücken eines Körpers an das Trommelfell auch bei Personen vor, bei denen dieses durchaus unverletzt ist. Ich

---

melfellreste angelegten Wattekügelchens selbständig und ohne von *Yearsley* etwas zu wissen, an seinen eigenen Ohren kennen gelernt und darüber in seiner Dissertation 1849 berichtet haben.

*) Siehe *Virchow's* Archiv. B. XVII. S. 51 u. ff.

selbst beobachtete einen solchen Fall, wo das Anlegen eines Baum-
wollenkügelchens an das nicht perforirte Trommelfell das Hören für
einen Tag auf sehr merkbare Weise verbesserte, und liegen in der
älteren und neueren Literatur eine Reihe Berichte über Schwerhörige
vor, welche zufällig die Erfahrung machten, dass sie durch Einbringen
eines fremden Körpers in den Gehörgang ihr Gehör vorübergehend
bessern konnten. Als solche Hülfsmittel wurden alle möglichen Dinge
benützt, so Pinsel, gekautes Papier, ein Hobelspan oder sonstiges Stück
Holz, ein Zwiebelkern, Charpie u. s. w. Einer der interessantesten
Fälle ist folgender, weil er von einem tüchtigen Ohrenarzte, *Menière,*
genauer untersucht wurde. *) Ein alter Gerichtspräsident pflegte seit
mindestens 16 Jahre durch Andrücken einer stumpfen goldenen Nadel
gegen sein Trommelfell sich für eine Stunde etwa ein ziemlich gutes
Gehör zu verschaffen. *Menière,* der während einer solchen Vornahme
das Ohr untersuchte, fand, dass das Trommelfell unverletzt, dass dabei der
Druck auf das Griffende stattfand und der Hammergriff dadurch etwas
nach innen gedrückt wurde. Er berichtet, mehrere ähnliche Fälle gesehen zu haben, und hält dieselben für nervöse Schwerhörigkeiten, bei
denen durch einen Druck auf die Gehörknöchelchen und somit auf das
Labyrinth dessen Inhalt gewissermassen zu einer vorübergehenden Thä-
tigkeitssteigerung aufgestachelt würde.

---

*) Traité des Maladies de l'Oreille par *Kramer,* traduit par *Menière.* Paris 1848.
p. 526.

ZWANZIGSTER VORTRAG.

Die Ohrpolypen. — Die Eiterungen des Ohres in ihrer vollen Bedeutung.

Der Ursprung und der Bau der Ohrpolypen. Ihre Behandlung. — Die Otorrhöen in ihrem Einflusse auf das Gefässsystem. (Embolien, septische Infection, Metastasen.) Die Caries des Felsenbeines mit ihren Folgezuständen. (Phlebitis, Gehirnabszess, Meningitis purulenta.)

M. H. Ich erwähnte Ihnen schon mehrmals die Ohrpolypen, als Folgezustände von eiterigen Ohrenentzündungen. Wir wollen sie heute einer kurzen zusammenfassenden Besprechung unterziehen.

Die Ohrpolypen stellen sich als blutreiche, und daher meist lebhaft rothe, kugelig endende, bald mehr weiche und bei Berührung leicht blutende, bald mehr derbe und feste Geschwülste von glänzender Oberfläche dar, deren Bau häufig ein traubenförmiger oder lappiger ist, und welche theils breit, theils dünngestielt aufsitzen. In Grösse und Dicke sind sie äusserst verschieden; bald füllen sie den ganzen Gehörgang aus und ragen sogar noch pilzartig aus der Ohröffnung heraus, — bald findet man sie nur bei gründlicher und sorgfältiger Untersuchung in der Tiefe des Ohres in Eiter und Secret eingehüllt und kaum so gross wie eine Erbse. Wenn tiefersitzend, wo sie immer röther und weicher sind, gleichen sie manchmal einer Erdbeere, indem ihre rundliche Oberfläche ganz besetzt ist mit kleinen feinkörnigen Erhebungen. Ragen sie bis zur äusseren Ohröffnung, so überziehen sie sich daselbst mit einer derben, nicht mehr absondernden Hautoberfläche, so dass man sie auf den ersten Blick für einen Theil der Ohrmuschel oder für einen knopfförmigen Auswuchs derselben halten könnte.

Die Ohrpolypen können ihren Ursprung von den verschiedenartigsten Theilen und Abschnitten des Gehörorganes nehmen. Nach meinen bisherigen Erfahrungen entsehen sie weitaus am seltensten im äusseren Gehörgange, *) wo sie noch am öftesten von der nächsten Umgebung des Trommelfells ausgehen und sieht man manchmal eine ganze Reihe mit selbständigen Wurzeln um dasselbe herum aufsitzen. Entspringen sie von der Oberfläche des Trommelfells, so kommen sie am öftesten von der hinteren oberen Parthie dieser Membran, nahe an ihrem Rande. Einmal fand ich an der Leiche neben einem Polypen des Gehörganges und einem, der aus dem obersten Theile der Tuba kam, einen dritten, der nach seiner ganzen Anlagerung und auch seinem mikroskopischen Baue nach sich als ein polypös entartetes Trommelfell mit allen seinen Schichten erwiess. **) Auch am Lebenden traf ich öfter auf Excrescenzen, welche ihrer Form, ihrer Lage und ungemeinen Empfindlichkeit nach für Wucherungen des ganzen Trommelfells gehalten werden mussten. Am häufigsten stammen die Ohrpolypen aus der Schleimhaut der Paukenhöhle und des oberen Tubentheiles. Nicht selten haben die den Gehörgang halberfüllenden Wucherungen ihren Keimboden unmittelbar hinter dem Trommelfell, ja theilweise sogar noch in der Schleimhautplatte desselben, von welchem Vorkommen ich Ihnen mehrere Präparate zeigen kann. Wenn Polypen aus der Paukenhöhle nach aussen dringen und das durch sie erzeugte Loch im Trommelfell ganz ausfüllend sich pilzartig über dessen Oberfläche ausbreiten, so machen sie nahezu den gleichen Eindruck, als wenn dieselben vom Trommelfelle selbst ausgehen und können hier leicht Verwechslungen stattfinden. Unter dem Namen „Ohrpolypen" werden übrigens nicht selten auch entwickelte Bindegewebsgranulationen mit inbegriffen, wogegen sich aus praktischen Gründen nichts einwenden lässt.

Unter den von mir untersuchten Ohrpolypen zeigten nur einige beim Durchschnitte Hohlräume, wie dies auch bei dem obenerwähnten entarteten Trommelfell der Fall war. Die verschieden grossen Höhlungen waren mit Detritus, mit Fett- und Körchenzellen erfüllt. Sonst waren sie alle solid und liess sich an ihrer Oberfläche meistens deutlich papillärer Bau nachweisen. Nicht immer besitzen sie Flimmerepithel, wie

---

*) *Toynbee* und *Wilde* sahen sie umgekehrt am häufigsten ihren Ursprung aus dem Gehörgange und zwar Letzterer von der hinteren Wand desselben nehmen.

**) Siehe *Virchow*'s Archiv B. XVII. S. 41. „Die Mitte der Geschwulst besteht aus den der Lamina fibrosa des Trommelfelles eigenen Elementen d. h. wie diese scharf markirten, das Licht stark brechenden Fasern, welche theilweise normal mit parallelen Contouren, theilweise varicös geschwollen und sonstig verändert sind."

dies mehrfach behauptet wurde, doch lässt sich solches manchmal noch in den vertieften Räumen zwischen den einzelnen Läppchen nachweisen, während von der eigentlichen Oberfläche keines mehr zu erhalten ist. Ihren lappigen Bau erkennt man am besten, wenn man sie in Wasser schwimmen lässt.

Ob Polypen sich auch in einem gesunden Ohre und bei einfachem Katarrhe der Paukenhöhle entwickeln können, lässt sich bis jetzt nicht sagen; viel wahrscheinlicher ist es, dass solche Wucherungen nur in Folge länger dauernder Eiterungen sich ausbilden. Gewiss ist aber, dass Otorrhöen ungemein häufig von solchen Polypen unterhalten werden, indem diese sehr reichlich Eiter absondern und so das umliegende kranke Gewebe in einem fortdauernden Reizzustande verharrt, während sonst möglicherweise seine chronische Entzündung sich rückbilden und seine Oberfläche sich wieder mit dichterer Decke überziehen könnte. Sehr oft werden Sie bei Otorrhöen, welche trotz örtlicher Behandlung und Reinlichkeit nie aufhören wollen, bei genauer Untersuchung in der Tiefe des Ohres solche Excrescenzen finden, welche, wenn auch manchmal noch so klein, allein die Fortdauer der Eiterung und der chronischen Entzündung erklären. Nehmen Sie dieselben weg, so hören dann beide häufig auf einmal, in der That wie abgeschnitten, auf. Sehr häufig mischen sie dem Eiter des Ausflusses Blut in wechselnder Menge bei. Solche Wucherungen können sich ungemein rasch zu beträchtlicher Grösse ausbilden. So sah ich bei einem jungen Manne, den ich an einer Exacerbation einer chronischen Otitis interna mit Perforation behandelt und nach dem Ablaufe der acuten Symptome in seine Heimath entlassen hatte, sechs Wochen nachher einen nahezu bis zur Ohröffnung reichenden, den Gehörgang ganz ausfüllenden Polypen entwickelt, von dem bei seiner Entlassung nicht das Geringste sichtbar gewesen war.

Sehr kleine Wucherungen kann man durch wiederholtes kräftiges Aetzen mit dem Lapisstifte entfernen; selbst grössere lassen sich manchmal durch länger fortgesetztes Bepinseln mit Bleiessig, mit Opiumtinktur, mit Infusum oder Tinct. Sabinae oder mit Creosot zum beträchtlichen oder selbst gänzlichen Einschrumpfen bringen. Ein solches Verfahren ist indessen stets ein sehr langsames, unsicheres, und wenigstens was das ziemlich kräftig wirkende Creosot betrifft, äusserst

---

*) G. *Meissner* berichtet in *Henle* und *Pfeufer*'s Zeitschrift von 1853, dass alle Ohrpolypen, welche er untersuchte — 5 an der Zahl — Cystenpolypen gewesen seien und mehrfache Höhlungen besassen, deren Wandungen ebenso mit Flimmerepithel ausgekleidet waren, wie die Oberfläche der Geschwülste selbst.

schmerzhaftes Verfahren. Wo nur immer möglich, rathe ich zu einem operativen Verfahren und kenne ich kein Instrument, das sich besser zum Entfernen der Ohrpolypen eignet, als der *Wilde*'sche Polypenschnürer, den ich Ihnen hiemit vorlege.*) Derselbe besteht im Wesentlichen aus einem in seiner Mitte winkelig gebogenen Stahlschafte, der oben abgerundet, und nach der Biegung viereckig ist, damit ein Querriegel daran bewegt werden kann. An diesem wird ein feiner Drath befestigt, welcher durch vier zu beiden Seiten des Stahlstabes befindlichen Ringchen gezogen wurde. Der Halbring am unteren Ende gehört zum Einfügen des Daumens, mit dem der ganze Apparat gehalten wird, während man den Querriegel mit Zeige- und Mittelfinger zurückzieht. Querriegel und Daumenstück sind von Neusilber. *Wilde* empfiehlt einen feinen Stahldrath zum Einziehen in den Apparat; weil derselbe aber leicht rostet und dann während der Operation abreisst, benütze ich in neuerer Zeit einen feinen Silberdrath. Hat man sich mittelst der Sonde von der Lage des Polypen und wieweit er seitlich frei ist, überzeugt, so bildet man, etwa mittelst des zugespitzten Endes eines Bleistiftes, eine Schlinge, gross genug, dass sie gerade um die Wucherung herumgelegt werden kann, geht nun mit der Schlinge, welcher man oft gut thut, einen Winkel gegen den übrigen Drath zu geben, vorsichtig soweit in die Tiefe, als thunlich und zieht schliesslich den Querriegel kräftig gegen das Daumenstück zurück, wodurch der Theil, den man in der Schlinge gefasst, durchgeschnitten und gewöhnlich auch mit herausgezogen wird. Die nun folgende Blutung ist nicht immer unbeträchtlich. Nachdem das Ohr ausgespritzt ist, untersucht man von Neuem, kann sich jetzt erst öfter orientiren, findet häufig nun noch einen weiteren Polypen, den man am besten sogleich in Angriff

Fig. 12.

---

*) Mit demselben Instrumente operirte ich schon öfter kleine hochsitzende Nasenpolypen, denen man anders kaum hätte beikommen können, und vor Kurzem eine traubenförmige, vom freien Rande des vorderen Gaumenbogens ausgehende Wucherung. Ich dächte dasselbe, entsprechend verändert, müsste auch bei anderen, insbesondere Uterus- und Kehlkopfpolypen recht gute Dienste leisten.

nimmt. Bei polypösen Wucherungen, welche weit nach vorne ragen, ist die Auskleidung des Gehörganges häufig geschwollen und mannigfach excoriirt, daher man bei der vermehrten Enge und Empfindlichkeit dieses Kanales häufig nicht sehr weit in die Tiefe dringen kann und gezwungen ist, die Excrescenzen erst allmälig Stück für Stück abzutragen. Da die nach der Operation eintretende Blutung oft sehr beträchtlich im Untersuchen der Theile und im Wiederanlegen und Vorwärtsschieben der Schlinge behindert, werden Sie nicht selten sich veranlasst sehen, erst in wiederholten Sitzungen das Ohr von seinen krankhaften Wucherungen zu befreien. — Ich kenne keine Methode, mit der man so sicher und so schonend zu Werke gehen und sowohl grosse als kleine Polypen abschneiden kann. Ganz besonders lernt man den Werth des *Wilde'schen* Apparates bei jenen oft kaum erbsengrossen Granulationen schätzen, welche auf dem Trommelfell selbst aufsitzen, und welche man bei ihrer Kleinheit und tiefen Lage mit anderen Instrumenten kaum überhaupt entfernen kann, abgesehen davon, dass man auf jede andere Weise Gefahr laufen würde, dem Kranken heftige Schmerzen zu machen und das Trommelfell zu verletzen. Mit der vorher gerichteten Schlinge aber, die man durch den Ohrtrichter hindurch und unter Beleuchtung mit unserem Ohrspiegel einführt und um die Wucherung anlegt, ist diese im Nu, knapp an der Basis abgetragen. Ich ziehe, wie gesagt, diese Schlinge allen übrigen Methoden vor, und nur in einem einzigen Falle, wo ein sehr lang bestehender, äusserst derber und dicker Polyp bis zur Ohröffnung vorragte, liess sie mich im Stiche. Kein Drath war im Stande, das hartfaserige Gewächs durchzuschneiden, mit Scheeren und Messern konnte man nicht beikommen und solche Wucherungen mit der Polypenzange abzudrehen und auszureissen, schien mir immer nicht nur ein äusserst gewaltsames, sondern auch ein höchst bedenkliches Verfahren zu sein. Wir können nicht von vornherein sagen, von welchem Theile der Polyp ausgeht und ob wir bei einer solch gewalthätigen Operationsweise nicht ein Stück Paukenhöhlenwand, vom Trommelfell ganz abgesehen, mit abreissen. Wenn mehrere Autoren schlimme Folgen nach der Entfernung von Ohrpolypen auftreten sahen, und halb und halb vor derselben überhaupt warnen, so mag bei dieser Operationsweise solchen Warnungen und Befürchtungen allerdings eine gewisse Berechtigung und wohl auch manche erlebte Thatsache zu Grunde liegen; denn fast in allen Kliniken werden die Ohrpolypen noch mit der gewöhnlichen Polypenzange gefasst, etwas umgedreht und dann herausgerissen, mag da mitkommen und folgen, was da will. So viele Polypen ich operirte, ich habe nie andere als günstige Wirkungen, in einem Falle selbst das

Aufhören ziemlich vorgerückter Gehirndrucksymptome gesehen. Selbst
in Fällen, wo es sich bereits um Caries des Felsenbeines handelt und
die „Polypen" nichts anderes sind, als wuchernde Fleischwärzchen,
nehme ich keinen Anstand, dieselben auf die eine oder andere Art zu
entfernen. Dass man dadurch öfter den tödtlichen Ausgang nicht mehr
verhüten kann, versteht sich von selbst; dies kommt eben meist vom
Zuspätoperiren. Ist der Polyp bis zu seinem Ansatze oder bis zu einer
gewissen Tiefe mit der Drathschlinge abgetragen, so muss man die
Wurzel mit dem Höllensteinstifte ätzen, nachdem der Gehörgang von
allem Secrete gereinigt und mittelst Baumwolle, die man auf der Pinzette in die Tiefe bringt, gründlich getrocknet ist, oder den Rest mit Adstringentien zum allmäligen Einschrumpfen bringen. — Eine solche Behandlung der Polypenreste darf man nie versäumen, indem sonst bald
eine neue Wucherung statt der alten abgetragenen vorhanden sein
wird und ist sie um so nöthiger, wo noch Reste in der Paukenhöhle
vorhanden sind, in welcher Tiefe natürlich von einem operativen Verfahren nur in sehr beschränkter Weise die Rede sein kann. Gränzen
sich die geschwellten Gewebsparthien in der Tiefe durch länger fortgesetztes Reinhalten des Ohres neben Benützung von secretionsbe-
schränkenden Lösungen immer mehr ab, so dass die   Fig. 13.
einzelnen Theile sich allmälig mehr unterscheiden und
erkennen lassen, so kann man später die eine oder
andere Excrescenz noch mit der Schlinge oder dem
Aetzmittel entfernen. Zum Aetzen im Innern des Ohres
benütze ich feine Höllensteinstiftchen, die man sich eigens
giessen lassen muss, und welche in diesem Aetzträger
eingeführt werden. Es ist erstaunlich, in welch be-
deutendem Grade manchmal selbst ganz alte und hochgradige Fälle durch eine solche consequente Behandlung sich bessern lassen, sowohl was den anatomischen
Zustand der Theile als ihre functionelle Leistungsfähigkeit betrifft.

Mehrfach wird zur Entfernung der Ohrpolypen die
ausschliesliche Aetzung derselben, insbesondere mit Wiener
Aetzpaste in Stängelchen oder mit Zinkchlorid empfohlen.
Ich gestehe, ich halte die Anwendung von zerfliess-
lichen Aetzmitteln, deren Wirkung sich durchaus nicht
wie die des Höllensteines nach Willkür beschränken
und localisiren lässt, innerhalb des Ohres für wenig
passend, indem dadurch leicht geschadet und unnöthig
viel Schmerz verursacht werden kann. *Menière* gibt

206

an *), öfter Nekrotisirungen im knöchernen Gehörgange beobachtet zu haben, wenn bei Aetzungen von Ohrpolypen die Umgebung vor der Einwirkung des Causticum nicht genügend geschützt wurde. —

Die Otorrhö, der eiterige Ohrenausfluss, oder kurzweg der Ohrenfluss, ist durchaus keine für sich bestehende Erkrankungsform, sie ist nur ein Symptom, eine Krankheits-Erscheinung, und zwar eine solche, welche bei anatomisch sehr verschiedenartigen pathologischen Prozessen vorkommt; nur praktische Gründe können uns daher bestimmen, die Otorrhö hier noch einmal in ihrer Bedeutung und in ihren häufigen Folgen einer zusammenhängenden Betrachtung zu unterziehen.

Ohreneiterung kommt, abgesehen von der ganz vorübergehenden nach dem Aufbruch eines Furunkels im Gehörgange, bei den acuten und chronischen Formen der Otitis externa, der Myringitis und der Otitis interna vor, also bei Prozessen des Gehörganges sowohl als des Trommelfelles und der Paukenhöhle. Zu ihren unterhaltenden und verstärkenden Momenten gehören schliesslich die Ohrpolypen, wenn diese eigentlich auch nur zu einer gewissen Selbständigkeit gestaltete und entwickelte Folgezustände der gleichen Erkrankungen sind.

Eiteriger Ohrenfluss ist ein ungemein häufiges Leiden, insbesondere bei Kindern häufig, einmal weil er sich bei sehr verschiedenen Ohrenleiden entwickelt, häufig ferner, weil er gewöhnlich sich selbst überlassen wird und daher lange dauert. Letzteres kommt daher, weil man noch allgemein von Seite der Laien ebensosehr wie von der der Aerzte dieses Leiden für ein geringfügiges, bedeutungsloses hält, ja sogar vielfach glaubt, man dürfe im Interesse des Kranken und seiner Gesundheit dasselbe gar nicht direct zu heilen versuchen. Im Gegensatze zu dieser verbreiteten Anschauung machte ich Sie im Verlaufe unserer Betrachtungen schon öfter auf die grosse Bedeutung aufmerksam, welche die Ohreneiterung nicht allein für das ergriffene Organ und seine Functionsfähigkeit, sondern auch für das Allgemeinbefinden und selbst das Leben des Kranken erlangen kann. In letzterer Beziehung wollen wir die Otorrhö hier noch in's Auge fassen, und zwar um so eingehender, als die Wichtigkeit der Sache und die Bedeutung, welche ihr die Aerzte, in Deutschland zumal, im Allgemeinen beilegen, gerade im umgekehrten Verhältnisse zu einander stehen. —

*) Gazette méd. de Paris 1857. Nr. 50.

Wie jeder Schädelknochen steht auch das Schläfenbein durch die Gefässe der Diploë in innigster Beziehung zum Endocranium, nämlich zur Dura mater mit ihren Venensinussen; die häutige Auskleidung des Gehörganges aber und des Mittelohres in gleicher zum darunterliegenden Knochen, gleichsam das Pericranium desselben vorstellend, wie wir dies öfter bereits gesehen haben.

Schon durch diese nahe Beziehung, in welcher ein Theil des Gefässapparates des Ohres zu den Blutleitern der Dura mater steht, gewinnen die eiterigen Entzündungen des Ohres eine hohe Bedeutung für den Gesammtorganismus, indem hier und insbesondere in der Diplöe und den sonstigen Maschenräumen des Schläfenbeines so häufig der Ausgangspunkt verschiedener Allgemeinerkrankungen zu suchen ist, welche unter cerebralen, typhoiden oder pyämischen Erscheinungen sich äussern und am Sectionstische durch metastatische Abszesse oder Ablagerungen und durch jauchige Entzündungen in den verschiedenartigsten Gebilden sich auszeichnen. Zu allen Zeiten wiesen die Chirurgen darauf hin, wie auch jede, noch so geringfügig erscheinende Verletzung des Schädels in seinen Hart- und Weichtheilen nicht gering zu achten sei, indem nachgewiesenermassen Entzündungen und Abszesse in verschiedenen entfernten Organen auffallend häufig ihnen folgten und den Kranken zum Tode führten. Schon frühzeitig brachte man solche Erfahrungen in eine gewisse Beziehung zur Theilnahme der Diploë an der Erkrankung. Jetzt wissen wir, vor Allem durch *Virchow's* bahnbrechende und epochemachende Arbeiten, dass neben den Venen der unteren Extremitäten und des Beckens in keinem Abschnitte des Gefässsystems so günstige Bedingungen zur Bildung von Blutgerinnseln vorliegen, als in den Blutleitern der harten Hirnhaut und in dem mit ihnen communizirendem venösen Capillargefässnetze, welches alle Hohlräume der Schädelknochen durchzieht, sie zum grossen Theile ausfüllt und dieselben zu so blutreichen Organen macht.

Die Bedeutung der von den Chirurgen so gefürchteten Osteophlebitis der Diploë liegt für uns jetzt zum guten Theil in rein mechanischen Momenten, nämlich darin, dass die Gefässe der Diploë mehrfach, (wenn auch nicht allenthalben) mit den unnachgiebigen Knochenwänden verwachsen sind, und so in Folge verhinderten Collabirens um so leichter Thromben, Faserstoffpfröpfe, in ihnen sich bilden, welche durch weiteres Wachsthum sich in die Sinus erstrecken, dort sich weiter entwickeln, endlich fortgeschwommt werden, und durch Einkeilung im Stromgebiet der Lungenarterie metastatische Entzündungen hervorrufen.

In solchen kleinzelligen und feinmaschigen Räumen bleiben ferner eiterige Massen sehr leicht liegen, zersetzen sich und bilden dann unter Beihülfe der dort oft eintretenden Extravasationen einen jauchigen Infectionsherd, von welchem aus faulige Stoffe in's Blut gelangen, und die bekannten pyämischen und septischen Metastasen in den Höhlen der Pleura und der Gelenke hervorrufen. Wenn nun auch ein grosser Theil der Maschen- und Hohlräume des Schläfenknochens beim Erwachsenen streng genommen nicht zur Diploë zu rechnen ist, indem dieselben lufthaltig sind und kein dünnflüssiges Knochenmark mit einem engmaschigen Gefässnetze einschliessen, so haben wir es doch hier, bei Entzündungen und Eiterungen zumal, mit sehr ähnlichen anatomischen Bedingungen zu thun und stehen andererseits die Räume des Schläfenbeines, insbesondere bei vorhandener Perforation des Trommelfells, mit der atmosphärischen Luft in freier Verbindung, welche bekanntlich die faulige Zersetzung ebenso wie die Blutgerinnung in verletzten Gefässen wesentlich begünstigt. Das kindliche Felsenbein aber besteht fast ganz aus Diploë. In England hat man schon längere Zeit darauf hingewiesen, wie auffallend häufig an Otorrhö Leidende unter pyämischen Erscheinungen an purulenter Pleuritis und an lobulären Lungenabszessen zu Grunde gehen und hat als erklärendes Mittelglied die durch die Otitis hervorgerufene Phlebitis der Hirnsinusse und der Vena Iugularis aufgestellt. In Deutschland machte *Lebert* zuerst und zumeist auf diese häufigen Folgen der Ohrenentzündungen aufmerksam *) und suchte den deletären Einfluss der Phlebitis der Blutleiter nachzuweisen, indem von ihr aus die Entzündung entweder gegen die Meningen und das Gehirn zu, oder gegen die Vena Iugularis und die Lunge zu sich ausbreite.

Nach *Lebert* äussert sich die Entzündung der Venensinusse gewöhnlich zuerst durch Schüttelfröste, welche im Verlaufe eines chronischen Ohrenflusses plötzlich mit den sonstigen Erscheinungen eines Typhoidfiebers auftreten. Am häufigsten, auch in Kliniken, werden solche Fälle daher als wahre Typhen aufgefasst; indessen ist der Kopfschmerz meist weit heftiger, auf die eine Kopfhälfte localisirt und lässt sich durch Druck hervorrufen. Nicht selten sind dabei Delirien, die wie die Schmerzen anfallsweise auftreten und mit den Zeichen der Hirndepression abwechseln. Ebenso zeigen die nicht seltenen Schwäche- und Lähmungserscheinungen in den Gliedern einen durchaus schwankenden, oszillirenden Charakter. Dabei fehlen alle eigenthümlichen Typhuserscheinungen, wie Roseola, Ileocoecalschmerz, Milzanschwellung, Diarrhö, typhoide Bronchitis u. s. w. Der schwankende Charakter der Krankheit, wie er sich unter mässig beschleunigtem Pulse über die erste, auch zweite Woche hinauszieht,

---

*) „Ueber Entzündung des Hirn-Sinus" in *Virchow's* Archiv. B. IX. (1855.)

sowie der fortdauernde oder wenigstens zeitweise auftretende Ohrenfluss fixiren allmälig die Aufmerksamkeit auf Ohr und Gehirn. Ist indessen der Verlauf nicht ein schnelltödtender, meningitischer, so kommen in der Regel im Laufe der zweiten oder dritten Woche bestimmte
pyämische Erscheinungen. Die Schüttelfröste halten freilich manchmal
einen so bestimmten Typus ein, dass manche Aerzte sich zu einer
Wechselfieber-Diagnose verleiten lassen, indessen kommt es nie zu einer
reinen Intermission; die typhöse Mattigkeit, die Cerebralerscheinungen,
die merkwürdigen Schwankungen des Pulses dauern fort. Allmälig,
wenn auch nicht constant, kommen die Symptome von metastatischen
Abszessen in Lungen und Gelenken, manchmal auch im subcutanen
Zellgewebe. Nachdem die Kranken früher zu Verstopfung geneigt
waren, tritt nun später Neigung zu Diarrhö ein, die Ausleerungen
werden unregelmässig und der Tod erfolgt dann gewöhnlich in koma-
tösem Zustande. Der Verlauf dieser perniziösen Erkrankung ist entweder ein schneller und acuter, welche Form man die meningitische
nennen könnte, da die Gehirnerscheinungen besonders in den Vordergrund treten; oder sie zieht sich unter einem typhoiden oder pyämischen, höchst tückisch-schwankenden Charakter bis zur vierten oder
fünften Woche hinaus. — *Virchow* hat uns seitdem gelehrt, dass nicht
die Entzündung der Venenwände, die Phlebitis, sondern die durch sie
allerdings begünstigte, in der Regel aber von den kleineren Venen
erst auf sie fortgeleitete Thrombenbildung und die Aufnahme zersetzter,
fauliger Stoffe in's Blut das Hauptsächliche in der Pathogenese sind;
indessen glaubte ich doch am besten zu thun, wenn ich der lichtvollen
Schilderung, welche *Lebert* von diesem Krankheitsverlaufe gibt, möglichst getreu und ohne Unterbrechung folgte. Wie Ihnen klar ist, können diese ebengeschilderten Folgen von Otorrhöen, wie sie im Wesentlichen auf Embolien und septische Infection (Ichorrhämie) — also vom
Gefässsysteme allein ausgehende Vorgänge — sich zurückführen lassen,
eintreten, ohne dass das Schläfenbein irgendwie cariös ergriffen ist.

Wenden wir uns nun zu den cariösen Prozessen im Schläfenbeine,
als einem weiteren häufigen Folgeleiden der Eiterungen im Ohre, so
haben wir bereits die Gründe erwogen, warum am Ohre aus eiterigen
Entzündungen der Weichtheile so leicht sich ulzerative Prozesse im
darunterliegenden Knochen ausbilden; wir haben ferner gefunden,
dass fast bei allen Fällen von Caries des Felsenbeines es
sich nicht um eine primäre Knochenerkrankung handelt, sondern um
die Folge vernachlässigter und langebestehender Eiterungen der Weichtheile, und dass eben bei jeder Otitis externa und interna, wenn die
Eiterung nicht allmälig beschränkt wird, der Knochen an der ent-

zündlichen und ulzerativen Thätigkeit mehr oder weniger sich betheiligt. Cariösen Affectionen, an welchem Theile des Körpers sie auch
stattfinden, wird bekanntlich allgemein ein grosser Einfluss auf die
Gesammtconstitution beigelegt und werden dieselben von allen Aerzten
für gewichtige Leiden gehalten, die nicht nur örtlich grosse Veränderungen und Deformitäten hervorrufen, sondern häufig genug
auch das Leben des Kranken in die ernstesten Gefahren bringen,
einmal durch die oft in ihrem Gefolge auftretenden Blutvergiftungen
und Embolien, und indem sie nicht selten zu Entkräftungszuständen
und bestimmten Entartungen innerer Organe führen.

Für besonders gefährlich und bedenklich gelten allgemein Caries
der Wirbel- und der Schädelknochen. Kein Schädelknochen aber wird
so häufig cariös als das Schläfenbein und kommen hier bei dem eigenthümlichen Baue desselben ganz besonders ungünstige Verhältnisse in
Betracht, welche uns die Erkrankungen dieses Knochens und somit
ihre Ausgangspunkte, die eiterigen Entzündungen seiner Weichtheile und die Otorrhöen, in einem prognostisch besonders trüben Lichte
erscheinen lassen.

Schon früher (S. 57) machte ich Sie aufmerksam, dass beim äusseren Gehörgange die geringe Entfernung der Dura mater und des Gehirnes von der oberen, die Nähe des Processus mastoideus und des
Sinus transversus an der hinteren Wand sehr zu berücksichtigen sei,
indem es sich so erklärte, warum diese Theile auch bei Caries, welche
auf den Gehörgang beschränkt ist, so leicht in die Entzündung hineingezogen würden. Noch wichtiger gestalten sich diese nachbarlichen
Verhältnisse in der Paukenhöhle, indem ihre untere Wand oder ihr
Boden häufig nur durch eine durchscheinend dünne Knochenschichte
von der Vena jugularis interna, der grösten Vene des Kopfes, getrennt ist, indem an ihrem vorderen Abschnitte die gröste Arterie des
Kopfes, die Carotis interna, vorläuft, wiederum nur durch ein zartes,
häufig defectes Knochenblättchen geschieden, ihre Decke ferner oder
obere Wand, welche zwischen ihrer Schleimhaut und der Dura mater
mit dem Sinus petrosus superior liegt, nicht selten verdünnt und selbst
durchlöchert ist und dann eine auch beim Erwachsenen gewöhnlich
noch erhaltene Knochenspalte, die Fissura petroso-squamosa enthält.
Die innere oder Labyrinthwand endlich bietet nur geringen Widerstand dar gegen ein Uebergreifen des entzündlichen Prozesses einmal auf
den Gesichtsnerv und weiter auf das innere Ohr, somit auch auf den
mit den Hirnhäuten ausgekleideten Porus acusticus internus, während
der Warzenfortsatz dicht hinter sich den Sinus transversus liegen hat.
Ich frage, m. H. kennen Sie eine Höhle am menschlichen Körper,

die, noch dazu auf so kleinem Raume, in gleichem Maasse an so viele
wichtige Organe gränzt, und in welchen man daher, schon vom anatomischen Standpunkte aus, eiterige Prozesse und ihre häufige Folge,
Ulzeration der Wände, so ängstlich scheuen sollte? — Indessen wir
sprechen hier nicht blos vom theoretischen und aprioristischen Standpunkte aus, auch die praktische Erfahrung zeigt es und jeder Arzt weiss es,
dass Caries im Ohre sehr häufig lebensgefährliche Erkrankungen und
den Tod nach sich zieht.

Selbstverständlich ereignen sich hier sehr häufig jene Veränderungen in den Gefässen und in der Blutmischung, welche wir oben
bereits betrachtet haben; öfter beobachtete man ferner Entzündungen
an den Wänden der Gefässe, also die eigentliche Phlebitis, welche
zuweilen zur Perforation derselben und zu Extravasationen führt.
Abgesehen von kleineren Blutungen im Innern des Ohres oder aus
dem Ohre, wie sie sich fast in jedem einzelnen derartigen Falle nachweisen lassen, und wie sie dem Ohren-Eiter so häufig reines Blut beimengen oder ihm eine dunkelbraune Färbung geben, wurden beträcht-
lichere Ohrblutungen in Folge von Ulzeration der benachbarten Gefässe an der Carotis interna, an der Vena jugularis und am Sinus
transversus mehrfach beobachtet.

Als die häufigsten und bekanntesten Folgen von Caries des Schläfenbeines gelten Entzündung der Gehirnsubstanz mit Abszessbildung
in derselben und eiterige Meningitis, beide am öftesten mit Veränderungen am Dache der Paukenhöhle einhergehend. Nach *Lebert,*
welchem wiederum das Verdienst gebührt, insbesondere auf den
häufigen Zusammenhang von G e h i r n a b s z e s s e n mit Ohrenleiden aufmerksam gemacht zu haben*), ginge etwa ein Viertheil aller Fälle von Gehirnabszessen von Caries des Felsenbeines aus;
berücksichtigt man indessen noch die vielen in der speziell ohrenärztlichen Literatur zerstreuten Fälle, so ergibt sich, dass Ohrenaffectionen
noch weit häufiger das ursächliche Moment für die Entstehung von
Gehirnabszessen bilden, und erweist sich daher um so dringender die
von *Lebert* schon aufgestellte Nothwendigkeit „bei jedem Hirnabszess
anamnestisch und klinisch einer Krankheit des inneren Ohres nachzu-
spüren." In der Regel findet sich zwischen der Oberfläche des Felsenbeines und dem Eiterherde im Gehirne noch relativ gesunde Hirnsubstanz und ist dabei die Dura mater am Tegmen tympani meist
beträchtlich verdickt. Weit seltener stehen die beiden Eiterherde in
ununterbrochenem Zusammenhange und mögen daher manche solcher

---

*) Siehe seine drei Artikel „über Gehirnabszesse" in *Virchow's* Archiv B. X.

Hirnabszesse metastatischer Natur sein. Was die Symptome von Gehirnabszessen betrifft, so ist hier nicht der Ort, weiter auf sie einzugehen; erwähnen möchte ich nur, wie erfahrungsgemäss sogar sehr
umfangreiche Zerstörungen der Gehirnmasse ohne alles Fieber und
ohne alle Störungen der Motilität und insbesondere der Intelligenz
einhergehen können. Heftige, localisirte, auf Druck zunehmende Kopfschmerzen sind nicht selten das einzige länger hervortretende Symptom
einer solchen sonst ganz latent verlaufenden Hirnentzündung und Hirn-
eiterung und tritt der Tod oft ganz plötzlich und unerwartet unter
convulsivischen oder apoplektiformen Erscheinungen ein.

Mindestens ebenso häufig führt ferner die Otitis und die Otorrhö
zu eiteriger Meningitis und liegt hier der anatomische Hergang der
Ueberleitung gewöhnlich klarer und weit unzweideutiger vor Augen,
als dies bei den Hirnabszessen der Fall ist. Auf zweierlei Wegen
kann die Entzündung von der Paukenhöhle auf die Hirnhäute sich
fortsetzen, entweder durch das Tegmen tympani hindurch, also nach
oben, oder nach innen mittelst des Porus acusticus internus, des inneren Gehörganges. Erkrankung des Daches der Paukenhöhle und des
dasselbe überziehenden Stückes Dura mater wurde bisher am weitaus am
häufigsten unter allen Folgezuständen eiteriger und cariöser Ohrenentzündungen bei den Sectionen constatirt. Dies mag zum guten Theile
daher kommen, weil diese Parthie der Schädelbasis und ihre Veränderungen auch bei weniger eingehender Leichenuntersuchung und ohne
Herausnahme oder gründlicherer Berücksichtigung der Felsenbeine sogleich bei der Entfernung des Gehirnes in's Auge fallen, während
manche andere Vorgänge am Schläfenbeine erst gesucht werden müssen.
Es mag daher dahingestellt bleiben, ob erstere wirklich die am öftesten vorkommenden sind, oder ob sie nur bis jetzt zufällig am häufigsten gefunden wurden. Indessen erleichtern auch manche anatomische
Eigenthümlichkeiten des Paukenhöhlendaches das Uebergreifen von
Entzündungen nach dieser Richtung. Ich erinnere Sie nur an die
dort liegende Felsenbein-Schuppenspalte und die durch dieselbe von
der Dura mater auf die Schleimhaut des Mittelohres übergehenden
Arterienäste und Gewebsfortsätze, vermittelst welcher Ernährungsstörungen in der Paukenhöhle und im Warzenfortsatze stets eine gewisse Rückwirkung auf diesen Abschnitt der harten Hirnhaut ausüben
müssen. Ich rufe Ihnen ferner jene Rarefactionen des Knochens in's Gedächtniss, welche wir hier gerade als sehr häufig kennen lernten, und durch
welche das Tegmen tympani oft bis zur Durchscheinendheit verdünnt, ja
selbst durchbrochen und auch ohne vorausgehende Caries lückenhaft wird.
Es ist klar, dass in einem Falle, wo zwischen Mucosa der Paukenhöhle

und Dura mater stellenweise gar keine oder nur eine ganz dünne Zwischenschichte vorhanden, doppelt leicht ein Uebergang des entzündlichen Prozesses gegeben ist.

Der Fälle, wo langjährige Otorrhö unter Meningitis tödlich endete, während nicht das Dach der Paukenhöhle ergriffen war, sondern die Ueberleitung vom inneren Gehörgange aus statt hatte, sind ebenfalls sehr viele in der Literatur berichtet. Sehr häufig fehlt allerdings der genauere anatomische Nachweiss über das Verhalten der dazwischen liegenden Theile. In den gründlicher beobachteten Fällen hatte die Entzündung und Eiterung sich vom Mittelohre auf's Labyrinth und von da auf den Porus acusticus internus fortgepflanzt. Die Scheidewand zwischen mittlerem und innerem Ohr, die Labyrinthwand der Paukenhöhle, ist an und für sich nur dünn, besitzt aber in ihren zwei Fenstern noch besonders vulnerable Stellen, durch deren Anätzung leicht eine abnorme Verbindung zwischen beiden Theilen hergestellt wird. Von einer derartigen Ulzeration der äusserst zarten Membran des runden Fensters berichtet *Itard* *) einen Fall; einen anderen, wo das die Steigbügelplatte umgebende, feine ringförmige Band angeäzt und so der Eiterung der Weg in's Labyrinth gebahnt wurde, kann ich Ihnen im Präparate vorführen. Ausserdem liegen mehrere genau ausgearbeitete Sectionsberichte, insbesondere von *Toynbee,* vor, wo cariöse Ulzeration des in das Cavum tympani schwach hineinragenden horizontalen Halbzirkelganges das Labyrinth gegen die Paukenhöhle zu öffnete. Ist aber einmal Vorhof oder Schnecke auf die eine oder andere Weise an der Entzündung und Eiterung betheiligt, so liegen zwischen dem Entzündungsherde und den Meningen nur noch jene siebförmigen, feindurchlöcherten Knochenlamellen, durch welche der Hörnerve seine zarten, pinselförmig ausstrahlenden Fäden in's Labyrinth entsendet und wird daher wohl in der Mehrzahl solcher Fälle die Entzündung von den Höhlen des Labyrinthes auch weiter auf die Hirnhäute übergehen.

---

*) Traité des Maladies de l'Oreille. 2. Edition. 1842. T. I. p. 210.

EINUNDZWANZIGSTER VORTRAG.

Weitere Folgezustände von Otorrhöen. Ihre Prognose und Behandlung.

Mimische Gesichtslähmung. Die Tuberculose und das Cholesteatom des Felsenbeines. Die unsichere Prognose bei Otorrhöen. Der Einschnitt hinter dem Ohre und die Anbohrung des Warzenfortsatzes. Das Vorurtheil gegen die örtliche Behandlung.

M. H. Wir betrachteten neulich, welch mannichfache Reihe von Veränderungen sich aus den Eiterungen im Ohre entwickeln können und sahen zuletzt, dass die in ihrem Gefolge öfter auftretende Meningitis purulenta entweder durch Fortsetzung des cariösen Prozesses nach oben, auf das Dach der Paukenhöhle, oder durch Uebergreifen desselben nach innen, auf Vorhof und Schnecke, entsteht. Es gibt indessen noch einen dritten Weg.

Wie Ihnen bekannt, verbreiten sich manchmal Entzündungen von einem Orte zu einem anderen entlang dem Verlaufe einzelner grösserer Nervenäste, unter der Form der Perineuritis, der Entzündung der Nervenscheiden. Es könnte so eine Fortpflanzung der Entzündung von der Paukenhöhle zum inneren Gehörgange auch bei vollständiger Integrität des Labyrinthes durch den Canalis Fallopii längs des Facialis stattfinden, umsomehr, als der Gesichtsnerve sehr häufig in den Prozess hineingezogen wird. Meines Wissens ist ein solcher Zusammenhang zwischen Meningitis und Otorrhö indessen noch nicht beobachtet werden.

Dass der Gesichtsnerve bei Otitis interna sehr häufig in Mitleidenschaft versetzt wird, erklärt sich schon aus den anatomischen Verhältnissen. Einmal verläuft der Facialis eine ziemliche Strecke weit an der Wand der Paukenhöhle, nur durch eine durchscheinend dünne Knochenlamelle von deren Schleimhaut getrennt, andrertheils nimmt die Arteria stylomastoidea, welche zum grossen Theil die Schleimhaut des Mittelohres versorgt, ihren Weg durch den fallopischen Canal und gibt daselbst Aestchen an die Umhüllung des Facialis. Mimische Gesichtslähmungen verschiedenen Grades, oft nach vorausgehenden Zuckungen in den Gesichtsmuskeln auftretend, stellen sich daher gar nicht selten im Verlaufe von Ohrenentzündungen und von Otorrhöen ein, und mögen wohl auch ein Theil der sog. „rheumatischen" Facialislähmungen bei genauerer Untersuchung mit Affectionen der Paukenhöhle zusammenhängen. Die Erfahrung zeigt, dass denselben keineswegs eine prognostisch so besonders ungünstige Bedeutung beigelegt werden darf, wie dies gewöhnlich, selbst in unseren gediegensten Lehrbüchern der Nervenkrankheiten, geschieht. Selbst sehr verbreitete Facialislähmungen verschwinden gewöhnlich wieder, wenn sie noch nicht zu lange andauerten und es gelingt, den Prozess im Ohre zum Stillstand zu bringen, wass doch immerhin sehr häufig der Fall ist. Ich habe schon eine ziemliche Anzahl, allerdings meist frischerer, halbseitiger Gesichtslähmungen sich vollständig wieder rückbilden sehen unter der einfachen Behandlung, wie wir sie auch sonst für die chronische Otitis interna kennen gelernt haben. Ausserdem erhellt auch aus den erwähnten anatomischen Verhältnissen, dass der Eintritt einer Paralysis Nervi Facialis 'im Verlaufe einer Otorrhö an und für sich keineswegs Gefahren für das Leben des Individuums in sich schliesst, indem man aus ihr noch durchaus nicht auf eine Theilnahme des Gehirnes an der Entzündung zu schliessen berechtigt ist. Schon stärkere Circulationsstörungen und Secretanhäufungen in der Paukenhöhle können auf diesen Nerven rückwirken; ausserdem hätte selbst Caries jener zarten Knochenlamelle, hinter welcher derselbe liegt, wie sie wohl sicher eine mimische Gesichtslähmung bedingen würde, wenn sie nicht mit wichtigeren anderweitigen Veränderungen verbunden ist, verhältnissmässig keine so grosse Bedeutung. Die Erscheinungen dieser Lähmung sind Ihnen bekannt; als erste Anzeichen derselben werden Sie nicht selten finden, dass der Kanke auf einmal unsicher trinkt, und ihm dabei, wie einem ungeschickten Kinde, die Flüssigkeit zum Theil an dem einen Mundwinkel herabläuft und noch häufiger, dass der Kranke plötzlich Thränenträufeln an dem einen Auge bemerkt. Letzteres Symptom bildet fast stets die erste Klage und tritt die mangelhafte Fortleitung der Thränen, bekanntlich durch Muskelwirkung vermittelt, bereits ein, wo noch durchaus kein ungenügender Verschluss der Lider oder eine auch noch so leichte Auswärtswendung des unteren Lidrandes und des unteren Thränenpunktes wahrzunehmen ist.

Doppelseitige Gesichtslähmung scheint ziemlich selten zu sein; ich sah sie ein einzigesmal neben beidseitigen Ohrpolypen. Die Entstellung war hier eine sehr beträchtliche. Nicht nur, dass das Gesicht stets gleichmässig glatt und kalt blieb, auch bei Lachen und bei Schreck, die unteren Lider mit stark geröthetem Rande auswärts gewandt reichlich sezernirten, und die sehr hervorragenden Hornhäute wegen mangelnden Lidschlusses im unteren Drittheile vertrocknet waren, es hing noch dazu die dickwulstige Unterlippe schlaff herab, dem Speichel das Abträufeln aus dem Munde gestattend, so dass das Kinn für gewöhnlich mit einem Tuche hinaufgebunden und wenn der Kranke sprechen oder etwas geniessen wollte, mit der Hand hinaufgehalten werden musste.

Ich machte Sie schon früher aufmerksam, dass ein Schiefstehen des Zäpfchens und eine plötzliche Knickung desselben nach der einen Seite, während dasselbe gehoben wird, gar nicht selten auch ohne Gesichtslähmung zu beobachten ist; umgekehrt hängt die Uvula sehr häufig bei ausgesprochenen halbseitigen Facialisparalysen gerade herab und hebt sich auch gleichmässig gerade in die Höhe. —

Sie werden öfter, insbesondere bei französischen Autoren (z. B. in *Rilliet* und *Barthez'* verbreitetem Werke über Kinderkrankheiten) von der „Tuberculose" oder „tuberculösen Caries des Felsenbeines" lesen, als einer häufigen Ursache von Otorrhöen, welche namentlich bei Kindern unter Pyämie oder Meningitis zum Tode führen. Bei der Section findet man dabei „Tuberkelmaterie" in grösserer Menge im Ohre abgelagert oder auch abgekapselte „Tuberkel," namentlich im Warzenfortsatze („matière tuberculeuse infiltrée ou encystée"). Von der Erweichung dieser Tuberkel, welche als das primäre Leiden betrachtet werden, wird dann der ganze Entzündungsprozess, die Ulzeration des Trommelfells, die Otorrhö mit allem Folgenden abgeleitet. Bei genauerer Betrachtung möchte wohl die meisten der so aufgefassten Fälle auch eine andere Deutung zulassen. Es gibt eine Tuberculose der Knochen und somit lässt sich auch die Möglichkeit einer primären Tuberculose des Felsenbeins nicht bestreiten; indessen ist die Tuberculose der Knochen doch ein verhältnissmässig seltenes Leiden, und müssen wir uns erinnern, dass eingedickter Eiter und erweichende Tuberkel sich sehr ähnlich sehen, Verwechselungen beider daher sehr nahe liegen. Sie wissen, wo Eiter in grösseren Massen angehäuft ist, tritt immer eine Eindickung desselben mit theilweiser Verkalkung ein, weil die Massenhaftigkeit des Productes einen vollständigen fettigen Zerfall mit Resorption nicht zulässt. Meist geht blos ein Theil die fettige Umwandlung ein, der andere verkalkt und der eingedickte Eiter bildet dann käsige Massen, wie sie eben auch aus dem Tuberkel sich entwickeln können. Diese beiden käsigen Massen von ganz verschiedenem Ursprunge werden ungemein oft verwechselt und sind sie auch häufig dem blossem Ansehen nach kaum auseinander zu halten, wenn man nicht noch weitere Anhaltspunkte zur Diagnose benützt. Gerade die Höhlen des Gehörorganes und die zelligen Räume des Warzenfortsatzes sind sehr geeignet, grössere Eitermengen, die allmälig eintrocknen und verkäsen, nach und nach in sich aufzuhäufen und mag es sich wohl in der Mehrzahl der in der Literatur aufgezeichneten Fälle von „Tuberkel des Felsenbeins", um solche Massen handeln, welche ihre Bildung einer langdauernden Eiterung im Ohre und ihr ungestörtes Wachsthum einem seltenem Gebrauche der Spritze verdanken. Indessen, wenn auch solche Bildungen keineswegs Tuberkel sind, können sie nichts desto weniger immer noch eine sehr perniziöse Bedeutung sowohl für ihre Nachbartheile, als auch für den Gesammtorganismus erlangen. Bekanntlich erweichen solche käsig metamorphosirte Massen auch manchmal noch nach längerer Zeit und bedingen dann rapide Ulzerationszustände, wie von ihnen aus auch nach Prof. *Buhl's* Beobachtungen öfter acute Miliartuberculose der Lunge und verschiedener Organe sich entwickelt.*)

Eine ähnliche Bewandniss scheint es nach *Virchow's* Untersuchungen**) mit den C h o l e s t e a t o m e n *(Joh. Müller)* oder den Molluscous tumours oder Mollusca contagiosa *(Toynbee)* des Felsenbeines zu haben, für welche *Virchow* räth, zu dem ursprünglichen Namen „Perlgeschwülste", zurückzukehren. Es sind dies perlmutterglänzende, zwiebelartig geschichtete Geschwülste im hinteren Abschnitte des Schläfenbeines, welche durch den Knochen hindurch in den äusseren Gehörgang, öfter auch in die Schädelhöhle hineinragen, in der Regel neben langjähriger Otorrhö oder Caries bestehend, deren Folgen das Individuum meist zur Section bringen. Die Untersuchung ergibt sie zusammengesetzt aus grossplattigen Epithelialzellen mit verschieden-

---

*) Siehe S. 72. meiner angewandten Anatomie des Ohres, das Kleingedruckte.
**) „Ueber Perlgeschwülste (Cholesteatoma *Joh. Müller's*)." *Virchow's* Archiv B. VIII. 4. Heft.

gradiger Cholestearin-Beimengung. Auch hier scheint es sich wesentlich um entzündliche Producte zu handeln, die zum grossen Theil wohl von der Oberfläche des Gehörganges geliefert, sich nach und nach massenhaft ansammeln, eintrocknen und durch das fortwährende peripherische Wachsthum immer mehr zu einem soliden Körper, einer Geschwulst, sich entwickeln, welche ihrerseits als Schädlichkeit wirkt und den benachbarten Knochen allmälig durch Druck zum Schwunde bringt. Indem nach hinten allein im Schläfenbein ein Raum gegeben ist, schafft sich eine solche vertrocknete Secretmasse dort stets eine abgeschlossene Höhle, bis sie unter Umständen, wenn ihr Wachsthum nicht gestört wird, selbst das Felsenbein nach hinten, gegen den Sinus transversus, oder nach oben gegen das Gehirn zu durchbricht und so den tödtlichen Ausgang herbeiführt. Wo fettige Producte längere Zeit abgeschlossen vom Stoffwechsel stagniren, sehen wir bekanntlich allenthalben Cholestearin-Abscheidung eintreten. Im Ohre liefert einmal der Eiter, wie allenthalben, ausserdem aber noch das Secret der zahlreichen Talg- und Ohrenschmalzdrüsen reichliche Fettmassen und weisen auch die Erfahrungen aller pathologischen Anatomen von *Rokitansky* an, sowie die der Ohrenärzte darauf hin, dass im äusseren und mittleren Ohre gerade reichliche Cholestearinbildung etwas sehr Gewöhnliches ist. Bei Betrachtung der Gehörgangs-Krankheiten sahen wir bereits, dass die Randschichten grösserer, den Gehörgang ausfüllender Cerumenpfröpfe oft von silberglänzendem Ansehen sich zeigen und aus Cholestearinkristallen bestehen, die überhaupt sehr häufig im Ohrenschmalze sich nachweisen lassen. Ebenso finden wir dieselben oft als glitzernde Punkte auf dem Wasser schwimmen, wenn wir bei der ersten Untersuchung das Ohr eines an Otorrhö Leidenden ausspritzen. Mehrmals fand ich auch an Kranken den Gehörgang in der Tiefe mit blättrigen, weissen Massen erfüllt, die sich nur innerhalb mehrerer Tage, namentlich unter Mithülfe eines feinen Spatels oder des *Daviel*'schen Löffels, entfernen liessen und sich aus Epidermisanhäufungen mit den bekannten grossen rhombischen Tafeln ergaben.

Wenn sich so die „Tuberkel" und die „Cholesteatome" des Felsenbeines unter einem gewissen gemeinschaftlichen Gesichtspunkte betrachten lassen, so mag die Verschiedenheit der jeweiligen Bildungsformalität auf den ursprünglichen Ausgangspunkt oder die vorwiegende Localisation des Entzündungsprozesses bezogen werden. Fand die vermehrte Absonderung hauptsächlich im äusseren Ohre statt, wo Epidermis- und Talgproduction auch im Normalen vorherrscht, so sind die Bedingungen günstiger für Entwicklung einer Perlgeschwulst; umgekehrt gestalten sie sich mehr zu Gunsten einer käsigen Masse, wenn hauptsächlich das mittlere Ohr betheiligt ist, und so überwiegend Eiter geliefert wird. —

Kehren wir nach diesen letzten Betrachtungen, die Sie keineswegs als unnöthige Abschweifungen betrachten werden, wieder zu unserer praktischen Aufgabe zurück, so ersehen Sie aus Allem, was wir bisher gefunden, wie vorsichtig und zurückhaltend wir mit der Prognose bei chronischen Otorrhöen sein müssen, indem sich nie mit Sicherheit sagen lässt, wie weit bereits tiefere Veränderungen eingeleitet sind, welche der Natur der Sache nach zum grossen Theil ausser dem Bereiche unserer therapeutischen Eingriffe liegen. Wie *Wilde* sehr treffend zusammenfasst: „So lange ein Ohrenfluss vorhanden ist, vermögen wir niemals zu sagen, wie, wann oder wo er endigen mag, noch wohin er führen kann." Wenn mehrere englische Lebensversicherungs-Anstalten mit Otorrhö behafteten Individuen die Aufnahme geradezu verweigern, so scheint mir dieses Verfahren ein vollständig gerechtfertigtes zu sein. Jede Ohren-Eiterung kann unter Umständen zu einer lebensgefährlichen Erkrankung sich ausbilden und steht es nicht in unserer Macht, solche Folgezustände mit Sicherheit entfernt zu halten. Es liegen freilich einzelne Fälle vor, wo an Otorrhö Leidende, selbst nach längeren typhoiden Symptomen mit Schüttelfrösten und metastatischen Abszessen an den verschiedensten Orten, schliesslich doch noch genasen; indessen dies sind jedenfalls grosse Ausnahmen.*) Glücklicherweise kommt es zu solchen Folgeerkrankungen in der Regel — wenn auch keineswegs ausnahmsweise — nur bei längerbestehenden Fällen und lassen sie sich daher durch eine passende, rechtzeitige Behandlung des Ohres meist verhüten. Damit ist gesagt, dass wir selbst bei veralteten Otorrhöen oft noch sehr viel nützen können, indem wir der Weiterverbreitung des Entzündungsprozesses entgegenarbeiten; häufig genug lässt sich, wie schon aus unseren früheren Betrachtungen hervorgeht, selbst das Gehör noch bedeutend bessern.

---

*) Einer der interessantesten derartigen Fälle ist wohl der, den *Prescott Hewett* vor Kurzem in der *Lancet* mittheilte (1. Febr. 1861, auszugsweise in den mediz.-chirurgischen Monatsheften. Januar 1862). Neben sehr heftigem typhoiden Fieber mit Schüttelfrösten, war ausgesprochene Schmerzhaftigkeit nach dem Verlaufe der Vena jugularis vorhanden, es bildeten sich Abszesse im Sterno-Clavicular- und im Hüftgelenke; Entzündung des Kniegelenkes und Erscheinungen von Pneumonie traten dazu und trotzdem genas die Kranke allmälig vollständig unter dem Gebrauche von Wein und Morphium.

220

Die Behandlung besteht, wie bei den einzelnen, die Otorrhö bedingenden.Zuständen schon erwähnt, vor Allem in fleissigem Entfernen des Secretes und in Herabsetzung der chronischen Entzündung durch Gebrauch adstringirender Ohrenwässer, und wenn das Mittelohr hauptsächlich ergriffen ist, durch Normalisirung der Schlundschleimhaut, auf welche in allen solchen Fällen Rücksicht zu nehmen ist. Durch diese so einfache Medication können selbst ausgesprochene Fälle von Caries heilen. Bei Caries empfahl *Rau* insbesondere Einträufelungen von Kupfervitriollösung, Anfangs 2—3 Gran, später 10—12 Gran auf 1 Unze destillirten Wassers, ein bis zweimal täglich angewendet, „als das zuverlässigste Localmittel, welches nur in dem Falle nachtheilig werden kann, dass es eine stärkere Reizung erregt. Ein mässiges, mehrere Minuten andauerndes Brennen schadet jedoch durchaus nicht, bleibt nach fortgesetzter Anwendung aus, worauf man dann vorsichtig die Lösung verstärken kann."*) Dass in allen solchen Fällen eine strenge Berücksichtigung der Gesammtverhältnisse des Individuums durchaus nothwendig ist, versteht sich von selbst. Die örtliche Behandlung wird aber stets als der wichtigste Theil der Therapie in den Vordergrund treten müssen und reichen wir bei vollständig gesunden Individuen sehr häufig mit ihr aus. Wenn subacute entzündliche Zufälle eintreten, sind namentlich örtliche Blutentleerungen nicht zu entbehren und sieht man von ihnen fast stets sehr wesentlichen Nutzen; so erinnere ich mich eines Falles, wo eine im Verlaufe einer langjährigen Otorrhö plötzlich entstandene Facialislähmung unmittelbar nach Anlegen eines *Heurteloup'*schen Blutegels auf den

---

*) Siehe *Rau's* Lehrbuch der Ohrenheilkunde S. 262. — Nur mit Schmerz und tiefem Bedauern kann ich von Professor *Rau* in der vergangenen Zeit sprechen und schreiben. Die deutsche Wissenschaft hat durch seinen im Sommer 1861 eingetretenen Tod den an Charakter weitaus gediegensten und ehrenwerthesten Vertreter der Ohrenheilkunde verloren. Die Geschichte der Ohrenheilkunde zeigt aber so recht, dass in einer sich erst entwickelnden Disziplin Charakter-Ehrenhaftigkeit und strengwissenschaftliche Rechtlichkeit doppelt von Nöthen sind, wenn der Wissenschaft wirklich genützt werden soll, und dass nirgends frivole Schwindler, welche auf die Unwissenheit der Menge speculiren, der guten Sache so tief zu schaden vermögen, als gerade hier. Aber auch in wissenschaftlicher Beziehung sind *Rau's* Verdienste nicht gering zu schätzen. Sein Lehrbuch prätendirt nicht, als rein originelle Arbeit zu gelten, wie er selbst äusserst bescheiden und liebenswürdig in der Vorrede es ausspricht, dagegen stellt dasselbe Alles, was bisher in dieser Spezialität geleistet wurde, in so ungemein sorgfältiger, auf eigener Prüfung beruhender und vor Allem in so durchaus gerechter und gewissenhafter Weise zusammen, wie dies bisher noch Niemand gethan und wird daher dasselbe für alle Zeiten ein werthvolles, insbesondere zum Nachschlagen bei wissenschaftlichen Arbeiten nothwendiges Buch bleiben.

Warzenfortsatz wieder verschwand. Dass eine Eiterung nie aufhören wird, so lange Polypen oder nekrotische Knochenstücke im
Ohre sich befinden, versteht sich von selbst, sowie dass zu Entfernung
solcher Sequester öfter operative Eingriffe nöthig sind. Ueber solche
Nekrotisirungen grösserer Parthien des Felsenbeines liegen eine Reihe
merkwürdiger Beobachtungen vor. So sah *Menière**) einen Fall, wo
nach lange bestehender Otorrhö beim Einspritzen ein Knochenstück-
chen sich entleerte, das bei genauerer Untersuchung sich als die ganze
Schnecke erwies; der Patient befand sich dabei ganz wohl. Ebenso
spricht *Toynbee* in seinem Catalogue (p. 77) von einem grossen Stück
Schnecke, das bei einem Kranken mit dem Eiter aus dem Ohre kam,
ohne dass Gehirnsymptome vorhanden waren. *Wilde***) erzählt von
einer jungen Dame, der nach den heftigsten Symptomen von Otitis
mit Gehirnentzündung, mit Lähmung des Gesichtes, eines Armes und
eines Beines eine lose Knochenmasse aus dem Ohre gezogen wurde,
welche aus dem ganzen inneren Ohre bestand, der Schnecke, dem
Vorhof und sämmtlichen Bogengängen. Sie genas von den Kopfsymp-
tomen und von der Lähmung der Extremitäten. Fälle von noch nicht
ganz abgeschlossener Nekrose des Labyrinthes wurden beobachtet von
Menière***) und von mir. †) Einen jungen Mann, der an mehrjähriger Otorrhö mit hinzugetretenen Hirnerscheinungen litt, heilte Forget
durch Entfernung eines 3 Ctm. langen und 2 Ctm. dicken Knochen-
stückes aus dem Innern des Warzenfortsatzes. ††)

Wenn im Verlaufe einer Otitis oder Otorrhö der Warzenfortsatz
anfängt, bei Druck schmerzhaft zu werden, und die Schwellung und
Röthung seiner Bedeckungen uns auf eine Entzündung des darunter
liegenden Knochens hinweist, so ist ein kräftiger, die Weichtheile bis
zum Periost spaltender Einschnitt hinter dem Ohre oft von ungemeinem Nutzen. *Wilde* empfiehlt ein solches Verfahren als eines, durch
welches einem lebensgefährlichen Weitergreifen des Entzündungsprozesses am besten Einhalt geboten werden kann und hatte ich
mehrfach Gelegenheit, mich von dem wohlthätigen Einflusse solcher

---

*) Gazette méd. de Paris 1857. Nr. 50.
**) p. 377 seiner an trefflichen Beobachtungen so reichen Aural Surgery; S. 432
der deutschen Uebersetzung. Das merkwürdige Präparat findet sich daselbst abge-
bildet.
***) L. c.
†) S. *Virchow's* Archiv. B. XVII. Section IX.
††) S. Union médicale 1860, Nr. 52; auszugsweise mitgetheilt in *Virchow's*
Archiv. B. XXI. S. 312.

Inzisionen zu überzeugen. Der Schnitt muss indessen genügend lang
und sehr kräftig gemacht werden, damit auch das Periost in der
ganzen Länge desselben gespalten wird; und ist bei dem geschwolle-
nen Zustande der Theile die Tiefe, in welcher das Messer zu führen
ist, oft eine sehr beträchtliche. Am besten laufe die Schnittlinie
parallel mit der Anheftung der Ohrmuschel, von derselben etwa 3—4
Linien entfernt, damit die hintere Ohrarterie nicht verletzt wird. Die
Blutung ist an und für sich stets eine ziemlich beträchtliche; spritzt
eine Arterie, so fasst man sie mit der Pinzette und bringt sie durch
Torsion zum Verschluss. Auch wenn keine Eiterentleerung hiebei
stattfindet, so wird doch fast immer unmittelbare Erleichterung empfunden und bessert sich der Zustand nachher oft sehr wesentlich.
Sollte diese Besserung nur eine vorübergehende sein oder müssen wir
bereits das Vorhandensein einer Eiteransammlung im Warzenfortsatze
annehmen, so hat die auch sonst bei Abszessen übliche Behandlung
einzutreten. Wo die Umstände noch ein Zuwarten gestatten, kann man
durch Auflegen von Kataplasmen hinter das Ohr versuchen, den Aufbruch des Abszesses zu beschleunigen; bei Dringlichkeit der Symptome dagegen würde ich nicht lange säumen, den Knochen zu durchbrechen, um auf diese Weise den Eiter zu entleeren und so künstlich
eine Fistelöffnung hinter dem Ohre anzulegen - einen Vorgang, den
man von selbst, oder wie man zu sagen pflegt durch den Heiltrieb
der Natur, so häufig und stets mit auffallend günstigem Erfolge eintreten sieht. Die Durchbohrung des Warzenfortsatzes bei Eiteransammlung in seinem Innern wurde, soweit mir bekannt ist, bisher acht-
mal — darunter einmal von mir — verrichtet und jedesmal mit
augenscheinlich günstigem, öfter mit offenbar lebensrettendendem Erfolge. Wenn diese Operation trotzdem bei den Chirurgen fast allgemein in einem gewissen Verrufe steht, so kommt dies zum guten
Theil daher, weil dieselbe im vorigen Jahrhundert auch auf andere
Fälle als ein Mittel gegen beliebige Taubheit ausgedehnt wurde, eine
Verallgemeinerung, die natürlich ganz zu verwerfen ist. Wie häufig,
so ist auch hier ein für gewisse Fälle äusserst werthvolles Mittel
durch unwissenschaftlichen Missbrauch, der damit getrieben wurde,
ganz in Missachtung und Vergessenheit gerathen.

In den meisten Fällen möchte es wohl gestattet sein, zu versuchen, ob der eben empfohlene Einschnitt hinter dem Ohre nicht allein
im Stande ist, dem Zustande eine bessere Wendung zu geben und
kann man dann im Nothfalle die Durchbohrung des Knochens nach
einem oder nach zwei Tagen folgen lassen. Ein solcher Hautschnitt
auf der Höhe des Warzenfortsatzes müsste der weiteren Operation

ohnedies vorausgehen. In dem einen Falle, in welchem ich den
Warzenfortsatz eröffnete, geschah dies mit einer gewöhnlichen Knopfsonde; wo der Knochen dicker und weniger mürbe ist, würde man
am besten einen kleinen Hand-Hohlmeissel benützen. Um die Dura
mater und den Sinus transversus zu vermeiden und zugleich möglichst
gerade gegen die grossen, constant vorhandenen, dicht hinter und ober
der Paukenhöhle liegenden Hohlräume zu gelangen, setzt man das
Instrument in gleicher Höhe mit der äusseren Ohröffnung ein und
lässt es in horizontaler Richtung leicht nach vorn zu wirken. Selbstverständlich darf die Durchbrechung des Knochens nur vorsichtig und
unter öfteren Pausen geschehen, damit man mit dem Instrumente
nicht gleichsam hineinfällt. Hat man auf diese Weise dem im Innern
des Ohres angesammelten flüssigen Eiter freien Ausgang verschafft,
so müsste das eingedickte und das sich immer wieder bildende Secret
durch Einspritzungen in die Knochenwunde entfernt werden, welche
man natürlich eine Zeit lang durch Einlegen von Charpie am Zuheilen verhindern muss. Durch eine solche Gegenöffnung ist zugleich
eine gründliche Reinhaltung der eiternden Fläche ermöglicht und finden wir daher in allen Fällen angegeben, dass die langjährige Otorrhö nun
auf einmal bald aufhörte, und der ganze Zustand nachhaltig sich besserte.*)
   Noch einige Worte über das bei den Aerzten fast noch mehr
als bei den Laien verbreitete und jedenfalls von den Aerzten ausgehende Vorurtheil, dass man aus Rücksicht auf die Allgemeingesund-
heit Ohrenflüsse nicht durch örtliche Behandlung heilen, nicht „unterdrücken" dürfe. Ich habe immer nur das Gegentheil gefunden, dass
durch die allmälige Minderung der Ohreneiterung das Individuum
auch im Allgemeinen gesünder wird, und dass umgekehrt sehr viele
Menschen siech wurden und schliesslich zu Grunde gingen, weil man
die Otorrhö ruhig fortdauern liess. Als ich die ersten Male lange
Jahre bestehende. profuse Otorrhöen durch Abtragen von Polypen so
zu sagen augenblicklich oder nach wenigen Tagen vollständig verschwinden sah, liess ich der Vorsicht halber einige Zeit Laxantien
nehmen oder setzte auch mehrmals eine Fontenelle auf den Arm.
Der eine Kranke liess, der Unreinlichkeit überdrüssig, die eiternde

*) Genauere Angaben über die Geschichte, Indication und Casuistik dieser
mit Unrecht vergessenen und verrufenen Operation s. in meiner angewandten Anatomie des Ohres § 33 und in Virchow's Archiv. B. XXI. Heft 3.) Zu den an letzterem Orte aufgezählten Beobachtungen wären noch zwei Fälle von Caries des
Felsenbeines zu fügen, in denen Herr Prof. v. *Bruns* in *Tübingen*, wie ich einer
mündlichen Mittheilung desselben entnehme, die Trepankrone auf den Warzenfortsatz aufsetzte, um eine bereits vorhandene, aber ungenügend erscheinende Fistelöffnung daselbst zu vergrössern. Auch diese beiden Fälle verliefen äusserst günstig.

Wunde bald zuheilen, ein Anderer führte meine Verordnung nicht
aus. Seitdem lasse ich höchstens sehr ängstliche Gemüther zur eigenen Beruhigung einige Zeit lang Bitterwasser trinken, indem ich
mich mehrfach überzeugte, dass selbst ein solch plötzliches Aufhören
des Ohrenflusses ohne alle zu fürchtenden Folgen bleibt. Wo keine
Polypen vorhanden oder keine die Eiterung allein unterhaltenden
fremde Körper, Sequester oder dgl., lässt sich eine Otorrhö auch
mit dem besten Willen nicht unterdrücken, d. h., rasch heilen, und
möchte man versucht sein jene Scheu der Aerzte vor dem Heilen der
Ohrenausflüsse fast mit der Ansicht des Fuchses von dem Geschmacke
der hochhängenden Trauben zu vergleichen. Man kann eben eine
Ohreneiterung meist nur dann mit Erfolg behandeln, wenn man einen
Begriff hat von dem zu Grunde liegenden Leiden und der Behandlung, die ein solches verlangt. Da Beides gewöhlich fehlt, so pflegt
die Behandlung dem Kranken meist wenig zu nützen, und entspringt
dann im Bewusstsein der Aerzte und wohl auch des Patienten sehr
leicht die Frage, ob es denn nicht überhaupt rathsamer wäre, die
Sache ganz sich selbst und der allliebenden Mutter Natur zu überlassen. Zudem sieht man häufig eine plötzliche Verminderung der
Otorrhö zu gleicher Zeit mit einer Allgemeinerkrankung und einer
Verschlimmerung des Zustandes eintreten, und schliesst nun, die letzteren wären durch das Erstere bedingt und hervorgerufen. Wirkung
und Ursache werden hier offenbar verwechselt und muss der ursächliche Zusammenhang in umgekehrter Weise gesucht werden. Die
Eiterung nimmt ab, weil durch irgend eine Schädlichkeit — möglicherweise ein unpassendes, zu starkes Ohrenwasser — eine acute
Entzündung des Ohres eingetreten, oder weil das Individuum im
Allgemeinen erkrankt ist; es fliesst weniger Eiter zum Ohre heraus,
weil derselbe plötzlich einen Weg nach innen sich gebahnt hat oder
weil derselbe durch sich vorlagernde Krusten oder sonstige mechanische Hindernisse sich mehr in der Tiefe anhäuft und abgeschlossen
ist. Letztere Ursachen des verminderten Ausflusses bedingen aber
auch die Verschlimmerung des Zustandes und die Gehirnaffection.
Zur Ehrenrettung der Praktiker indessen muss schliesslich noch Eines
bemerkt werden. Dieser Aberglaube, dass örtliche Mittel bei Otorrhöen leicht schädlich wirkten, sie „unterdrückten" und man daher
vorwiegend durch innerliche Behandlung gegen dieselbe zu Felde
ziehen sollte, rührt zum grossen Theile von Ohrenärzten selbst her,
nämlich den sonst mannichfach verdienten Franzosen *Du Verney* (1683)
und *Itard* († 1838).

ZWEIUNDZWANZIGSTER VORTRAG.

Die nervöse Schwerhörigkeit.

Spärlichkeit der exacten anatomischen und klinischen Nachweise derselben. Ein Fall von nervöser Taubheit bei einem Artilleristen. Die Erkrankung der Halbzirkelkanäle mit Gehirnsymptomen nach *Menière*.

M. H. Ein geistreicher Augenarzt definirte einst die Amaurose oder nervöse Blindheit als dasjenige Augenleiden, bei welchem der Kranke nichts sieht und der Arzt auch nichts. Seit Erfindung des Augenspiegels hat diese Definition ihre Spitze verloren, indem wir jetzt bei Amaurotischen auch zu Lebzeiten sehr verschiedenartige Veränderungen sehen und erkennen können. Für die nervöse Taubheit lässt sie sich indessen noch anwenden, indem diese dasjenige Leiden ist, bei dem der Kranke nichts hört und der Arzt nichts sieht. Für nervös-taub oder nervös-schwerhörig müssen wir jene Kranken erklären, an deren Gehörorgane wir nicht im Stande sind, eine materielle Veränderung nachzuweisen, auf welche die Vernichtung oder die Verminderung der Hörfähigkeit bezogen werden könnte. Selbstverständlich setzt gerade diese Diagnose eine sehr genaue Kenntniss von der normalen Beschaffenheit der Theile und eine sehr gründliche Fähigkeit, auch feinere Abweichungen von der Norm zu erkennen, voraus, und wird daher nirgends der Bildungsgrad des Einzelnen und die jeweilige Entwicklungsstufe der Wissenschaft einen so grossen Einfluss auf die Häufigkeit einer Diagnose ausüben, als dies bei nervösen Leiden gerade der Fall ist. Mit jeder Vermehrung unserer Kenntnisse über die diesseits des Labyrinthes vorkommenden krankhaften Prozesse und mit jeder Verbesserung unserer Untersuchungsmethoden wird das Gebiet der für nervös zu erklärenden Ohrenleiden notbwendig sich ver-

kleinern, und umgekehrt wird die Diagnose „nervöse Schwerhörigkeit"
um so massenhafter gestellt werden, je weniger der Arzt das normale
und das erkrankte Aussehen der Theile im Ohre von einander zu
unterscheiden, dasselbe überhaupt zu untersuchen versteht und je beschränkter seine Vorstellungen sind über die pathologischen Veränderungen, welche im äusseren und im mittleren Ohre sich entwickeln
können. Lehrt uns ja die vergleichende Betrachtung auch auf anderen
Gebieten und überhaupt die Geschichte der Medizin, dass allenthalben
mit dem Fortschreiten der Wissenschaft, mit dem Einflusse der pathologischen Anatomie und der Verbesserung der objectiven Untersuchungsmethoden die Diagnose „nervös", — gewissermassen stets ein Lücken-
büsser, eine Erklärung des Nichtswissens und Nichtsfindens — immer
seltener wird und sie denen am geläufigsten ist, die sich gerne genügen lassen. Um Sie nur an Eines zu erinnern: wie viele Beschwerden des weiblichen Geschlechtes, die man früher und zum Theil auch
jetzt noch kurzweg mit „Nervenleiden" abzuspeisen gewöhnt war, ergeben sich bei genauerer Exploration als beruhend in sehr materiellen
und nachweisbaren Vorgängen am Uterus oder an den Eierstöcken
und gestatten unter einer insbesondere auf diese Theile gerichteten Behandlung eine verhältnissmässig günstige Prognose, während sie der
früheren Auffassung und der aus ihr hervorgehenden Therapie gegenüber gewöhnlich als unheilbar gelten. Denn, m. H. gestehen wir es
nur, „nervös" nennt man nicht blos die Leiden, wo man nichts sieht,
sondern auch wo man in der Regel nichts helfen kann.

Von welch' ungemeiner Rückwirkung der jeweilige Bildungsgrad des Arztes gerade in dem häufigeren und selteneren Annehmen von nervöser Schwerhörigkeit sich zeigt, sehen wir am spre-
chendsten vielleicht an den verschiedenen Entwicklungsphasen eines
der ältesten und verdientesten Ohrenärzte der Jetztzeit. So erklärte
Wilhelm Kramer in *Berlin* bis vor Kurzem die grössere Hälfte aller
Schwerhörigkeiten für nervöse und diese Form überhaupt für die weitaus häufigste Erkrankungsart des Gehörorganes (über 50 $^0/_0$ ausmachend)
und hielt diese Auffassung allen Beweisführungen Andersglaubender
gegenüber fortwährend in voller Strenge aufrecht, während ihn jetzt
gründliches Studium der pathologischen Anatomie, (insbesondere der
Exsudatlehre), deren erleuchtendem und verjüngendem Einflusse sich
Niemand auf die Länge zu entziehen vermag, dazu gebracht hat, die
Häufigkeit der nervösen Schwerhörigkeit auf ein „Minimum" (4 pro
mille) herabsinken zu lassen. *)

---

*) Siehe seine „Ohrenheilkunde der Gegenwart" Berlin 1861.

Sehen wir nun, was sich vom Standpunkte der anatomischen und der klinischen Thatsache über die „nervöse Schwerhörigkeit" sagen lässt. Ihr anatomisches Substrat muss nothwendigerweise vor Allem im Labyrinthe, im Hörnerven und seinem Ursprunge,[*]) und schliesslich im Gehirne überhaupt gesucht werden, dessen Circulationsstörungen immer ihre Rückwirkung auf das innere Ohr äussern werden, indem das zuführende Gefäss des Labyrinthes, die Auditiva interna, wesentlich eine Gehirnarterie ist, und die Venae auditivae internae in die Venensinusse der Dura mater einmünden.

Anatomisch nachgewiesen sind bisher nur verhältnissmässig wenige Veränderungen im Labyrinthe, was sich theilweise schon aus der unverdient seltenen Bearbeitung dieses Abschnittes erklärt; aber auch von den Abnormitäten, welche bisher auf diesem Gebiete aufgefunden wurden, bleibt es zum guten Theil unklar, ob nicht die daneben bestehenden Paukenhöhlenprozesse das Primäre und die Veränderungen im inneren Ohre und am Hörnerven nur secundär durch eine langjährige Taubheit bedingt waren; zu einem weiteren Theile möchten sie auch in das Bereich der Breite der Gesundheit fallen, wie die grössere und geringere Menge von Otolithen und das öfter notirte schwarze Pigment, das sich fast bei jedem gesunden Ohre an verschiedenen Theilen der Labyrinthauskleidung findet.[**]) Manche möchten auch auf Leichenphänomenen beruhen, welche gerade an solchen zarten Theilen rasch eintreten und dann die Beurtheilung des Befundes ungemein erschweren. *Toynbee*, welcher bisher weitaus am meisten Sectionen des Ohres gemacht hat, gibt unter den Labyrinthbefunden an: [***]) Extravasationen, Exostosen, Verdickungen und Atrophien der häutigen Auskleidung, Unvollständigkeit der Halbzirkelkanäle, Hypertrophien des Musculus cochlearis; indessen sind seine Mittheilungen äusserst kurz und fragmentarisch und scheint er ihnen selbst nach den Angaben über nervöse Schwerhörigkeit in seinem Lehrbuche äusserst wenig Bedeutung beizulegen. Weit öfter berichtet von Erkrankungen des inneren Ohres *Voltolini*, welchem fast in jedem Felsenbeine von Schwerhörigen, die er bis jetzt untersuchte,

---

[*]) *Rudolph Wagner* sagt: „Eine der demüthigendsten Erfahrungen über die Unvollkommenheit unserer Kenntnisse von den Functionen der Hirntheile ist die, dass uns das Centralorgan für das Gehör ganz unbekannt ist (während wir das für's Gesicht sicher kennen). Ich halte es für wahrscheinlich, dass dasselbe im verlängerten Marke zu suchen ist." Zeitschr. für ration. Medizin. 1861. XI. B. S. 277.

[**]) S. *Kölliker's* Gewebelehre (1852) §. 234. und §. 235.

[***]) Descriptive Catalogue of Preparations etc. London 1857. p. 75 u. ff.

wesentliche Alterationen dieser Theile aufstiessen, daher er wie früher *Kramer*, indessen auf anatomischen Anschauungen basirt, die nervöse Schwerhörigkeit wieder für das häufigste Ohrenleiden erklärt. Er fand daselbst u. A. *) Verdickungen der häutigen Bestandtheile, Kalkablagerungen, Mangel und Uebermass von Otolithen, einmal einen „fibromusculären Tumor in der Cupula der Schnecke," Pigmentansammlungen, amyloide Degeneration des Hörnerven, und einmal ein „Sarcom des Gehörnerven." **) Gestützt auf diese Befunde und auf die so häufigen Veränderungen am runden und ovalen Fenster ***) erklärt *Voltolini*, dass die Mehrzahl der Ohrenkranken an „nervöser Taubheit" litten. — Was die klinisch-thatsächliche Würdigung der „nervösen Schwerhörigkeit" betrifft, so fehlt sie vorläufig für die eben aufgeführten anatomischen Facta und müssen wir uns hier hauptsächlich bis jetzt an solche Fälle halten, denen bei vorwiegender Wahrscheinlichkeit der nervösen oder cerebralen Natur nach den Erscheinungen umgekehrt der anatomische Nachweiss mangelt. So wird öfter von Kranken berichtet, dass sie nach grösseren Gaben Chinin plötzlich von einem sehr heftigen Ohrensausen mit beträchtlicher Schwerhörigkeit befallen wurden, ein Leiden, das meist — wenn auch nicht immer — nach einiger Zeit sich wieder vollständig verlor. Gewöhnlich treten diese Erscheinungen mit anderen Narcotisations- oder Vergiftungssymptomen auf, müssen also wohl auf Rechnung der Wirkung des Chinins auf das Gehirn oder auf das Gefässsystem gebracht werden. Hieher gehört weiter jene vorübergehende Taubheit, welche *v. Scanzoni* mehrmals nach Ansetzen von Blutegeln an die Vaginalportion, gemeinschaftlich mit allgemeiner Gefässerregung und Ausbruch von Urticaria über den ganzen Körper eintreten sah. †) Bei Hysterischen und Chlorotischen kommen öfter

---

*) S. *Virchow's* Archiv. B. XXII. (Hft. 1 u. 2) und insbesondere einen zusammenfassenden Artikel über „die Krankheiten des Labyrinths und des Gehörnerven" in den Abhandl. der Schlesischen Gesellschaft. Naturw. med. Abth. 1862. Heft. 1.

**) Dieses „Sarcom" wird beschrieben als „eine den inneren Gehörgang ganz ausfüllende, röthliche, mässig weiche, erbsengrosse Masse, in welchem keine Spur der Nervenmasse des Acusticus sich erkennen lässt, dagegen viele Blutkügelchen und längliche Zellen."

***) Selbstverständlich können eigentlich nur diejenigen Abnormitäten an den Fenstern, welche auf deren Labyrinthseite sich finden, hieher gerechnet werden; die auf der Paukenhöhlenseite sind durch Veränderungen der Paukenhöhlenschleimhaut bedingt und gehören in's Gebiet der katarrhalischen Taubheiten.

†) „Gynäkologische Fragmente" in der Würzburger med. Zeitschrift. B. I. Heft 1. (1860.)

eigenthümliche Schwankungen in der Hörkraft vor, welche neben negativem Befunde am Ohre in so auffallendem Zusammenhange mit dem Allgemeinbefinden und den Geschlechtsfunctionen stehen, dass man sie nur als „nervöse" Erscheinungen bezeichnen kann. Wie bei Ohnmacht vorübergehend Ohrensausen mit Schwerhörigkeit eintritt, so ist dies auch bei längerdauernder Anämie des Gehirnes nach starken Blutverlusten und insbesondere im Gefolge mancher depaszirender Krankheiten der Fall; hieher mag zu einem Theile jene mit negativem Befunde bei Typhösen zu beobachtende Schwerhörigkeit zu rechnen sein, welche gewöhnlich in der Reconvalescenz mit der Zunahme des allgemeinen Kräftezustandes von selbst oder unter roborirender Behandlung wieder verschwindet.

Bekanntermassen rufen ferner starke Erschütterungen oder Fall auf den Kopf „nervöse" Taubheiten hervor. Von ersterer Art kann ich Ihnen u. A. einen sehr sprechenden Fall aus meiner Erfahrung mittheilen. Im Sommer 1858 wurde mir von den Militärärzten Dr. *Rast* und Dr. *Hausner* hier ein 21jähriger Artillerist, *Martin Baumann* aus *Ansbach**) zugeführt. Derselbe, ein kräftiger, bisher stets gesunder Mensch will im 9. Lebensjahre eine Ohrfeige von seinem Vater erhalten haben, in Folge deren er 8 Tage lang auf dem betreffenden Ohre nichts hörte. Ob er Schmerz dabei gehabt, und auf welchem Ohre die Sache sich überhaupt zugetragen, kann er nicht angeben. Dagegen behauptet er ganz fest, nachher wieder bis vor 2 Tagen vollständig gut gehört zu haben. Er berichtet, vor 2 Tagen während eines Artillerieexerzitiums zur bedienenden Mannschaft eines Sechspfünders gehört und während des Feuerns etwa 2 Fuss von der Geschützöffnung, Angesichtsfläche parallel mit dem Kanonenlauf, gestanden zu haben. Die ersten sechs Schüsse, welche mit Zwischenräumen von etwa zehn Minuten aufeinander folgten, brachten eine starke ihm unangenehme „Erschütterung" hervor, beim siebenten fühlte er einen äusserst heftigen Schmerz in beiden Ohren „als ob ein Spiess durch den Kopf gestochen würde." Von diesem Augenblicke an war er taub. Dieser heftige Schmerz dauerte etwa zwei Stunden; seitdem nur noch starkes Sausen mit einem Gefühl von „Dumpfheit" im Kopfe. Der Kranke, welcher unerbittlich laut schreit, versteht nur, wenn man durch ein Hörrohr langsam und deutlich mit ihm spricht und hört eine sehr stark schlagende Spindeluhr nicht vom Ohre, nicht vom Warzenfortsatze, nur von beiden Stirnhöckern (sagt

---

*) Ich nenne den Namen ausführlich für den Fall, der Kranke irgendwo zur weiteren Beobachtung oder zur Section käme.

aber ausdrücklich, er „höre" sie nicht, er „fühle nur eine leise Erschütterung.")

Am Gehörorgane zeigt sich nichts Abweichendes, abgesehen von einem kleinem länglichen rothen Punkte in der hinteren Hälfte des rechten Trommelfells, hinter der Mitte des Hammergriffes. (Derselbe, entweder ein leichter lineärer Einriss oder ein kleines Extravasat, blasste bald ab, wurde immer kleiner und war nach 14 Tagen kaum andeutungsweise mehr vorhanden.) Durch den Katheter eingeblasene Luft dringt beidseitig deutlich und rein ein, ohne weitere Erscheinung. Abgesehen von dem dumpfen Gefühl im Kopfe war der Kranke vollständig wohl, hatte Appetit und gingen alle Functionen normal von Statten. Die Behandlung bestand zuerst im Militärspital in Calomel mit Jalappa in abführenden Dosen, gleichzeitig blutige Schröpfköpfe in den Nacken, später Einreiben einer Brechweinsteinsalbe hinter die Ohren. Der Zustand blieb sich ganz gleich, ausgenommen, dass der Kranke allmälig weniger laut schrie. Zwölf Tage nach stattgehabtem Unfalle begann ich eine Behandlung mit Faradisation der Ohren, zuerst mit ganz schwachen und kurzdauernden Strömen und erst langsam steigernd in Stärke des Stromes und Dauer der Sitzungen. Der negative Pol wurde in den mit Wasser gefüllten Gehörgang gehalten, der positive auf den befeuchteten Warzenfortsatz, später auf den Nacken aufgesetzt. Das Sausen war immer eine Zeit lang nach der Sitzung etwas stärker, heftiger Schmerz im Ohre nur bei stärkeren Strömen, *) dann auch etwas Injection am Hammergriff. Diese elektrische Behandlung wurde in täglichen Sitzungen mit geringer Unterbrechung sechs Wochen fortgesetzt — ohne jede Aenderung des Zustandes. Der Kranke befand sich vorher wie nachher ausserdem wohl, abgesehen von der andauernden „Dumpfheit" im Kopfe; an Simulation, vor welcher man bei Soldaten sonst sehr auf der Hut sein darf, war nach seinem ganzen Benehmen nicht zu denken; übrigens stand er die Zeit der Behandlung über in fortdauernder Beobachtung im Militärspitale und auch nachdem er als Soldat in seine Heimath (Ansbach) entlassen wurde, wo er sein früheres Geschäft als Handschuhmacher wieder betrieb, gingen nach

---

*) Im Interesse der mehrfach discutirten Zungenempfindung beim Faradisiren des Ohres (siehe § 31. meiner angewandten Anatomie des Ohres) erwähne ich, dass hier bei schwachem und mittelstarkem Strom nichts auf der Zunge empfunden wurde, wenn ich aber Versuchs halber den Cylinder stärker auszog, trat sogleich ein stechender Schmerz und zwar auf der ganzen Zunge, nicht blos auf der einen Hälfte, der von vorn nach hinten ging, und zugleich eine Geschmacksempfindung ein, welche er nach mehreren Versuchen am meisten mit dem Geschmacke eines ihm zum Lecken gebotenen Eisenpräparates verglich.

Jahresfrist Nachrichten ein, dass seine Taubheit unverändert geblieben, wenn dieselbe bald auch weniger auffallend wurde, indem sich der durchaus verständige Kranke rasch an das Absehen des Gesprochenen vom Munde gewöhnte.

Ich glaube, diese Beobachtung lässt sich kaum anders deuten, als dass die heftige explosive Erschütterung bei einem vielleicht besonders disponirten Individuum eine Lähmung der Acusticusausbreitung herbeigeführt habe, entweder unmittelbar, wie Vernichtung der Opticusfunction durch plötzliche Ueberblendung öfter berichtet wird, oder mittelbar, in Folge einer im Labyrinthe eingetretenen Blutung.

Wenn Taubheit nach Fall auf den Kopf eintritt, mag es sich oft um Veränderungen im Gehirn oder um die Folgen einer Fractur des Schädelgrundes handeln, die, wie Sie wissen, sehr häufig durch das Felsenbein hindurch sich zieht. So existirt hier ein Tünchner — ein äusserst jovialer Bursche — welcher vor vielen Jahren von einem Kirchthurme, den er aussen anstreichen musste, herunterfiel. Er lag lange im Juliusspitale in Folge von „Schädelfractur" und ist seit diesem Unfalle so vollständig taub, dass er mir versicherte, er habe sich schon öfter des Versuches halber neben eine feuernde Kanone gestellt, habe wohl die Erschütterung im Kopfe und in den Füssen „gefühlt," aber auch nicht das mindeste von einem Knall „gehört." Nebenbei bemerkt, sind solche Fälle von absoluter Unempfänglichkeit für Schall äusserst selten, denn selbst Taubstumme reagiren häufig noch auf stärkere Geräusche, z. B. Abknallen eines Zündhütchens, Läuten einer Glocke in der Nähe des Kopfes u. dgl.

Einen der werthvollsten Beiträge zur Lehre von der nervösen Schwerhörigkeit verdanken wir neuerdings französischen Forschern, insbesondere dem leider im Beginne dieses Jahres verstorbenen Arzte der Pariser Taubstummenanstalt, Dr. *P. Menière,* welcher überhaupt einer der gediegensten Arbeiter auf dem Gebiete der Ohrenheilkunde gewesen. *Menière* machte nämlich im J. 1861. auf eine Reihe höchst merkwürdiger Erkrankungen aufmerksam, welche unter dem Bilde einer apoplektiformen Gehirncongestion, mit plötzlichem Schwindel, Erbrechen, heftigem Ohrensausen und Ohnmachtszuständen auftretend, öfter eine gewisse Behinderung der Bewegung, eine längerdauernde Unsicherheit im Stehen und Gehen zurückliessen und so dem Arzte von Anfange an den Eindruck eines congestiven Gehirnleidens machten, während sie sich durch das constante Rückblicken aller dieser Störungen und durch das Zurückbleiben einer in der Regel sehr merkbaren Schwerhörigkeit, für welche keine nachweisbare Veränderung im Ohre

aufzufinden war, entschieden als ein Leiden des inneren Ohres erwiesen. *)
Das Gehörleiden erwiess sich nach *M.*'s Erfahrungen allen örtlichen
und allgemeinen Behandlungsversuchen gegenüber als unheilbar, während die so drohend erscheinenden Allgemeinstörungen in der Regel
allmälig sich verloren, und die Kranken nachher wieder vollständiger
Gesundheit sich erfreuten. *Menière,* welcher als Beleg für die Aufstellung dieser neuen Krankheitsform eine ziemliche Reihe Krankengeschichten mittheilt, fasst seine hicherbezüglichen Erfahrungen in folgende Sätze zusammen: „1) Ein bisher vollständig gesundes Gehörorgan kann plötzlich der Sitz functioneller Störungen werden, welche
in Ohrensausen der verschiedensten Natur, bald fortwährendem bald
intermittirendem bestehen, dem sich bald eine verschiedengradige Gehörsabnahme beigesellt. 2) Diese Functionsstörungen haben ihren Sitz
im inneren Gehörapparate und vermögen sie scheinbare Gehirnzufälle
hervorzurufen, wie Schwindelanfälle, Betäubung, unsicheren Gang,
Drehbewegungen und plötzliches Zusammenstürzen, ausserdem sind sie
begleitet von Brechneigung, wirklichem Erbrechen und einem ohnmachtsartigen Zustande. 3) Diesen Zufällen, welche sich nach freien
Zwischenräumen wiederholen, folgt stets bald eine höher- oder niedergradige Schwerhörigkeit und öfter wird das Gehör plötzlich vollständig vernichtet. 4) Es ist am wahrscheinlichsten, dass die materielle
Veränderung, welche diesen Störungen zu Grund liegt, in den halbzirkelförmigen Kanälen statthat. -- Diese Ansicht von dem muthmasslichen Sitze des Leidens in den Halbzirkelkanälen stützt *Menière* theils
auf einen ähnlichen Fall, der zur Section kam, theils auf gewisse
physiologische Experimente. Was den ersteren betrifft,**) so handelte
es sich um ein junges Mädchen, das durch eine nächtliche Reise auf
dem Imperiale einer Diligence während der Periode sich heftig verkältete, plötzlich vollständig taub wurde, dabei an fortwährendem
Schwindel litt, bei jedem Bewegungsversuch erbrach und am fünften
Tage der Krankheit starb. Gehirn und Rückenmark ergaben sich vollständig gesund, auch bot das Ohr durchaus keine pathologische Veränderung dar mit Ausnahme der Canales semicirculares, welche mit
einer röthlichen plastischen Lymphe erfüllt waren, einer Art hämorrha-

---

*) Gleich als ob *Menière* gewusst, dass ihm nur kurze Frist noch gegeben, hat
er in rascher Aufeinanderfolge seine Ansicht und alle einschlägigen Beobachtungen
über diese eigenthümliche Erkrankungsform in der *Gazette médicale de Paris,* Jahrgang 1861 niedergelegt (S. 29, 55, 88, 239, 379 und 597.)

**) *L.* c. p. 598.

gischen Exsudates (exsudation sanguine), wovon sich im Vorhofe kaum Spuren, in der Schnecke dagegen nichts zeigte. — Die physiologischen Experimente, welche hier erwähnt werden müssen, sind die von *Flourens*, welcher bekanntlich nach Verletzung der Halbzirkelkanäle bei Tauben und bei Kaninchen verschiedenartige taumelnde Bewegungen, Unsicherheit im Gehen und Stehen mit offenbarem Verlust des Gleichgewichtsgefühles und öfterem Ueberstürzen eintreten sah. *) Von grossem Interesse für diese Frage ist noch eine von *Signol* und *Vulpian* kürzlich der Société de Biologie vorgelegte Beobachtung **) von einem Hahn, welcher nach einem Kampfe mit seines Gleichen ganz dieselben Gleichgewichtsstörungen und sonstigen Erscheinungen im Gehen und Stehen darbot, wie sie *Flourens* nach der Verletzung der Halbzirkelkanäle und ähnlich, wie sie *Menière* von obigen Fällen berichtete. Bei der Section fehlte jede Abnormität des Gehirnes und seiner Hüllen, dagegen fand sich eine theilweise Nekrotisirung des Schläfenbeines, durch welche ein grosser Theil des inneren und mittleren Ohres der einen Seite, darunter auch die Halbzirkelkanäle, grösstentheils zerstört waren. Dieser Fall scheint allerdings bis zu einem gewissen Grade für die Richtigkeit der *Flourens*'schen Entdeckung zu sprechen ***) und dient jedenfalls als Beleg für den Satz, dass Krankheiten des inneren Ohres ganz dieselben Wirkungen hervorzurufen im Stande sind, wie directe experimentelle Verletzungen dieses Organes.

Diese Mittheilungen sind jedenfalls äusserst beachtenswerth und regen sie zu genauen Beobachtungen und Versuchen in dieser Richtung an. Als abgeschlossen lässt sich die Sache indessen keineswegs betrachten, indem hiezu mehrfache beweiskräftige Sectionen und verschiedenseitige Bestätigung der Beobachtungs-Thatsache nöthig sind. Ich selbst erinnere mir aus meiner immerhin ziemlich umfangreichen Praxis nur einen einzigen Fall, der den *Menière*'schen analog gewesen

---

*) Recherches expérimentales sur les propriétés et les fonctions du système nerveux. 2. édition. 1842. p. 422 u. ff. und p. 454.

**) Gaz. médicale de Paris 1861. p. 716.

***) *Brown-Séquard* nämlich deutete in neurer Zeit (Gazette hebdomadaire 1861. Nr. 4. p. 56) die *Flourens*'schen Beobachtungen als Folgen der bei den Versuchen stattfindenden Zerrung des N. acusticus, indem er auf traumatische Reizung des N. acusticus bei Thieren seitliche Rollbewegungen eintraten sah. Indessen konnte *Flourens* durch Zerstörung der Nervenausbreitung in der Schnecke und im Vorhof keine Bewegungsstörungen hervorrufen, obwohl hiebei der Hörnerve doch jedenfalls mehr gezerrt wurde als beim Eröffnen der Halbzirkelkanäle. .

wäre, obwohl auch hier gewisse Momente nicht abzuweisen waren, die für einen katarrhalischen Paukenhöhlenprozess sprachen.

Ausserdem müssen wir uns erinnern, dass von den oben angeführten Zufällen der eine wenigstens, der Schwindel, durch verschiedenartige Erkrankungsprozesse des Ohres hervorgerufen wird, insbesondere durch Verstopfungen des Gehörganges mit Ohrenschmalz oder anderen Massen, durch acute Katarrhe und eiterige Prozesse in der Paukenhöhle. Wir haben gesehen, dass wenn diese Zustände Schwindel verursachen, wir diesen vorwiegend als Symptom von abnormem Druck auffassen müssen, welcher auf dem Trommelfell und damit auf der Kette der Gehörknöchelchen oder auf letzterer in ihrem Endgliede, dem Steigbügel und seinem Fenster allein, laste. Indem nun die peripherisch erzeugte und durch den Steigbügel auf den Vorhof übertragene Drucksteigerung nothwendigerweise auch die vom Vorhofe ausgehenden Halbzirkelkanäle in einen abnormen Zustand versetzen muss, so liesse sich allerdings eine pathologische Reizung der Canales semicirculares und ihres Inhaltes als etwas allen diesen verschiedenen Erkrankungsformen des Ohres, welche Schwindel im Gefolge haben, Gemeinschaftliches bezeichnen, wobei es vielleicht nur für die Vehemenz der Erscheinungen und ihre weiteren Folgen von Bedeutung ist, ob die Reizung eine von der Peripherie übertragene oder in diesem Abschnitte des Labyrinthes selbst entstandene ist. Jedenfalls müssen wir uns vorläufig hüten, aus ähnlichen Symptomen, wie sie *Menière* für die von ihm aufgestellte Erkrankungsform angibt, sogleich auf ein primäres Leiden der Halbzirkelkanäle oder überhaupt des nervösen Apparates zu schliessen. Wir müssen überhaupt doppelt vorsichtig sein mit der Annahme einer nervösen Ursache von Ohrenleiden, als manchmal katarrhalische Prozesse der Paukenhöhle sich vorwiegend auf der Labyrinthwand und den beiden Fenstern localisiren, somit einerseits sehr hochgradige Schwerhörigkeit bedingen können, welche selbst unter offenbaren Reizungs-Symptomen des inneren Ohres auftreten kann, während andrerseits einer der Hauptanhaltspunkte in der Diagnose, die Veränderungen am Trommelfell, wenig ausgesprochen und die übrigen aus dem Befunde der Halsschleimhaut und dem Katheterismus sich ergebenden Hinweisungen oft nur im Beginne des Leidens deutlich vorhanden sind. Dass Erkrankungen des Mittelohres in secundärer Weise sehr oft im Labyrinthe sich geltend machen, sahen wir schon früher, wo wir fanden, dass eigentlich bei jedem Tubenkatarrh in Folge des einseitigen Luftdruckes, welcher auf dem Trommelfelle lastet, die Gehörknöchelchen resp. der Steigbügel, tiefer nach innen zu liegen kommt und so die La-

byrinthflüssigkeit einem erhöhtem Drucke ausgesetzt ist, welcher
Zustand, wenn länger andauernd, sicherlich auch bleibende Ernährungsstörungen im inneren Ohre zurücklassen wird.

Was nun ferner den Grad der Functionsstörung betrifft und die
Schlüsse, die wir aus ihm auf den Sitz des Leidens ziehen dürfen, so
erlauben uns beim Auge die Sehprüfungen genaue Bestimmungen, ob
im einzelnen Falle neben der Trübung der brechenden Medien noch
ein sonst nicht sichtbares Leiden des Sehnerven oder der Retina vorhanden oder auszuschliessen ist. Unglücklicherweise hat uns bis jetzt
die Physiologie des Gehörsinnes noch nicht belehrt, welcher Grad von
Taubheit auf rein pheripherischen Ursachen beruhen kann und von
wo an wir ein Leiden des nervösen Apparates als nothwendig annehmen müssen. Wenn wir daher auch gewisse höhere Taubheitsgrade
aus allgemeinen Wahrscheinlichkeitsgründen nur auf einen Mangel im
perzipirenden Apparate beziehen können, so fehlt uns doch jede Andeutung einer bestimmten Gränzlinie, vor welcher peripherische Lei-
tungshindernisse allein noch ganz gut möglich sind, und hinter welcher
blos Stumpfheit des Gehirnes oder des Acusticus und seiner Ausbreitung denkbar ist. Gewiss ist es, und durch Erfahrungsthatsachen fest-
stehend, dass auch primäre Paukenhöhlenprozesse, vielleicht unter Mit-
einrechnung des Einflusses, den sie durch die Fenster hindurch in
mechanischer Weise auf den Inhalt des inneren Ohres ausüben, schon
sehr hochgradigen Gehörmangel bedingen können. Denken wir uns
nur zum Beispiel einen Fall, wo die Steigbügelplatte unbeweglich und
mit Knochenmasse umgeben, somit das ovale Fenster ganz verschlossen,
ferner die Membrana tympani secundaria in eine dicke, unelastische
oder verkalkte Platte umgewandelt und der ganze Kanal des runden
Fensters von einem derben Bindegewebspropf ausgefüllt ist, so kann
das Labyrinth noch so gesund sein, die Acusticusfasern werden aber
nur von jenen Schallwellen erreicht, welche durch die festen Theile,
die Schädelknochen, an sie abgegeben werden.

Bis jetzt lehrt uns die pathologische Anatomie, die klinische Erfahrung, die Betrachtung der nutritiven Stellung des Labyrinthes,
sowie schliesslich die Erwägung, dass auch an anderen Organen, insbesondere am verwandten Sehapparate, Störungen des nervösen Apparates verhältnissmässig selten sind — bis jetzt sage ich, lehrt uns
Alles, dass der Sitz von Gehörleiden weit seltener im Labyrinthe als
in den schallzuleitenden Gebilden und Räumen zu suchen ist. Selbstverständlich gilt diese Ansicht nur salva meliori, wie die Juristen sagen, d. h. so lange wir nichts Besseres wissen und so lange insbesondere
nicht vielfache beweiskräftige pathologisch-anatomische Beobachtungen

eine grössere Häufigkeit von Veränderungen im inneren Ohre als Ursache der Sinnesstörung nachweisen. *)

Sind neben den Abnormitäten im inneren Ohre irgendwelche Veränderungen in der Paukenhöhle etwa und am Trommelfell vorhanden, so wird die Diagnose noch weit schwieriger, indem wir eben kein Zeichen besitzen, das als ausschliesslich auf eine Integrität oder ein Ergriffensein des nervösen Apparates mit Bestimmtheit hinweist. Was es mit dem mangelnden Hören einer Uhr von den Kopfknochen aus, der sog. „Knochenleitung," deren Beeinträchtigung als ein pathognomonisches Zeichen von Labyrintherkrankungen erklärt wurde, für ein Bewandniss hat, davon werden wir demnächst noch sprechen. Wo ein Zweifel stattfinden kann, ob wir es mit einer katarrhalischen oder einer nervösen Schwerhörigkeit zu thun, ob mit einem Leiden des mittleren oder des inneren Ohres, werden Sie nach meinem Dafürhalten in jeder Beziehung, wissenschaftlicher sowohl wie humaner, gut thun, die erste Form als die wahrscheinlichere anzunehmen, zudem bei ihr eine geeignete Behandlung doch in der Regel mindestens dem Fortschritte des Uebels Einhalt thun kann, während wirkliche Vorgänge im inneren Ohre, wenn nicht auf vorübergehenden Blut- und Circulationsanomalien beruhend, unseren therapeutischen Eingriffen selbstverständlich fast gänzlich entrückt sind und wir darauf beschränkt sein werden, es hier ruhig „gehen zu lassen, wie's Gott gefällt." —

Die von *Erhard* aufgestellten Labyrintherkrankungen erwähnte ich oben nicht, indem ich sicher bin, dass Sie, wenn Ihnen dessen „rationelle Otiatrik" in die Hände kommen sollte, schon nach der Durchsicht einiger Seiten sich klar sein werden, wie dieses Buch auf Objectivität der Darstellung und Nüchternheit der Beobachtung die gleichen Ansprüche macht, wie etwa *Münchhausen's* Beschreibung seiner Jagdabenteuer; und was vollends das kunstgerechte Incinandergreifen des Stoffes, die Anordnung oder den folgerechten Gang der Gedanken betrifft, so werden Sie finden, dass dasselbe in der medizinischen Literatur dieses Jahrhunderts nahezu einzig in seiner Art dasteht. Staunen werden Sie allerdings, wenn ich Ihnen sage, dass dieses Buch auch nüchternen Menschen für wahre Wissenschaft imponiren und in achtungswerthen Zeitschriften in höchst

---

*) Vergl. §. 36 meiner angew. Anatomie des Ohres; nur bitte ich daselbst S. 94, wo es sich von der Entwicklung des inneren Ohres handelt, statt der dort verzeichneten älteren Ansicht zu lesen: „das innere Ohr entwickelt sich aus dem primitiven Ohr — oder Labyrinthbläschen, einer nach aussen ursprünglich offenen Einstülpung der Haut."

anerkennungswerther Weise beurtheilt werden konnte; *) dies begreift
sich nur aus der wahrhaft kindlichen Naivität und Unbefangenheit,
in der sich die unendliche Mehrzahl der Aerzte und so auch manche
Kritiker Ohrenkrankheiten gegenüber befinden. **)

---

*) Am meisten muss man sich wundern, dass die Gelehrten des Kladderadatsch
sich noch nicht für ihren Landsmann interessirt haben. Sie könnten aus seinen
Werken eine auch für Laien höchst ergötzliche Aehrenlese veranstalten. Wenn z. B.
(S. 7. der rat. Otiatrik) normalhörend so definirt wird, dass „Jemand im Stande
ist, der gewöhnlichen Umgangssprache ohne besondere Aufmerksamkeit zu folgen“
und auf der folgenden Seite vom „normalen Gehöre neugeborner Kinder“ die Rede
ist, so wäre dies doch wirklich einer Verewigung mit Illustration werth.

**) Das Verhalten unserer referirenden und kritisirenden Zeitschriften zur Ohren-
heilkunde muss überhaupt als eine wahre Schande für die deutsche Literatur bezeichnet werden. So kennt von den Journalen, welche es sich zur Aufgabe gestellt,
eine fortlaufende vollständige Uebersicht über die Fortschritte der Medizin zu geben,
die Prager Vierteljahrschrift, „herausgegeben von der medizinischen Facultät in Prag“
die Ohrenheilkunde nicht einmal dem Namen nach, die Schmidt'schen Jahrbücher, redigirt
von den Prof. Richter und Winter, dieselbe seit Jahren nur dem Namen nach; der Canstatt'sche Jahresbericht endlich, unter der Redaction von Eisenmann, Scherer und Virchow
erscheinend, bringt wohl alljährlich ein Referat, indessen ein solches, das sich nur
durch seine Unvollständigkeit und Armseligkeit auszeichnet, indem es viele Erscheinungen gar nicht nennt, andere nicht nach Anschauung der Originale, sondern
nur nach fremden Kritiken und Auszügen noch einmal auszieht. Und man wundert
sich, dass hier noch so Vieles faul ist und die Aerzte so wenig Theilnahme an einer
Wissenschaft zeigen, die selbst von unseren besten Kräften nur stiefmütterlich behandelt wird!

DREIUNDZWANZIGSTER VORTRAG.

Der nervöse Ohrenschmerz. — Die Taubstummheit. — Die Anwendung der Elektrizität in der Ohrenheilkunde. — Die Hörmaschinen.

M. H. Nachdem wir neulich die nervöse Schwerhörigkeit und ihr Vorkommen betrachtet, haben wir mit wenigen Worten noch des nervösen Ohrenschmerzes zu gedenken.

Der nervöse, nicht auf entzündlicher Thätigkeit beruhende Ohrenschmerz, die Otalgia nervosa, ist jedenfalls ein sehr seltenes Leiden und kommt unendlich weniger häufig vor, als in der gewöhnlichen Praxis, in der Regel in Folge mangelnder Untersuchung des Ohres, angenommen wird. Es gibt indessen eine rein neuralgische Form des Ohrenschmerzes und ist dieselbe in ihrer Heftigkeit ein äusserst quälendes Leiden. Am häufigsten findet sie sich neben Caries eines Backzahnes derselben Seite oder geht selbst von derselben aus. In dem einen derartigen Falle, welcher mir bekannt wurde, verschwand der Schmerz im Ohre sogleich nach dem Ausziehen des Zahnes, in einem anderen nach einer passenden Ausfüllung der cariösen Zahnhöhlung.

Hier wäre weiter die Taubstummheit zu besprechen, soweit uns dieselbe hier interessiren darf. Ein Kind, das taub geboren oder in den ersten Lebensjahren hochgradig schwerhörig geworden ist, lernt gar nicht sprechen. Bereits sprechende Kinder verlieren wieder diese Fähigkeit, wenn sie im frühem Alter, etwa bis zum siebenten Jahre, taub werden. Während man gewöhnlich nur von einer angeborenen und einer erworbenen Taubstummheit spricht, scheint es mir sachgemässer und in praktischer Beziehung nothwendig, drei Entstehungsarten zu unterscheiden, eine angeborne Taubstummheit, wo das Kind nie hörte und nie sprach, eine solche, die sich bei einem entschieden hörenden, aber seinem Alter entsprechend noch nicht redenden Kinde entwickelte, (früh erworbene Taubstummheit) und eine solche bei Kindern, die bereits kürzere oder längere Zeit sprachen und dann mit dem Gehöre bald auch die Sprache verloren (spät erworbene Taubstummheit). Im einzelnen Falle ist es oft schwer, zu eruiren, ob es sich um die erste oder zweite Form handelt, indem die Mittheilungen der Angehörigen, dass das Kind eine Zeit lang gehört habe, häufig auf sehr wenig beweiskräftigen Beobachtungen beruhen, manche Eltern auch nicht gerne Wort haben wollen, dass ein Kind von ihnen schon von Geburt aus taubstumm gewesen sei.

Was den pathologisch-anatomischen Befund bei Taubstummen betrifft, so unterscheidet sich derselbe nicht sehr wesentlich von dem, welchem wir bei einfach schwerhörigen und tauben Individuen begegnen. Wir finden hier fast ebenso häufig ausgedehnte Paukenhöhlenprozesse verzeichnet, als Abnormitäten in den tieferen Theilen, also im Labyrinthe, am Acusticus oder im Gehirne, insbesondere in der Gegend des Ursprungs der Hörnerven, am vierten Ventrikel. Unter den Befunden am Labyrinthe werden theilweiser und vollständiger Mangel der Halbzirkelkanäle auffallend häufig erwähnt. Gar nicht selten ergibt die Untersuchung des inneren Ohres ein rein negatives Resultat, so dass die deutlichen Spuren katarrhalischer Entzündungen in der Paukenhöhle als das wesentlich Bedingende angesehen werden müssen und scheint es mir überhaupt sehr wahrscheinlich, dass peripherische Veränderungen im Gehörorgane allein Taubstummheit hervorbringen können. (Wir sehen hier natürlich ab von jenen Fällen von congenitalem Blödsinn, von Schädeldeformitäten und Cretinismus, bei denen die Taubstummheit nur Theilerscheinung einer ursprünglichen, ausgebreiteten Bildungsanomalie ist.)

Nehmen wir einen ganz bestimmten Fall an. In Folge eines acuten oder chronischen Ohrkatarrhes bilden sich Verdichtungen und Verlegungen des runden Fensters neben Ankylose des Steigbügels aus. Diese materiellen Veränderungen werden jedenfalls eine Schwerhörigkeit höheren Grades bedingen, etwa so, dass ein Erwachsener nur versteht, wenn laut und langsam, ganz in der Nähe des Ohres,

gesprochen wird. So beim Erwachsenen, der früher hörte, an das
Verstehen der Sprache von jeher gewöhnt war und sich äussern kann,
wenn man ihm jetzt nicht deutlich und nahe genug spricht. Wie wird
sich nun derselbe Grad von Schwerhörigkeit bei einem kleinen Kinde
äussern, das überhaupt noch nicht hören und auf das zu Hörende auf-
merken gelernt, und für das die Worte der Mutter ja ursprünglich
noch dasselbe sind, was für uns eine fremde, unbekannte Sprache ist,
von der wir nicht wissen, was die Laute bedeuten und ausdrücken,
welche an unser Ohr dringen? Ein solches Kind, welches das, was
seine Umgebung spricht, nur unter besonders günstigen Verhältnissen,
also nur zeitweise, deutlich vernimmt, dem so die Gelegenheit, allmälig und von selbst auch den Sinn und die Bedeutung der Worte zu
lernen, zum grossen Theil wenn nicht ganz fehlt, wird sich bald gar
nicht mehr für Gesprochenes interessiren, sich vorwiegend an die
Deutung von Zeichen und Hinweisungen halten, und noch weniger
wird es Versuche machen, selbst zu sprechen, d. h. zu reproduziren,
nachzusprechen, weil die Sprache der Andern, welche allein die An-
regung zum Selbstsprechen gibt, für dasselbe eigentlich nicht vorhanden ist. Auf diese Weise wird das Hören immer weniger geübt und
gelernt, das Kind macht immer mehr den Eindruck eines vollständig
tauben Wesens, mit dem zu reden Thorheit wäre; die Veranlassung zum Sprechen fehlt auch und somit wird das Kind, das eigentlich nur schwerhörend war, immer mehr taub und stumm. Dasselbe
Kind aber, wenn man ihm — wie dem Erwachsenen — langsam und
deutlich in's Ohr gesprochen und ihm die mit der Sprache bezeich-
neten Gegenstände vor's Auge gebracht hätte, würde allmälig gelernt
haben, zu hören, und ebenso zu verstehen, was das Gehörte aus-
drückt, würde Interesse an der Sprache genommen und das Gehörte
nachzubilden, d. h. selbst zu sprechen versucht haben; es wäre also
durch diese Behandlung einfach schwerhörig geblieben und hatte leidlich sich auszudrücken vermocht. Aehnlich verhält es sich, wenn ein
bereits sprechendes Kind in frühem Alter hochgradig schwerhörend
wird. Auch beim Erwachsenen übt ein Schlechthören der eigenen
Stimme einen üblen Einfluss auf Modulation und Beherrschung der
Aussprache aus; beim noch nicht fertigen Kinde dagegen verliert sich
durch ein schlechtes Hören der Umgebung und der eigenen Stimme
in der Regel sehr bald die Fähigkeit des deutlichen Sprechens und
allmälig die Sprache selbst, wenn es nicht mit pedantischer Strenge
zu einer steten Benützung des noch restirenden Hörvermögens, im
Nothfalle unter Beihülfe eines Hörrohres, gezwungen und dabei ein
methodischer Unterricht im deutlich Sprechen und Vorlesen eingelei-

tet wird. Sie werden nun begreifen, wie man allerdings im Stande
ist, gewisse Formen von Taubstummheit durch grosse persönliche
Hingabe und durch methodischen Sprech- und Lautunterrricht zu
„heilen" oder richtiger höhere Grade von Schwerhörigkeit in ihrer
Entwicklung zur Taubstummheit aufzuhalten, und hat es ja ein ähnliches Bewandniss mit den Erziehungsmethoden, welche jetzt in den
meisten besseren Taubstummenanstalten verfolgt werden, nur dass in
späterer Zeit die Stimmorgane ihre Modulationsfähigkeit zum grossen
Theile eingebüsst haben und daher jene charakteristische, thierisch-
heulende Stimme der Taubstummen zum Vorschein kommt. Ausge-
bildete, länger bestehende Taubstummheit allerdings wird von allen
wirklich urtheilsfähigen Männern für unheilbar gehalten und scheinen
die vielgerühmten Heilungen von älteren Taubstummen entweder auf
Täuschung oder auf Unbekanntschaft mit der Thatsache zu beruhen,
dass von vorneherein ein grosser Theil der Taubstummen nicht absolut taub sind, sondern noch einen gewissen Rest von Hörkraft besitzen,
von dessen Umfange zugleich die noch mögliche Bildungsfähigkeit der
Stimme abhängt.

Selbstverständlich muss neben dem systematischen Unterrichte auch
eine ärztliche Behandlung, soweit sie noch thunlich, möglichst bald
eingeleitet werden und könnte ich Ihnen aus meiner Praxis mehrere
Fälle vorführen, wo Taubstummheiten offenbar verhütet, oder bereits
in der Entwicklung begriffene aufgehalten und wieder rückgängig
gemacht wurden. So befindet sich noch gegenwärtig ein 4¹/₂jähriges
Kind in meiner Behandlung, das seit den ersten Monaten seiner
Existenz beidseitig an reichlichem Ohrenflusse leidet und stets nur auf
ganz starke Geräusche reagirte. Bis vor wenigen Monaten, als ich
dasselbe zum erstenmale sah, konnte es nur ganz unarticulirte, bellende,
selbst der sorgsamen Mutter unverständliche Laute hervorbringen, so
dass es eigentlich bereits als ein taubstummes Kind betrachtet wurde.
Unter einer örtlichen Behandlung der profusen Otorrhö nahm diese
bald ab und zusehends mit der Minderung der Absonderung fing das
Kind an, Geräusche, die um sie vorgingen und insbesondere die Worte
der Umgebung immer mehr zu beachten und auch Versuche zu machen,
das Vorgesagte nachzusprechen. Diese Versuche wurden möglichst
unterstützt und so oft als thunlich das Kind zum deutlichen Nachspre-
chen von Worten und Sätzen angehalten. Auf diese Weise gelang
es, nicht nur den Grad der Schwerhörigkeit zu mindern, sondern besass das Kind nach mehreren Monaten bereits eine mässig deutliche,
jedenfalls ziemlich verständliche Sprache. Damit änderte sich zugleich
das ganze, früher absolut unbändige Wesen des Kindes; es wurde

lenksamer und verlor von seiner wahrhaft thierischen Lebhaftigkeit, die sich im Gesichtsausdrucke wie in der fortwährenden Eichhörnchen-ähnlichen Beweglichkeit seines ganzen Körpers äusserte. Ohne die örtlichen Eingriffe und die grosse, richtig geleitete Sorgfalt der Umgebung hätte man das Kind jedenfalls bald wirklich zu den Taubstummen rechnen dürfen, und sind Sie jetzt im Stande, vollständig zu würdigen, warum den Ohrenerkrankungen in der ersten Periode des menschlichen Daseins eine so ganz besondere Bedeutung beizulegen ist und warum ich in den früheren Abschnitten eine sorgfältige Ergründung und Beachtung derselben bei kleinen Kindern Ihnen so ungemein dringend und ernst an's Herz legte und sogar, in Anbetracht der vielleicht grossen Wichtigkeit, Ihnen Thatsachen in möglichster Ausführlichkeit vorlegte, die bisher nur rein anatomisch existiren und für welche die klinische Würdigung und Entscheidung erst noch kommen muss. Dieselbe Ohrenaffection, welche einen Erwachsenen einfach schwerhörig macht, kann das Kind zugleich der Sprache berauben und verweist dasselbe für sein ganzes künftiges Leben, auf einer niedrigeren Stufe der geselligen und geistigen Entwicklung stehen zu bleiben; darum dürfen wir nichts übergehen und gering achten, was nur im Geringsten dazu angethan wäre, uns über das Vorkommen und die Entstehung von Ohrenleiden beim Kinde Aufschluss zu verschaffen.

Selbstverständlich soll mit Obigem keineswegs gesagt sein, dass die erworbene Taubstummheit immer nur auf die Folgen einer höhergradigen Schwerhörigkeit zurückzuführen ist und sich diese daher stets aufhalten und durch frühzeitige örtliche und sprachliche Behandlung verhindern lässt. Es mag dies nicht selten der Fall sein; wir dürfen aber nicht vergessen, dass gerade das kindliche neben dem Greisenalter am meisten zu Gehirnprozessen und namentlich zu Erkrankungen der Gehirnhöhlen und ihrer Auskleidung neigt. Möglich wäre es auch, dass, wie *Voltolini* annimmt, bei Kindern eine gewisse Anlage zu häufiger und schwerer Erkrankung des Labyrinthes vorhanden ist und desshalb hochgradige und völlige Taubheit im kindlichen Alter verhältnissmässig häufiger sich entwickelt, als dies bei Erwachsenen der Fall ist. —

Bei Taubstummheit, gegen nervöse und überhaupt alle Arten von Taubheit wurde im vorigen Jahrhundert bereits bis in die neueste Zeit die Elektrizität in ihren verschiedenen Unterarten und Anwendungsweisen mehrfach auf's wärmste empfohlen. Müssen wir an und für sich etwas misstrauisch sein gegen zu allgemein gehaltene Anpreis-

ungen eines Mittels und genau darauf achten, ob in den mitgetheilten
günstigen Beobachtungen die Stellung einer exacten Diagnose von
competenter Seite oder wenigstens eine eingehende Untersuchung der
leidenden Theile der Behandlung vorausgegangen ist, so sind wir hier
zu doppelt vorsichtiger Durchsicht der Casuistik gezwungen, indem
mit der Anwendung der Elektrizität gewöhnlich eine weitere Vornahme
verbunden ist, welche allein schon im Stande wäre, auf manche Formen von Schwerhörigkeiten bessernd einzuwirken. Ich meine hiebei
das öftere Füllen des Gehörganges mit lauem Wasser. Ansammlungen
von Ohrenschmalz, von Epidermis und eingetrockneten Secretmassen
liegen der Schwerhörigkeit nicht so selten zu Grunde, wie wir schon
gesehen haben; sie werden sich also auch unter den grossen Massen
von Kranken öfter finden, welche sich die Ohren elektrisiren lassen und
oft genug vorher nicht weiter untersucht werden. Einmal erzählte
mir ein früher durch Elektrizität Geheilter ganz treuherzig, es wäre
ihm aufgefallen, wie nach einigen Sitzungen sich jedesmal nach dem
Elektrisiren „bereits" so viel flüssiges Ohrenschmalz „abgesondert"
habe, dass sein Schnupftuch, mit dem er das Ohr reinigte, grosse
braune Flecken bekommen hätte. Wenn wir indessen absehen von
solchen Fällen und etwa noch manchen Tuben- oder frischeren Paukenhöhlen-Katarrhen, welche nicht selten ohne jede Medication grossen Schwankungen unterliegen, so werden doch auch manche Besser-
ungen durch Elektrizität und zwar von entschieden glaubwürdiger Seite
berichtet, wo es sich um langjährige und mehrfach selbst von tüchtigen
Ohrenärzten behandelte und untersuchte Schwerhörigkeiten handelte.
Es darf daher dieses Mittel keineswegs so wegwerfend behandelt werden, wie dies viele Ohrenärzte thun, sondern müssen wir eben durch
Versuche trachten, seine Anwendungsweise und seine Brauchbarkeit
für bestimmte Fälle genauer kennen zu lernen. Die Therapie der
Ohrenkrankheiten lässt noch sehr viel zu wünschen übrig und müssen
wir stets bestrebt sein, die Anzahl unserer Heilmittel nach allen möglichen Richtungen zu vermehren. Ein rasches Absprechen und Verwerfen ohne eingehende Prüfung ist hier also sicherlich am wenigsten
am Platze. Ich selbst habe die Elektrizität und zwar als Inductions-,
als *Faraday*'sche Elektrizität schon häufig bei Schwerhörigen benützt,
fast nie aber allein, sondern meist nach einer längeren Einleitung von
Dämpfen in die Paukenhöhle. Die meisten Kranken erklärten, nach
öfterem Elektrisiren besser zu hören, bei Mehreren war die Zunahme
des Gehöres auffallend und sowohl für die Sprache als für die Uhr
nachzuweisen. Da ich indessen bei der Benützung meiner Beobachtungen mit möglichst strenger Selbstkritik verfahre, den Angaben der

Ohrenkranken gerade sehr häufig Misstrauen und vielfache Controlle entgegengesetzt werden muss, ferner erwiesenermassen häufig n a c h der Behandlung mit Dämpfen der günstige Einfluss derselben mehr hervortritt als während desselben, so nehme ich solche Aussagen und Wahrnehmungen vorläufig nur mit grosser Vorsicht auf und getraue ich mich noch nicht, den Nutzen der Elektrizität für die Ohrenheilkunde in sehr ausgedehnter Weise zu formuliren. Eines scheint mir aber jetzt schon gewiss zu sein, indem die gleiche Wahrnehmung zu häufig sich wiederholte, um rein zufällig zu sein. Oefter minderte sich nämlich bei den Kranken, deren Ohren länger faradisirt wurden, die Häufigkeit und Ausgiebigkeit der Schwankungen, denen sonst ihre Hörschärfe unterworfen war und trat insbesondere ein allmäliger Nachlass, eine Ermüdung des Gehöres bei länger dauernder Anspannung desselben seltener oder später ein, welche Erscheinung früher theils ohne sonstige Ermattung theils mit einer solchen oder mit Verlangen nach Nahrung in sehr auffallender Weise oft sich eingestellt hatte.

Beim Faradisiren des Ohres tauche ich den einen Conductor, einen bis zu seiner Spitze isolirten Metallstab, in den mit lauem Wasser gefüllten Gehörgang, während der andere in Form eines übersponnenen, vorne unbedeckten Kupferdrathes durch den Katheter eine Strecke weit in die Tuba eingeführt wird. *) Fragen wir uns nun, auf welche Theile der elektrische Strom auf diese Weise vorwiegend einwirken wird, so lässt sich wohl kaum daran zweifeln, dass das Trommelfell und die Gebilde des mittleren Ohres vor Allem und unter letzteren insbesondere die Binnenmuskeln des Ohres, der Tensor tympani und Stapedius, ferner auch die Tubenmuskeln seinem Einflusse überlassen werden. Wären wir im Stande, pathologische Zustände und functionelle Anomalien dieser Muskeln am Lebenden zu erkennen, so liessen sich höchstwahrscheinlich die Anzeigen für Anwendung der Elektrizität bei Ohrenleiden bestimmter formuliren. Dass Muskelerkrankungen auch im Ohre vorkommen, lässt sich nicht nur a priori annehmen, sondern ist dies auch für die Paukenhöhlenmuskeln anatomisch nachgewiesen, indem ich bei meinen Ohrsectionen dieselben mehrfach sehnig, fettig oder körnig entartet fand. **) Welche Rolle den Binnenmuskeln des Ohres für das physiologische und das pathologische Verhalten des Gehörsinnes zu-

---

*) Früher brachte ich den zweiten Conductor in Form einer Messingplatte mit dem befeuchteten Zitzenfortsatze in Berührung, welche Anwendungsweise ich jetzt fast ganz verlassen habe.

**) S. meine „anat. Beiträge zur Ohrenheilkunde." *Virchow's* Archiv. B. XVII. S.11, 29, 30, 60, 61.

kömmt, ist bisher keineswegs genauer und endgültig festgestellt; jedenfalls wird sie keine unbedeutende und gleichgültige sein. Bisher glaubt man sie am ehesten als eine Art Accommodationsapparat ansehen zu dürfen, und möchte ich in dieser Beziehung daran erinnern, dass eine Reihe krankhafter Erscheinungen am Auge, die man bisher als „nervös" und undefinirbare betrachtete, sich jetzt als Accomodationskrankheiten d. h. als Anomalien der Accommodationsmuskeln herausstellen. Es wäre gedenkbar, dass Aehnliches auch beim Ohre stattfände, und liessen sich insbesondere die obenangeführten Beobachtungen über den Einfluss der Elektrizität in dieser Weise deuten. *Duchesne* und *Erdmann* sprechen bei der Elektrizitätsanwendung am Ohre vorwiegend von einer „Faradisation der Chorda tympani," wogegen sich anführen liesse, dass die Chorda von allen hiebei betheiligten Nerven jedenfalls weitaus am wenigsten Bedeutung für das Ohr und die Gehörfunction zu haben scheint. —

Hier möchte es am Platze sein, Einiges über die mechanischen Hülfsmittel zu sagen, welche den Verkehr mit Schwerhörigen höheren Grades erleichtern, und denselben entweder die menschliche Stimme oder musikalische Töne leichter vernehmbar machen sollen. Bisher haben sich leider viel häufiger speculative Techniker, als physikalisch und physiologisch gebildete Männer um die Construction solcher Instrumente angenommen, daher die Akustik zur Zeit den Ohrenleidenden unendlich weniger brauchbare Hülfsmittel an die Hand gibt, als wir dies für die Optik und ihren Nutzen für Sehstörungen sagen können. Die Ohrenbrillen, m. H. wären also noch zu erfinden. Sie werden staunen über die Menge und Verschiedenartigkeit der H ö r m a s c h i n e n, Hörschalen und Hörrohre, welche sich im Besitze der armen Schwerhörigen befinden und ihnen häufig genug recht wenig nützen. *) Für die meisten Fälle am passendsten erweist sich mir ein mehrere Fuss langes Rohr aus von Drath umsponnenem Leder mit zwei Ansätzen von Horn. Das gut abgerundete Ohrstück muss etwa von der Weite des Gehörganges sein, in oder an welchem es von dem Kranken gehalten wird. Unter gewissen Verhältnissen hält es dort von selbst, namentlich wenn es etwas gekrümmt gearbeitet ist. Das trichterförmige Mundstück, das vor dem Munde des Sprechenden — gewöhnlich nicht zu nahe! — gehalten wird, darf klein sein, wenn es nur im Zwiegespräche verwendet wird; wo es auch für mehrere Per-

---

*) Eine sehr gute Zusammenstellung der wichtigsten derselben findet sich in *Rau's* Lehrbuch S. 319—326.

sonen oder in gewisse Entfernungen ausreichen soll, muss es die Grösse
eines Küchentrichters etwa besitzen. Beim Vorlesen z. B. wird derselbe auf den Tisch vor den Lesenden hingelegt und kann es dem
Kranken so das Zuhören sehr wesentlich erleichtern. Ein solches für den
gewöhnlichen Verkehr ausreichendes Hörrohr kann von Männern um den
Hals unter dem Rockkragen gehängt werden, wo es dann stets sogleich bei der Hand ist. Aehnliches leistet eine Art Sprachrohr aus
Pappendeckel, das der Bequemlichkeit wegen aus mehreren Stücken
und zusammenschiebbar gearbeitet werden kann. Andere sind glück-
lich und zufrieden im Besitze eines einfach hergerichteten Kuhhornes.

Apparate von Kautschuk verdumpfen in der Regel den Ton zu
sehr, solche von Metall werden wegen ihrer starken Resonanz selten
für die Dauer vertragen; ebenso wie alle Instrumente, welche fortwährend im Ohre gelassen werden, gewöhnlich zu sehr reizen und
beständiges Ohrensausen hervorrufen. Da den meisten Schwerhörigen
die Schwachheit eigen ist, ihr Gebrechen verbergen zu wollen, so ziehen
sie meistens solche Instrumente vor, die man ihrer Kleinheit wegen
nicht sieht oder die gut hinter den Haaren u. dgl. versteckt werden
können. Leider ist in der Regel auch ihr Nutzen unmerklich. Den
Vortheil der Unsichtbarkeit und zugleich den der zeitweisen Brauchbarkeit besitzen noch am ehesten die Ohrklemmen oder „Otaphone",
welche von *Webster* in *London* herrühren sollen. Dieselben bestehen
aus silbernen, der hinteren Seite der Ohrmuschel angepassten, durch
einen oben angebrachten gekrümmten Vorsprung sich selbst haltenden
Klemmen, deren Zweck ist, das Ohr weiter vom Kopf abstehen zu
machen und so das Auffangen der von vorn kommenden Schallwellen
zu erleichtern. Wie Sie häufig bemerken können, haben sehr viele
Schwerhörige die Gewohnheit, wenn sie etwas genauer hören wollen,
die Hand oder einige zusammengelegte Finger hinter die Ohrmuschel
anzulegen, um dieselbe nach vorn zu biegen und ihre auffangende
Fläche zu vergrössern. Es ist erstaunlich, welchen Einfluss auf das
Gehör diese einfache Manipulation bei manchen Kranken ausübt und
kann man solchen diese einfache Vorrichtung tragen lassen. Insbesondere beim weiblichen Geschlechte wird die Ohrmuschel durch ein
stetes Festbinden der Hauben und Hüte oft ungemein an den Kopf
angepresst, und sind dabei ihre Erhebungen und Vertiefungen oft so
sehr ausgeglichen, dass eigentlich der functionelle Werth der Muschel
vollständig aufgehoben ist; für solche Fälle scheinen die Otaphone
namentlich sich zu eignen. —

VIERUNDZWANZIGSTER VORTRAG.

Die Gehörstörungen und die Hörprüfungen.

Das Hören der Uhr und das Verstehen der Sprache in ihrem gegenseitigen · Ver-
hältnisse. Das Absehen vom Munde. Wie ein Hörmesser beschaffen sein sollte.
Die Stimmgabel. Die Kopfknochenleitung. Das Besserhören bei Geräuschen.
Die Feinhörigkeit. —

Nachdem wir nun sämmtliche bis jetzt bekannt gewordenen Erkrankungen des menschlichen Gehörorganes durchgesprochen haben,
hätten wir noch einige subjective Erscheinungen, insbesondere die
functionellen Störungen des Gehörsinnes einer zusammenfassenden
kurzen Betrachtung zu unterziehen und schliesslich noch Einiges über
das Krankenexamen bei Ohrenkranken zu bemerken.

Was zuerst die natürlich häufigste Folge von Ohrenleiden, die
Abnahme der Hörkraft, betrifft, so müssen wir, um uns von dem
Grade derselben, resp. dem noch übrigen Hörvermögen ein richtiges
Urtheil zu bilden, zwei Dinge auseinanderhalten, die keineswegs immer
im geraden Verhältnisse zu einander stehen; nämlich inwieweit der
Kranke im Verstehen der Sprache behindert ist und inwieweit im
Hören von gewissen tongebenden Instrumenten. Zu den ·Hörprüf-
ungen benützt man am häufigsten als „Gehörmesser" die Taschenuhren, indem wir untersuchen, ob der Kranke dieselben nur
beim festen Andrücken an die Ohrmuschel und an den Knochen
oder bei loser Berührung derselben, oder auch in einer gewissen Entfernung vom Ohre noch hört. In letzterem Falle muss natürlich die

Uhr immer in einer constanten, gleichbleibenden Richtung gehalten
werden, z. B. parallel mit der Ohrmuschel, und dürfen Sie, um gegen
Selbsttäuschungen von Seite des Patienten geschützt zu sein und um
die Gränze des Hörens möglichst genau zu bestimmen, nicht die Uhr
allmälig vom Ohre entfernen, sondern müssen den umgekehrten Weg
einschlagen, sie langsam nähern. So werden Sie die Entfernung kennen lernen, von welcher an der Kranke beginnt, ihren Schlag überhaupt zu vernehmen und die weitere, von wo an er ihre beiden
Schläge deutlich von einander zu unterscheiden vermag. Wenn
manche Ohrenärzte während dieser Prüfung zwischen Ohrmuschel
und Uhr zum genaueren Abmessen der Hörweite ein Mass, z. B. ein
auf Leder verzeichnetes Centimetermass halten, so findet natürlich eine
Ueberleitung der Töne auf das Ohr mittelst eines festen Körpers
statt, und ist das Resultat ein wesentliches anderes, als wenn die Luft
allein die Leitung vermittelt.

Selbstverständlich müssen Sie zuerst an mehreren Gesunden versucht haben, bis zu welcher Entfernung die Schläge Ihrer Uhr von
einem durchaus normalen Gehöre unterschieden werden können, und
werden Sie gut thun, nicht zu leise und möglichst rein tönende Cylin-
der- oder Spindel-Uhren zu benützen. Manche, Ankeruhren insbesondere, geben gar keinen Ton, sondern nur ein schleifendes, reiben-
des Geräusch und eignen sich solche sehr wenig zu unseren Zwecken.
Für gewisse höhere Grade von Schwerhörigkeit lassen sich nur sehr
stark schlagende Uhren, also Repetiruhren, verwenden und haben diese
für manche Fälle noch den Vorzug, dass man sie einmal schlagend,
ein andermal nicht schlagend dem Ohre nähern und so controllirende
Proben über die Wahrheit der Angaben des Kranken anstellen kann.
Bei Kindern und Taubstummen insbesondere werden Sie nicht selten
dasselbe bejahende Nicken erhalten, gleichviel ob Sie den Knopf der —
nicht aufgezogenen — Repetiruhr vorher gedrückt oder gar nicht berührt haben. Auch sonst kommt es öfter vor, dass ganz verständige
Kranke nicht im Stande sind, das Picken der Uhr von den subjectiven Geräuschen, die sie wahrnehmen, dem Ohrensausen, zu unterscheiden und so die verkehrtesten Angaben über die Hörweite für
die Uhr machen. In solchen Fällen bekommt man noch relativ die
besten Aufschlüsse, wenn man während der Prüfungen mit der Uhr
die Augen schliessen lässt. Für gewisse Fälle ist es nicht gleichgültig zu wissen, dass die meisten Cylinderuhren unmittelbar nach dem
Aufziehen einen etwas stärkeren Schlag haben und umgekehrt gewöhnlich leiser tönen, nachdem sie vom Uhrmacher eben gereinigt
und frisch eingeölt wurden. — Indessen auch abgesehen von allem die-

sen, gibt uns die Uhr allein überhaupt keinen genügenden Aufschluss
über das Hörvermögen des zu untersuchenden Individuums, indem
sehr häufig die Entfernung, bis zu welcher eine Uhr deutlich ver-
nommen wird, durchaus nicht in gleichem Verhältniss steht mit der
Behinderung für das Verstehen der Umgangs-Sprache. Sie werden
gar nicht selten finden, dass ein Kranker selbst in einer gewissen
Entfernung noch leise Gesprochenes ganz gut nachzusagen im Stande
ist, während er die Uhr nicht einmal beim Andrücken hört, und umgekehrt, dass bei einem Andern für das Verständniss der gesprochenen Worte eine sehr bedeutende Störung vorhanden ist, während die
gleiche Uhr noch einige Zoll weit vom Ohre entfernt gehalten werden darf. Ein solches Missverhältniss findet statt, auch wo alle sonstigen Umstände, welche ein richtiges vergleichendes Urtheil erschweren können, wie ungewohnte Sprechweise und fremder Dialekt,
mangelhafte Intelligenz, geringe Gewöhnung, gespannt aufzumerken
u. dgl. durchaus fehlen. Im Ganzen hören Individuen, welche in der
Kindheit schon schwerhörig geworden sind, durchschnittlich die Uhr
verhältnissmässig besser als die Sprache und umgekehrt sind solche,
deren Ohrenleiden erst in späterer Zeit begonnen, für die Sprache
weit weniger behindert als für die Uhr. Indessen kommen auch
Ausnahmen*) hievon vor und liesse es sich dabei am ersten denken,
dass dieses Missverhältniss durch das Mehr oder Weniger von Uebung,
von Gewohnheit des Hörens für die Sprache bedingt wird, welche
natürlich beim Erwachsenen in weit grösserem Maasse vorhanden ist.
Indessen lassen viele Fälle diese Deutung durchaus nicht zu und werden Sie nicht selten finden, dass ein Kranker unmittelbar nach dem
Katheterisiren die Sprache unzweideutig besser und in grösserer Entfernung versteht, während mit der Uhr kein Fortschritt nachzuweisen ist. Ja sogar das Umgekehrte kommt vor, dass Individuen,
welche nach dem Katheterisiren augenblicklich eine sehr merkliche
und auffallende Besserung im Hören der eigenen Stimme sowie der
des Arztes angeben und bei denen auch der Befund sich sehr wesentlich geändert zeigt, trotzdem die Uhr nicht nur nicht weiter, sondern sogar weniger weit hören. So seltsam und unglaublich dies klingt,

---

*) So kam mir der traurige Fall vor, dass ein äusserst verständiger Mann in
den Vierzigern, der erst seit Kurzem taub geworden, dies für die Sprache in einem
solchen Grade war, dass man sich ihm selbst mittelst eines Hörrohres durchaus
nicht verständlich machen konnte und er, der noch dazu hochgradig kurzsichtig war,
nur auf geschriebene Mittheilungen sich angewiesen fand. Derselbe hörte trotzdem
und zwar nach verschiedenen Controlversuchen das Schlagen einer Repetiruhr auf
dem einen Ohre ganz gut beim Anlegen, auf dem anderen auf 1″ Entfernung.

so habe ich diese Beobachtung doch mehrmals bei durchaus glaub-
würdigen Objecten gemacht und unter den verschiedenartigsten Con-
trollversuchen ihre Wahrheit bestätigt gefunden. (In den Fällen, welche ich als besonders auffallend und beweiskräftig hier betrachte,
handelte es sich sämmtlich um junge Männer zwischen 17 und 20
Jahren und um ausgesprochene Adhäsivprozesse am Trommelfell.)
Ebenso werden Sie öfter mit Kranken zu thun haben, die, auf beiden
Ohren schwerhörend, auf der einen Seite die Uhr besser, die Sprache
aber schlechter hören, als dies auf dem zweiten Ohre der Fall ist.

Sie sehen, ein wie einseitiges Urtheil über das Hörvermögen des
Kranken und insbesondere über den Nutzen der Behandlung man sich
bilden würde, wollte man sich genügen, dasselbe nur mit der Uhr in
der Hand zu messen, und müssen Sie daher stets auch das Hören
für die Sprache einer näheren Prüfung und Feststellung unterziehen. Während das einzelne Ohr hierauf untersucht wird, muss
das andere vom Kranken durch Einpressen der Fingerspitze verstopft
werden und sprechen Sie langsam und deutlich etwas Beliebiges, z.
B. Zahlen aus und zwar zur Seite des Patienten, gegen das Ohr zu-
gewandt, je nachdem zuerst leise oder laut oder mit erhobener Stimme
in verschiedener Entfernung oder im Nothfalle mittelst des Hörrohres
und lassen den Kranken das, was Sie sprechen, Wort für Wort nach-
sagen. Indem hiebei das Errathen aus dem Sinne des Gesprochenen
möglichst verhütet wird, schliessen Sie zugleich jede Urtheilstrübung
durch das Absehen vom Munde aus. Fast alle Schwerhörigen
nämlich, wenn sie anders hörbegierig und nicht sehr kurzsichtig sind,
gewöhnen sich sehr bald, dem Redenden stets auf den Mund zu sehen, um die sichtbare Bewegungen der Lippen zum besseren Verstehen
des nur Halbgehörten zu benützen. Die meisten Kranken üben dies
unwillkürlich, und ohne sich des Grundes bewusst zu sein, streben
sie stets darnach, dem Sprechenden gegenüber zu kommen und ihm
in's Gesicht zu sehen. So werden Sie auch öfter von Kranken als
etwas ganz Absonderliches und als einen deutlichen Beweis der nervösen Natur ihres Leidens mitgetheilt erhalten, dass sie in den Däm-
merungsstunden und Nachts im Bette viel schlechter hören, als wenn
es hell um sie herum ist — natürlich, weil das Sehen ihrem Gehör
nicht wie sonst zu Hülfe kommen kann. Frauen insbesondere üben
diese Kunst des Absehens vom Munde und zugleich des Errathens
aus dem Zusammenhange oft in einer solchen Virtuosität, dass sie,
obwohl fast ganz taub, stundenlang ungestört mit ihrem Nachbar in
Gesellschaft sich lebhaft unterhalten können. Nomina propria und
bärtige Männer sind solchen Damen gleicherweise ein Gräuel, weil

durch sie allein oft ihr sorgsam verheimlichtes Gebrechen an's Tageslicht kommt. Wenn Hören des Ticktacks von Uhren und das Verstehen
der Sprache bei vielen Schwerhörigen in einem offenbaren Missverhältnisse zu einander stehen, so hat dies sehr verschiedene
Gründe, welche eben gröstentheils in der akustischen Verschiedenheit
dieser beiden Vorgänge beruhen. Weitläufig hierauf einzugehen ist
hier nicht der Ort; ich will nur erwähnen, dass es ein grosser Unterschied ist, die Sprache zu hören und sie auch zu verstehen. Gar
viele Kranke werden Ihnen klagen, dass sie selbst aus ziemlicher Entfernung vernehmen, d a s s gesprochen wird, aber erst in weit geringerer
unterscheiden können, w a s gesprochen wird. Zudem entspricht ja
das Ticktack einer Uhr immer nur Einem Tone oder höchstens zwei
Tönen von bestimmter Höhe, während gerade bei Schwerhörigen
es nicht selten vorzukommen scheint, dass einzelne Töne oder einzelne
Tonreihen, welche einer bestimmten Tonhöhe oder Schwingungszahl
entsprechen, für die Hörwahrnehmung geradezu ausfallen oder erst
bei besonderer Zunahme der Stärke des Schalles sich bemerkbar machen können. So gibt es Kranke, welche tiefe Töne verhältnissmässig
besser hören als hohe. Häufiger ist es aber umgekehrt, dass Töne,
welche einer sehr grossen Menge von Schwingungen in einer gegebenen Zeit entsprechen, also hohe z. B. Frauen- und Kinderstimmen,
verhältnissmässig auch bei geringerer Stärke noch besser gehört werden. Letzteres ist indessen überhaupt Regel; tiefe Töne müssen verhältnissmässig stärker sein, um gleich wie hohe gehört zu werden und
die Stimme eines Bassisten muss bekanntlich eine grössere Intensität
haben, kräftiger sein, als die des Tenors, wenn sie im Ausfüllen des
Theaters nicht hinter diesem zurückbleiben will. Der Umfang des
Gehöres für sehr tiefe und sehr hohe Töne mag auch bei Normal-
hörenden verschiedene Gränzen haben, und erinnere ich Sie nur an
die bekannte Thatsache, dass es Menschen gibt, welche, obwohl sie
ein durchaus feines und gutes Gehör haben, nie das Zirpen der Grillen
vernehmen. Es soll dies nämlich der höchste Ton sein, den wir kennen und scheinen eben manche sonst ganz normale Gehörorgane über
eine bestimmte Tonhöhe hinaus unempfänglich, geradezu taub zu sein.
Beim Hören ferner handelt es sich nicht blos um die Intensität des
Tones, und um die Schwingungsanzahl in der Secunde oder die Tonhöhe, sondern sehr wesentlich auch um die Raschheit der Aufeinanderfolge, um die Grösse der zwischen den einzelnen Tönen stattfindenden Zwischenräume und müsste ein Hörmesser, welcher allen Ansprüchen entsprechen sollte, diesen verschiedenen Punkten sämmtlich

Rechnung tragen; ausserdem müsste er natürlich, um für die Praxis Brauchbarkeit zu besitzen, auch leicht und bequem zu handhaben sein. Versuchen Sie, ob Sie mit Hülfe eines physikalisch und musikalisch gleich gebildeten Technikers nicht ein solches Instrument zu bauen vermögen, das uns einen genauen Begriff von der Hörfähigkeit eines Individuums zu geben im Stande ist. Die in den Kabineten der Physiker befindlichen akustischen Apparate, z. B. die Sirene u. dgl. eignen sich zu unseren Zwecken nicht, wenigstens soweit ich bisher in der Lage war, mit ihnen Versuche anzustellen. Vielleicht liesse sich ein solches Instrument nach Art der Spieldosen oder der Drehorgeln herstellen, indem man auf einer Walze reihenweise immer Stifte von gleicher Tonhöhe einschlüge, die durch einfache Vorrichtungen in verschiedener Schnelligkeit bewegt und in verschiedener Stärke in Schwingung versetzt werden könnten. Doch halten wir uns nicht mit diesen Betrachtungen auf. So ungenügend die Taschenuhren sind, so besitzen wir vorläufig noch keine anderen Hörmesser; nur beachten Sie, dass auch die Hörfähigkeit für die Sprache stets besonders geprüft werden muss. Wo auch eine Repetiruhr nicht ausreicht, um Sie zu überzeugen, ob noch Hörfähigkeit vorhanden, kann man eine Handklingel benützen, welche hinter dem Kopfe des Kranken in Bewegung gesetzt wird.

Zur Prüfung der Hörfähigkeit bei höhergradiger, für Uhrenschlag unempfänglicher Taubheit, sowie zu sonstigen diagnostischen Zwecken wurde mehrfach das Aufsetzen einer in Schwingung versetzten Stimmgabel auf die Schädeldecke empfohlen, und sollte man bestimmte Schlüsse ziehen können, je nachdem die Schwingungen der Stimmgabel noch gehört oder nur gefühlt werden. Ich gestehe, nach meinen bisherigen Versuchen vermag ich der Stimmgabel durchaus keine diagnostische Brauchbarkeit zuzuschreiben, und muss ich *Rau* vollständig beistimmen, wenn er*) hierüber sagt: „der Arzt kann die subjectiven Empfindungen des Kranken nicht controlliren, welcher leicht einen Ton zu hören glaubt, während er nur die durch die Schädelknochen fortgepflanzten Schwingungen fühlt." Sehr viele Menschen sind, wenn man ihnen eine tönende Stimmgabel auf die Kopfknochen aufsetzt, durchaus nicht im Stande, die Empfindung des Hörens und des Fühlens von einander zu trennen. Dies lässt sich selbst bei verständigen und jeder Aufklärung zugänglichen Menschen beobachten; bei Taubstummen dagegen und anderen Individuen, mit denen eine

---

*) S. 37 seines Lehrbuches.

vorhergehende Verständigung oft geradezu unmöglich ist, kann man von diesem Hülfsmittel noch weniger Aufschlüsse erwarten.

Oben erwähnte ich Ihnen bereits einmal die „Kopfknochen-leitung." So nennt man nämlich die Fähigkeit, tönende Körper, also insbesondere Uhren, zu hören, wenn sie an die das Ohr umgebenden Knochen angelegt werden, während der Gehörgang fest verschlossen ist. Indem von der Idee ausgegangen wurde, als betheiligten sich hier bei der Leitung der Töne einzig und allein die Knochen und seien der ganze übrige leitende Apparat (Gehörgang, Trommelfell und Paukenhöhle mit Allem, was darinnen) ausgeschlossen, hielt man sich für berechtigt, aus dem Hören oder Nichthören einer an die Kopfknochen angelegten Uhr auf Integrität oder Krankheit des Hörnerven und seiner Ausbreitung im Labyrinthe zu schliessen. Die Prämisse ist falsch daher auch alle Folgerungen, und liegt der ganzen Lehre von der Kopfknochenleitung ein Missverständniss und eine einseitige Auffassung dessen, was *Joh. Müller* über diesen Gegenstand gesagt,[*]) zu Grunde; denn gerade dieser Physiologe, mit dessen ehrlichem grossen Namen und dessen akustischen Versuchen in neuerer Zeit ein so unverantwortlicher Missbrauch, insbesondere von dem Ihnen schon einmal als vorwiegend phantasiereich erwähnten *Erhard* getrieben wird, spricht sich sehr deutlich darüber aus, dass wir durchaus nicht im Stande sind zu beurtheilen, wie stark die alleinige Leitung der Kopfknochen für Schallwellen wäre, welche ihnen von der Luft oder von festen Körpern mitgetheilt würden, indem die sonstigen Leitungsverstärkungen und die Resonanz von Seite der eigentlichen Ohrtheile bei allen solchen Versuchen nicht ausgeschlossen werden können. Ich rathe Ihnen, notiren Sie sich bei jedem Kranken, sowohl bis zu welcher Entfernung vom Ohre er die Uhr hört, als auch ob er sie vom Warzenfortsatze in allen seinen Theilen, von der Schläfenschuppe und vom Stirnhöcker vernimmt und zwar Beides nicht nur am Anfange, sondern auch öfter im Verlaufe der Behandlung; es wäre immerhin gedenkbar, dass wir aus dem gegenseitigen Verhältnisse beider Erscheinungsreihen gewisse Schlüsse für die Diagnose oder doch für die Prognose werthvolle Schlüsse ziehen könnten. Ich will Ihnen nicht verhehlen, dass ich trotz mehrjähriger genauer Berücksichtigung all dieser Symptome bisher von der Knochenleitung weder in der einen noch in der anderen Richtung etwas besonderes erwarte; indessen darf man in einem Fache, wo noch so wenig Genaues festgestellt ist, nie ermüden, neue Thatsachen zu sammeln und kommen hier gerade

---

*) Handbuch der Physiologie II. B. (1840) S. 455.

sehr seltsame und unerwartete Missverhältnisse vor, welche wir durchaus noch nicht zu erklären vermögen. Ist somit diese Frage durchaus noch nicht abgeschlossen, so muss doch Alles, was hierüber *Erhard* mit so grosser Sicherheit aufgestellt hat und ihm mehrfach nachgebetet wurde, für reine Fabel erklärt werden.

Sehr häufig werden Ihnen Schwerhörige von einem auffallenden Besserhören bei Geräuschen erzählen. Diesen Angaben liegen in der Regel wohl Beobachtungsfehler und Täuschungen zu Grunde. Wenn ein Lärm um uns herum stattfindet, erheben wir unwillkürlich unsere Stimme beim Sprechen, so dass der Schwerhörige, der noch dazu von dem Lärm weniger belästigt wird, als wir, es leicht hat, uns besser zu verstehen. Wenn insbesondere viele Kranke angeben, im Fahren, namentlich auf der Eisenbahn, weniger von ihrer Schwerhörigkeit zu merken, so müssen neben dem oben Erwähnten ferner noch die Geschlossenheit des Raumes und die Enge des Zusammensitzens in Betracht gezogen werden. Sehen wir indessen von diesen offenbaren Irrthümern ab, so liegen allerdings eine Reihe von Beobachtungen vor, welche nicht so kurz abzuweisen sind. So erzählt *Willis* (1680), nach welchem diese seltsame Erscheinung auch den Namen *Paracusis Willisiana* erhalten hat, von einem Manne, welcher sich mit seiner tauben Frau nur unterhalten konnte, während der Bediente die Trommel schlug. Ferner berichtet *Fielitz*[*]) von einem tauben Knaben, einem Schuhmacherssohne, welcher nur dann die Worte, welche in der Stube gesprochen wurden, deutlich vernahm, wenn er neben seinem Vater stand und dieser das Sohlleder auf einem grossen Steine stark klopfte. So oft man mit ihm reden wollte, nahm er daher den Stein und den Hammer und klopfte mächtig auf ein Stück Leder und sogleich fand sich das Gehör. Ebenso hörte er in einer stark klappernden Mühle sehr gut, ausser derselben aber nicht. Dies sind jedenfalls sehr seltsame Geschichten und müssen wir uns fragen, ob nicht ähnliche Erscheinungen in einem Falle zu Stande kämen, wo eine geringgradige Unterbrechung der Leitung in der Paukenhöhle statthatt, z. B. eine Trennung des Steigbügels vom Ambos, von der wir bereits gesprochen. Starke Geräusche wie die genannten würden jedenfalls das Trommelfell nach einwärts drücken resp. in deutliche Schwingungen versetzen und somit auch die Knöchelchen einander nähern. Kommt Ihnen einmal ein solcher Fall vor, so wäre vielleicht das berühmte Wattekügelchen zu versuchen. —

---

[*]) *A. G. Richter's* chirurg. Bibliothek B. IX. St. 3. S. 555.

Wenn man öfter von einer krankhaften Feinhörigkeit spricht, so kann darunter nur eine abnorme Empfindlichkeit des Gehöres gegen alle, namentlich scharfe, schrille Töne und laute Geräusche verstanden werden. Dieselbe findet sich einmal bei manchen Reizungszuständen des Gehirnes, bei den verschiedenen acut- und chronisch-entzündlichen Affectionen der tieferen Theile des Ohres und dann bei plötzlichem Uebergange von hochgradiger, längerdauernder Schwerhörigkeit zu normaler Hörschärfe; so namentlich, wie wir oben schon sahen, nach der jähen Entfernung eines mehrjährige Taubheit bedingenden Pfropfes aus dem Gehörgange.

FÜNFUNDZWANZIGSTER VORTRAG.

Das Ohrentönen. — Das Krankenexamen. — Schluss.

Wenden wir uns heute nun zu den Reizungszuständen des Gehörnerven überhaupt, so müssten wir vor Allem das Ohrenbrausen
und Ohrentönen in seinen verschiedenen Unterarten und Benennungen,
kurz die subjectiven Geräusche einer kurzen Betrachtung unterziehen.
Die Ursache dieser nicht auf Erregung der Hörnerven durch äusseren
Schall beruhenden Hörempfindungen kann in den verschiedensten Theilen liegen und von den mannigfachsten Erkrankungen ausgehen, wie
wir dem Ohrensausen auch bereits als Theilerscheinung der meisten
bisher betrachteten Ohrenaffectionen begegnet sind. Jeder auf den
Acusticus von irgend einer Richtung einwirkende Reiz wird sich unter
der Form der diesem Nerven speziell eigenthümlichen Sinnesempfindung
äussern. Wir finden daher subjective Töne und Geräusche einmal bei
allen abnormen Erregungszuständen des Gehirnes, mögen sie von ihm
selbst ausgehen oder als reflectirte Empfindung von irgend einer Seite
auf dasselbe übertragen werden; so abgesehen von den eigentlichen
Gehirnleiden insbesondere bei Intoxikationen, bei Anomalien der Blutmischung, bei vorübergehenden wie bleibenden Circulationshemmnissen
und neben jener ganzen Reihe undefinirbarer Krankheitserscheinungen,
welche mit den meist vagen, aus der Praxis aber nie zu verbannenden
Sammelnamen Nervenabspannung, Nervenüberreizung, erhöhter Ner-
vosität etc. belegt werden.

Häufiger jedenfalls beruht das Ohrensausen in abnormen Verhältnissen, welche im Ohre selbst statthaben; so finden wir es constant

bei den acuten Entzündungen des Trommelfells und der Paukenhöhle
und ferner unter allen jenen Bedingungen, welche die Labyrinthflüssig-
keit unter gesteigertem Druck versetzen, mag nun das Trommelfell
durch Cerumen oder Krusten an seiner Oberfläche einwärtsgedrückt
werden, oder die Tuba verstopft sein und so das Trommelfell sammt
den Gehörknöchelchen tiefer nach innen zu liegen kommen, oder mag
direct der Steigbügel und seine Umsäumungsmembran oder die Membran des runden Fensters durch irgend eine Ursache mehr gegen das
Labyrinth zu gezogen oder stärker belastet sein. Jede Verdickung oder
Rigidität der Fenstermembranen, wenn damit eine stärkere Spannung
verbunden ist, vermag daher allein schon lästiges Sausen hervorzurufen
und wie der chronische Ohrkatarrh überhaupt die häufigste Ursache
von Schwerhörigkeit ist, so scheint auch am öftesten von ihm das
Ohrensausen auf die eine oder die andere Weise auszugehen. Chronische
Hyperämien des Ohres werden ebenso oft dieses quälende Symptom
hervorbringen; nicht selten sehen wir aber auch sehr beträchtliche
Gefässentwicklung am Trommelfelle, ohne dass der Kranke nur im
Geringsten über Sausen klagte. Wenn Kranke, neben vollständig
gutem Gehör und bei negativem Befunde am Ohre von subjectiven
Geräuschen belästigt werden, unterlassen Sie nie, die Rachenschleimhaut genau zu untersuchen, indem von hyperämischen und katarrhalischen Zuständen des Rachens entschieden öfter solche Reizungserscheinungen des Ohres ausgehen. So erzählt der Erlanger Anatom
Fleischmann einen Fall, wo ein Mann mehrere Jahre lang an einem
sehr lästigen Geräusche im linken Ohre klagte und sich bei der Section
in der linken Tuba eine ganz feine Gerstengranne (arista) fand, welche
von der Rachenmündung aus bis in den knöchernen Theil der Ohrtrompete sich erstreckte.*) Oefter sind die Kranken nicht im Stande,
ein einzelnes Ohr als den Sitz des Leidens zu bezeichnen, sondern
drücken sich unbestimmt aus oder sagen, es sause weniger in den
Ohren, als im ganzen Kopfe, „innen drinnen" oder gegen das Hinter-
haupt zu.

Abgesehen von diesen rein subjectiven Geräuschen, welche als
Erscheinungen eines auf den Hörnerven und seine Ausbreitung stattfindenden abnormen Reizes aufzufassen sind, werden aber unter dem
Namen „Ohrensausen" auch Hörempfindungen begriffen, denen wirkliche tonerzeugende Schwingungen zu Grunde liegen, wenn dieselben
auch nicht ausserhalb des Körpers, sondern in demselben hervorgebracht werden. So sind gewiss die von den Kranken als „pulsirend-

---

*) *Linke's* Sammlung II. Heft. S. 183.

beschriebenen Binnentöne zum grossen Theile nichts als Gefässgeräusche arteriellen Ursprunges, sei es dass sie in der Carotis interna selbst entstehen, welche ja in mehrfacher Windung das Schläfenbein durchzieht, oder in den kleineren Arterien im und am Felsenbeine. Vorübergehende, sehr ausgesprochene arterielle Geräusche im Ohre kann man nach bestimmten raschen Drehbewegungen des Kopfes, insbesondere beim Liegen z. B. im Bette, willkührlich erzeugen. Einen Fall von pulsirenden, mit dem Herzschlag isochronischen Ohrengeräuschen, welche durch Auscultation auch für Andere wahrnehmbar wurden und durch Compression des Ramus mastoideus der Art. auricularis posterior augenblicklich zum Aufhören gebracht werden konnten, berichtet *Rayer.*[*]) Eine eigentliche aneurysmatische Erweiterung des Gefässes liess sich nicht nachweisen, ebensowenig ein Klappenfehler des Herzens oder ein krankhafter Ton in der Aorta und den Carotiden, so dass diese Geräusche ihre Quelle in besonderen Eigenthümlichkeiten der Aeste der hinteren Ohrarterie oder in einer Veränderung der Theile zu haben schienen, über welche sie hinweggehen oder in welche sie sich vertheilen. *Rayer* muntert bei dieser Gelegenheit auf, bei Ohrensausen immer zu auscultiren, damit man unterscheiden könne, ob die krankhaften Geräusche blos dem Patienten zum Bewusstsein kommen, oder ob sie auch vom Arzte wahrzunehmen sind. — Wie bei vielen Nagern, Insektivoren und Fledermäusen die Carotis interna durch die Schenkel des Steigbügels hindurchgeht, so verläuft nach *Hyrtl*[**]) beim Menschen constant ein capillares Arterienästchen zwischen den Steigbügelschenkeln hindurch zum Promontorium und ausnahmsweise setzt eine grössere Arterie durch den Steigbügel hindurch. In letzterem Falle scheint es mir kaum fraglich, dass durch die dem Steigbügel mitgetheilten Erschütterungen pulsirende Binnengeräusche im Ohre entstehen, an welche man sich allerdings vielleicht ebenso gewöhnen kann, wie der Müller an das Klappern seiner Mühle, so dass sie nicht mehr auffallen und nur unter besonderen Verhältnissen noch zum Bewusstsein kommen. Zu den auf das Felsenbein und den Hörnerven übertragenen Gefässgeräuschen mag wohl auch manches blasende und zischende Ohrensausen bei Chlorotischen und Anämischen gehören und erinnere ich Sie nur daran, dass ziemlich häufig die Vena jugularis interna und zwar mit einer constanten Ausweitung, ihrem Bulbus, dicht unter dem Boden der Paukenhöhle liegt.

---

[*]) Comptes rendus des Séances und Mémoires de la Société de Biologie. Année 1854. p. 169.

[**]) „Vergleichend-anatom. Untersuchungen über das innere Gehörorgan des Menschen und der Säugethiere." Prag 1854. (S. 40.)

Eine eigene Behandlung des Ohrentönens kenne ich nicht und muss man eben gegen das zu Grunde liegende Leiden ankämpfen. Sehr häufig beruhen diese subjectiven Gehörsempfindungen jedenfalls auf einem abnormen Drucke, welchen pathologische Zustände an den beiden Fenstern der Paukenhöhle, Verdichtungsprozesse daselbst und stärkeres Hineinragen des Steigbügels, auf das Labyrinthfluidum ausüben. Daraus erklärt sich, warum häufige Luftdouche und Einleiten warmer Dämpfe bei chronischen Ohrkatarrhen für das Sausen und den dasselbe meist begleitenden Druck im Kopfe, welche die Patienten oft mehr belästigen als die Schwerhörigkeit, manchmal noch wesentliche Linderung schaffen, selbst in Fällen, wo durch diese Behandlung kaum eine Besserung des Hörens erzielt werden konnte. Zuweilen scheint der Beisatz einiger Tropfen Chloroform zu den Wasserdämpfen gute Dienste zu thun, wie man Chloroform mit Mandelöl auch äusserlich einreiben lassen kann. —

Wenn wir nun zum Schlusse noch alle die Punkte im Zusammenhange und in einer gewissen Reihenfolge betrachten, welche Sie beim Krankenexamen zu berücksichtigen haben, so möchte ich Sie hiebei insbesondere zu recht fleissiger und sorgfältiger Abfassung von Krankengeschichten ermuntern. Ausführliches Beschreiben der beobachteten Krankheitsfälle mit fortwährender Ergänzung aus der weiteren Behandlung bis zur Entlassung oder bis zur Proberechnung durch die Section ist überhaupt das beste Mittel, um aus einem jungen Manne einen tüchtigen, scharf beobachtenden und nüchtern urtheilenden Arzt zu machen. Aber auch für später ist ein solches rein objectives Behandeln der Beobachtungen von ungemeinem Werthe, indem dieses Verfahren uns zu steter Gründlichkeit der Auffassung zwingt und in sich selbst schon die Nothwendigkeit strenger Selbstkritik trägt. Je genauer und objectiver ein Arzt seine Krankengeschichten ausarbeitet, desto mehr ist er im Stande die Wissenschaft zu fördern und der leidenden Menschheit wahrhaft zu nützen; je weniger er dies thut und je rascher er mit dem abschliessenden Urtheile und der Diagnose bei der Hand ist, desto früher und sicherer verfällt er einem handwerksmässigen Schlendrian, jener bei älteren Aerzten so häufigen bequemen Selbstgefälligkeit und einem unwissenschaftlichen, rein symptomatischen Auffassen des Krankheitsbildes. Wie unumgänglich nothwendig ferner ausführliche Notizen für fortgesetzte, oft Jahre lang unterbrochene Beobachtung eines Kranken und für die Verwerthung von Sectionsbefunden sind, habe ich nicht nöthig, Ihnen auszuführen. Nirgends erweist sich aber eine gründliche und streng objective Auffassung der Thatsache von grösserer Bedeutung als in einem Fache, das, wie die Ohrenheilkunde so unfertig ist und, sagen wir es nur offen, bisher so wenig exact betrieben wurde. Jeder ehrliche, nüchterne Beobachter ist hier ein Gewinn für die Wissenschaft, indem er neue Thatsachen sammelt, welche als Prüfstein für die Wahrheit des Ueberlieferten dienen und in ihrer Vereinigung unser Wissen vermehren und allmälig immer mehr abrunden. Hiezu genügt es aber nicht, dass Sie einige dürftige Notizen und zum Schluss den fertigen Nomen morbi in ein vorher angelegtes Schema eintragen, sondern müssen Sie Alles, was der Fall bietet. ohne beengenden Zwang, rein der Natur folgend niederlegen, wobei allerdings Einhalten eines vorgezeichneten Planes und einer strengen Reihenfolge die Vollständigkeit des Ganzen um so mehr sichert und zugleich mancherlei Abkürzungen gestattet. Ich verfahre hiebei in folgender Weise. Nach den Generalien (Name, Alter, Stand, Heimath) folgen die Angaben über die Dauer, die anfänglichen und späteren Erscheinungen der Krankheit, kurz den Verlauf. Berücksichtigen Sie hiebei, ob Schmerz, ob Sausen, ob je Ausfluss vorhanden war, und von welcher Art und Beschaffenheit sie sich zeigten. Dann ob sogleich oder erst später Schwerhörigkeit aufgetreten, ob diese zunahm, gleichblieb oder später sogar sich verminderte, seit wann der jetzige Stand des Hörens vorhanden, ob dieses wechselnd oder constant ist. Muthmassliche Ursache: andere Krankheitserscheinungen am Beginne vorhanden? und welche? Nun folgt der Status praesens. Hörweite jedes Ohres für Uhr und Sprache. Knochenleitung. Wird die eigene Stimme klar und natürlich oder undeutlich und dumpf gehört? Sprache des Kranken auffallend? Sausen? Wann und unter welchen Verhältnissen nehmen Schwerhörigkeit und Sausen zu oder vermindern sich? Morgens oder Abends schlechter? Nun folgt der objective Untersuchungsbefund. Gehörgang. Cerumen (Gesichtshaut und behaarter Kopf). Trommelfell, und zwar Glanz, Lichtkegel, Farbe, Hammergriff. Krümmung, etwaige Leisten vor und hinter dem Processus brevis. Rachenschleimhaut. Katheterismus und Luftdouche. Veränderungen dadurch in Hörweite und am Trommelfell ? — Hierauf kommen Angaben über den allgemeinen Gesundheitszustand, (ob je Schwindel? Kopfschmerz?) ob Schwerhörigkeit sonst in der Familie, an welchen Gliedern und in welchem Alter aufgetreten, welche Behandlung bisher eingeleitet wurde. Eigene Verordnung und etwaige weitere Beobachtung mit ihren Ergebnissen. Zum Schluss epikritische Bemerkungen und Diagnose.

Sie sehen m. H., der Dinge, welche bei der ersten Untersuchung eines Ohrenkranken gethan und berücksichtigt werden sollen, sind so

viele, dass sie an und für sich viel Zeit in Anspruch nehmen: um so
weniger dürfen Sie dem Kranken erlauben, Ihnen selbst seinen Bericht abzustatten, zumal derselbe gewöhnlich sehr breit ist, das Wesentliche kaum andeutet und Gleichgültiges und Ueberflüssiges nur allzu
reichlich bringt. Sie fragen also und der Kranke hat nur zu antworten, wobei Sie oft genug nöthig haben werden, die weitläufige Antwort zu unterbrechen und an die ausschliessliche Berücksichtigung der
gestellten Frage zu erinnern. Es ist unglaublich, welche Mühe es oft
kostet, z. B. nur über den Anfang des Leidens bestimmte Angaben
zu erhalten; ein Kranker, der Zeitlebens schlecht hört, wird nicht selten, natürlich nachdem er sich vielmals entschuldigt hat, dass er überhaupt am Ohre leide, beginnen: „seit sechs Wochen,- oder wird nur
über „etwas Sausen" klagen, während er kaum Ihre Fragen zu hören
im Stande ist. Ich mache Sie hier insbesondere aufmerksam, dass
Sie stets, nachdem der Kranke den Zeitabschnitt genannt, seit wann
das Leiden begonnen haben soll, fragen, ob er vorher auf beiden Ohren
g a n z gesund und ganz gut gehört hat, und werden Sie wunderbar
oft erfahren, wie bei Wiederholung dieser Frage der Beginn des Leidens für das eine Ohr oder für beide auf immer grössere Fernen von
der Gegenwart hinaus geschoben wird. Aehnliche Unklarheiten werden Sie auch bei manchen übrigen Punkten zu überwinden haben, so
dass Sie nicht immer sehr rasch über den Verlauf und den Stand der
Sache erfahren, was Sie wissen wollen. —

M. H. Wenn wir im Beginne unserer Betrachtungen keinen
rechten Grund finden konnten, warum so wenig Aerzte mit der Pflege
der Ohrenheilkunde sich abgeben und warum im Allgemeinen das Interesse
in dieser Richtung der ärztlichen Wissenschaft ein so ungemein geringes ist, so fragen Sie vielleicht jetzt, ob dies nicht etwa zum guten
Theile darin liege, weil die Untersuchung und Behandlung der Ohrenkranken so ungemein umständlich und zeitraubend ist und weil Ohrenkrankheiten wegen ihres langsamen, häufig schmerzlosen Verlaufes und
ihrer in der Regel nur allmälig bemerkbaren Wirkung auf das Gehör
oft erst sehr spät zur ärztlichen Beobachtung kommen, zu einer Zeit,
wo natürlich auf ein schnelles und sicheres Besserwerden durch die
Kunst des Arztes nicht mehr gerechnet werden kann. Wenn Sie so
fragen, so fühlen Sie sehr richtig, dass diese beiden Punkte allerdings
zu berücksichtigen sind, wenn es sich um die Gründe handelt, warum
denn eigentlich die Ohrenheilkunde so unendlich langsamer sich entwickelt, als manche andere Spezialität, insbesondere als die verwandte
Augenheilkunde. Wir müssen indessen bedenken, dass in der einen

Richtung ein mächtiger Umschwung und eine gänzliche Veränderung
der Sachlage eintreten wird, sobald es einmal überall Aerzte gibt,
welche sich der Ohrenkranken mit Geschick und mit Erfolg annehmen können, und sobald das Publicum aus Erfahrung und durch Belehrung weiss, dass bei Ohrenleiden ebenso wie bei anderen Krankheiten im Beginne in der Regel leicht und sicher eingeschritten werden kann, jedem älteren Zustande aber eine verhältnissmässig weit ungünstigere Prognose zukommt. Was ferner das Mühevolle und Umständliche der Ohrenpraxis betrifft, so lässt sich gar nicht läugnen,
dass ein Arzt, der heutzutage vorwiegend Ohrenarzt ist und nicht
nur der Praxis zu genügen, sondern auch die Wissenschaft zu fördern
strebt, ein ganz absonderliches Quantum von Geduld, von Ausdauer
und von wissenschaftlichem Interesse an diesem Fache nöthig hat;
mit dieser Thatsache mag wohl auch zusammenhängen, warum nicht
so gar selten Aerzte, die in der Jugendzeit ihrer praktischen Laufbahn der Ohrenkranken mit Wärme und Aufopferung sich annahmen,
im Laufe der Jahre und bei Zunahme anderweitiger Berufsfreuden
hierin allmälig erkalten und sich von der wissenschaftlichen wie praktischen Pflege dieser Spezialität immer mehr zurückziehen. Indessen
hat es, in Deutschland zumal, doch immer noch lange hin, bis die
Bequemlichkeit zur Tugend und Pflicht erhoben ist und werden, ja
dürfen solche Rücksichten daher nie allgemein massgebende sein.
Weiter dürfen wir nicht ausser Acht lassen, dass eben aller Anfang
schwer ist und die Ohrenheilkunde sich noch durchaus in ihren Anfangsstadien befindet, mit ihrer wissenschaftlichen Fortentwicklung
also ihre praktische Pflege, bis zu einem gewissen Grade wenigstens,
auch erleichtert und vereinfacht werden wird. Und so kommen wir
auf das zurück m. H., was wir bereits bei unserer ersten Zusammenkunft gesehen: es ist ein grosses, vorwiegend auf Unkenntniss und
auf Vorurtheil begründetes Unrecht, dass man so allgemein die
Ohrenheilkunde für ein in praktischer wie wissenschaftlicher Beziehung äusserst undankbares Gebiet erklärt. Möge es mir geglückt sein,
die Unrichtigkeit dieser Annahme Ihnen im Verlaufe unserer Betrachtungen vollgültig und eindringlich bewiesen zu haben; möge ich
ferner im Stande gewesen sein, in Ihnen einiges Interesse an diesem
Theile der ärztlichen Wissenschaft zu erwecken, so dass Sie sich stets
gerne, und dann sicher auch mit Erfolg, der armen Ohrenkranken annehmen, und vielleicht der Eine oder Andere von Ihnen sich entschliesst, mit Vorliebe diesen Theil der ärztlichen Wissenschaft gerade
zu pflegen und zu betreiben!

Analyse. Anleitung zur Analyse von Pflanzen und Pflanzentheilen von Prof. Dr. Kochleder. 1858. 7½ Bogen. 24 sgr. oder fl. 1. 24 kr.

Anatomie. Handbuch der Anatomie des menschlichen Körpers von Dr. A. Münz. Mit Abbildungen. 5 Bände. Sonst Thlr. 19. oder fl. 33, nun Thlr. 6. oder fl. 10. 48 kr.

Anatomie. Vollständiges Handbuch der Anatomie von Dr. Feigl. Mit einem Atlas von 64 Tafeln. 1837. Antiquarisch in sehr schönen Exemplaren. Thlr. 8. oder fl. 14.

Biermer. Die Lehre vom Auswurf. Beitrag zur medicinischen Klinik. Lex.-8. 1855. 9¼ Bogen mit 2 lithographirten Tafeln. Thlr. 1. od. fl. 1. 48 kr.

CANSTATT'S Jahresbericht der Medicin pro 1851 bis 1861. Jeder Jahrgang à 7 Bände einzeln Thlr. 11. oder fl. 18.
Jahresbericht der Physiologie pro 1851—1861. Jeder Jahrgang Thlr. 1. 24 sgr. oder fl. 3.
☞ Sämmtliche Berichte erscheinen fort und erhalten neu eintretende Abonnenten die ersten 8 Jahrgänge (pro 1851/1858) um die Hälfte des Preises.

Chirurgie. Militär-chirurgische Studien in den norditalienischen Hospitälern im Jahre 1859 von Dr. Demme. 1. Abtheil.: Allgemeine Chirurgie der Schusswunden. 1861. gr. 8. 13 Bog. Preis 1 Thlr. 10 sgr. od. fl. 2. 20 kr. II. Abtheil.: Specielle Chirurgie der Schusswunden. 18½ Bogen. Preis 1 Thlr. 20 sgr. od. 2 fl. 54 kr.

Chir. Taschen-Encyclopädie (der praktischen Chirurgie, Augen- und Ohrenheilkunde) von Dr. M. Frank. 3. Aufl. 1858. eleg. gebunden. Thlr. 2. 12 sgr. oder fl. 4.

Demme, Dr. (in Bern), Militärisch-chirurgische Studien. Siehe Chirurgie.

Friedreich, Prof. Dr. N., Beiträge zur Lehre von den Geschwülsten innerhalb der Schädelhöhle. 1853. 15 sgr. oder 48 kr.

Friedreich, Prof. Dr. J. B., Memoranda der gerichtlichen Anatomie, Physiologie und Pathologie. 1857. Taschenformat (wie Frank's Encyclopädie). 35 Bogen. Preis Thlr. 1. 6 sgr. oder fl. 2.

Gebärmutter, deren Mangel, Verkümmerung etc. siehe *Kussmaul.*

Gebärmuttervorfall in anatomischer und klinischer Beziehung von Dr. v. Franque. Mit 7 Tafeln. Folio. 1860. Preis Thlr. 2. oder fl. 3. 36 kr.

Geburtskunde. Beiträge zur Geburtskunde und Gynäkologie. Herausgegeben von Geheimrath Dr. v. Scanzoni. gr. 8. I. Bd. Mit 3 Tafeln. Thlr. 2. oder fl. 3. 36 kr. II. Bd. Mit 3 Tafeln. Thlr. 1. 18 sgr. oder fl. 2. 42 kr. III. Bd. 1858. Mit 10 Tafeln. Thlr. 2. oder 3 fl. 36 kr. IV. Bd. Mit 2 Tafeln fl. 3 oder Thlr. 1. 24 sgr. (Erscheint fort.)

Gegenbaur, Ueber Medusen und Polypen. Lex.-8. Preis 16 sgr. oder 54 kr.

Greisenalterkrankheiten. Handbuch der Krankheiten des höheren Alters von Durand-Fardel. Aus dem Französischen von Dr. ULLMANN. Lex.-8. 1857-1858. 64 Bogen. Preis Thlr. 4. oder fl. 7.

Herzkrankheiten. Krankheiten des Herzens und der Aorta von Stokes. Aus dem Englischen von Dr. LINDWURM. 1855. 35 Bogen. Lex.-8. Thlr. 3. 6 sgr. oder fl. 5. 24 kr.

Kinderkrankheiten. Handbuch der Kinderkrankheiten von E. Bouchut. Auf Grund der dritten Auflage des französischen Originals bearbeitet und bedeutend vermehrt von Dr. B. BISCHOFF. 2. Auflage. 75 Bogen in Lex.-8. 1862. Preis Thlr. 3. 24 sgr. oder fl. 6. 30 kr.

Knochenverrenkungen von Burger. Mit 74 in den Text eingedruckten Holzschnitten. Lex.-8. 1854. Thlr. 1. 18 sgr. oder fl. 2. 42 kr.

Kölliker. Ueber Nervus Cochleae etc. gr. 4. Preis 15 sgr. oder 48 kr.

Kussmaul. Von dem Mangel, der Verkümmerung und Verdoppelung der Gebärmutter, von der Nachempfängniss und der Ueberwanderung des Eies. Mit 58 Holzschnitten. 1859. Thlr. 2. 20 sgr. oder fl. 4. 40 kr.

Kussmaul. Untersuchungen über den constitutionellen Mercurialismus und sein Verhältniss zur constitutionellen Syphilis von Dr. *Kussmaul.* 28 Bogen gr. 8. in 2 Lieferungen. 1861. Preis complet fl. 4. 12 kr. oder Thlr. 2. 12 sgr.

Magenkrankheiten. Die Krankheiten des Magens. Nebst einer anatomisch-physiologischen Einleitung. Vorlesungen, gehalten im St. Thomas-Hospital zu London von William Brinton. Aus dem Englischen übersetzt von Dr. H. O. BAUER. Mit vielen Holzschnitten. 19 Bogen in gr. 8. Preis fl. 2 48. kr. oder Thlr. 1. 18 sgr.

Mercurialismus. Untersuchungen über denselben etc. siehe *Kussmaul.*

Microscop-Leistungen zum Zweck der ärztlichen Diagnostik von Dr. Düben. Aus dem Schwedischen von Dr. TUTSCHEK. Mit 4 Tafeln. 1858. 24 sgr. oder fl. 1. 24 kr.

Ohrenheilkunde. Die Anatomie des Ohres in ihrer Anwendung auf die Praxis und die Krankheiten des Gehörorganes von Dr. v. TROELTSCH. Mit 1 lith. Tafel. 1861. gr. 8. Preis Thlr. 1. 10 sgr. oder fl. 2. 20 kr.

Pflanzenfamilien. Systematische Charakteristik der medicinisch wichtigen Pflanzenfamilien nebst Angabe der Abstammung sämmtlicher Arzneistoffe des Pflanzenreiches von Dr. Henkel. Taschenformat (wie Frank's Encyclopädie). 1856. eleg. geh. 10 sgr. oder 36 kr.

Physikalische Heilmittel. Lehrbuch derselben von Dr. Oppenheimer. Mit vielen in den Text gedruckten Holzschnitten. 1861. 1. Abtheilung. 11 Bogen. gr. 8. Preis Thlr. 1 = fl. 1. 48 kr. Die 2. Abtheilung (Schluss) erscheint zu Ende des Jahres 1862.

Portraits der HH. Prof. Bamberger, Friedreich, Linhart, Scherer, Virchow, Preis à Blatt 20 sgr. oder fl. 1. 12 kr., Portrait des Herrn Geheimrath v. Scanzoni, Preis Thlr. 1 oder fl. 1. 45 kr. Sämmtliche auf chines. Papier.

Rheumatosen. Die Pathologie und Therapie der Rheumatosen in genere von Dr. Eisenmann. 1860. 8. Preis 24 sgr. od. fl. 1. 24 kr·

Rochleder, Anleitung zur Analyse von Pflanzen und Pflanzentheilen. 1858. 7½ Bogen. Preis 24 sgr. oder fl. 1. 24 kr.

Scanzoni, Beiträge zur Geburtskunde und Gynäkologie. 4 Bde. Mit 16 Tafeln. Preis Thlr. 7. 12 sgr. oder fl. 12. 54 kr. s. Geburtskunde. (Erscheint fort.)

Schiff, Dr. J. M. Untersuchungen über die Zuckerbildung in der Leber und den Einfluss des Nervensystems auf die Erzeugung des Diabetes. 1859. gr. 8. eleg. geh. Preis fl. 1. 48 kr. oder Thlr. 1.

Stöchiometrische Schemata, als Anhang zu Fresenius Anleitung zur qualitativen chemischen Analyse, zusammengestellt von Dr. ALWENS. 1854. Lex.-8. 8 sgr. oder 24 kr.

Syphilis, constitutionelle. Von Dr. ENGELSTED. Aus dem Dänischen übersetzt von Dr. UTERHART. 1861. gr. 8. 12 Bogen. Preis Thlr. 1. 10 sgr. oder fl. 2. 20 kr.

Taschenkalender für Aerzte und Chirurgen herausgegeben von Dr. Schmitt (früher Agatz). 10. Jahrgang. 1862. In Leinen geb. 21 sgr. oder fl. 1. 12 kr. Mit Papier durchschossen fl. 1. 42 kr. oder 1 Thlr.

Tropenkrankheiten, Versuch einer pathologisch-therapeutischen Darstellung derselben vom Oberstabsarzt Dr. Heymann. Lex.-8. 1854. Thlr. 1. oder fl. 1. 36 kr.

Verhandlungen. der physikalisch-medicinischen Gesellschaft in Würzburg. 1852—1859. III.—X. Band. Mit vielen Tafeln. Jeder Band (in 2—3 Heften) wird einzeln gegeben. Sämmtliche Jahrgänge werden, wenn zusammengenommen, um die Hälfte des Preises erlassen.

Virchow, Die Noth im Spessart. Eine medicinisch-geographisch-historische Skizze. gr. 8. 1853. brosch. 10 sgr. oder 36 kr.

Zeitschrift, Würzburger medicinische, redigirt von BAMBERGER, FÖRSTER und v. SCANZONI. Preis des Jahrganges von 6 Heften 4 Thlr. oder fl. 7. 1862. Neue Folge 3. Jahrgang.

Zeitschrift, Würzburger naturwissenschaftliche, redigirt von MÜLLER, SCHENK und SCHWARZENBACH. Jährlich 3—4 Hefte. 2 Thlr. oder fl. 3. 30 kr. 1862. Neue Folge 3. Jahrgang.

www.ingramcontent.com/pod-product-compliance
Lightning Source LLC
Chambersburg PA
CBHW021515210326

41599CB00012B/1269